人工智能视域下
高校网络伦理教育改革研究

陈艳芳　著

郑州大学出版社

郑 州

图书在版编目(CIP)数据

人工智能视域下高校网络伦理教育改革研究 / 陈艳
芳著. —— 郑州 : 郑州大学出版社,2022.12

ISBN 978-7-5645-9155-7

Ⅰ.①人… Ⅱ.①陈… Ⅲ.①计算机网络－伦理学－
教学改革－研究－高等学校 Ⅳ.①B82－057

中国版本图书馆 CIP 数据核字(2022)第 188947 号

郑州大学出版社发行

郑州市大学路 40 号   邮政编码:450051

出版人:张功员   发行部电话:0371－66966070

全国新华书店经销

企业名称:长春市昌兴电脑图文制作有限公司印制

开本:787mm×1 092mm   1/16

印张:11.5

字数:242 千字

版次:2024 年 1 月第 1 版   印次:2024 年 1 月第 1 次印刷

书号:ISBN 978-7-5645-9155-7   定价:59.00 元

【前　言】

自 20 世纪 80 年代以来,以互联网为标志的信息革命深刻地改变着人类物质生活和精神生活的几乎一切领域。人们也开始反思一个沉重的现实问题:科技的发展、应用与人类伦理道德方面的激烈冲突。作为理论上的回应和应用伦理学的一个分支,在世界范围内兴起了针对种种因科技进步而产生的相关道德问题的科技伦理学的研究。伦理学向来是学校道德教育实施的理论基础,在网络时代,应用伦理学研究发生重大转向的同时,高校德育也应做出自己的反应。高校学生是民族和国家未来发展的希望,随着他们网络使用范围的不断扩大,其表现出的网络道德失范问题也日益突出,而高校的网络道德水平直接关系到全社会网民的网络道德能否健康发展。所以,切实加强高校学生的网络道德教育应该成为新时期高校思想政治教育工作的重要组成部分。本书是高校网络伦理教育方向的著作,主要研究人工智能视域下高校网络伦理教育的改革,本书从高校网络伦理教育基础介绍入手,针对网络的含义、特点及其影响、网络伦理的概念及理论基础、概念及研究范围、其必要性以及基于人工智能视域研究的意义进行了分析研究;接着阐述了高校网络伦理教育的目标和任务;另外对人工智能视域下高校伦理教育改革、高校学生责任伦理建构及网络信息伦理教育加强做了一定的介绍;还对微时代下高校网络伦理教育的创新提出了一些建议;对高校网络伦理教育的应用创新有一定的借鉴意义。编写本书过程中,参考和借鉴了一些知名学者和专家的观点及论著,在此向他们表示深深的感谢。由于水平和时间所限,书中难免会出现不足之处,希望各位读者和专家能够提出宝贵意见,以待进一步修改,使之更加完善。

作　者

2022 年 3 月

【目　录】

第一章　人工智能视域下高校网络伦理教育概述

第一节　网络的含义、特点及其影响

一、网络的含义

"网络"一词早已有之,从广义上说,指的是因纵横交错的联系而形成的组织或系统,其在不同的场合可以有不同的表述,也被赋予不同的含义。如在实际生活中,我们将不同地区和不同层次的教育组织或系统称为教育网络,将社区组织或系统叫作管理网络等。这里我们需要总结出广义上的"网络"的一些主要特征:①系统性。因涉及的行业或领域不同,网络可以有不同的含义,但只要称其为网络,就必定具有严密的组织,且构成相对独立的系统,自成体系。②关联性。网络内部各要素之间既相互关联又相互影响,只要其中某一要素出现变动,都会影响整个系统的运行。这种影响既可能是良性的,也可能是恶性的。③可控性。既然是严密的组织,对系统就有可控性。也正是因为这种可控性,才使得网络的管理者具有较强的影响力。④干预性。这是网络的外部效应,相对于组织或系统外部而言,网络具有较强的社会干预能力,即具有一定的社会影响力。

在信息化的今天,随着计算机技术的发展,网络被赋予了全新的、特定的含义。从狭义上说,即是利用计算机进入互联网,获取并传递各类信息而形成的网络。20世纪90年代以来,由于Internet作用的不断增强,计算机网络被世界越来越多的人接受,也使得计算机网络成为计算机领域中发展最快的一个方向。计算机网络已不再单纯用来传送数据,而是可以将数字、声音、图像等信息通过数字形式综合到一个网络中进行传送。具有独立功能的两个以上的计算机,通过通信设备和线路(或无线)连接起来,并由功能完善的网络软件(网络协议等)实现资源的共享和信息交换,我们就能称之为计算机网络。因此,可以从以下几个方面理解计算机网络:①其连接的对象是能独立运行的计算机,而不只是计算机上的一个设备;②连接网络的目的是实现计算机软硬件资源和数据资源的共享,克服单机的局限性;③计算机网络依靠通信设备和线路,把处于不同地方的计算机连接起来,以实现网络用户间的数据传输;④在计算机网络中,网络管理软件是必不可少的。现代生活中,"网络"一词如没有特别说明,毫无疑问地被认为是计算机网络。

计算机网络能如此迅速地被人们接受并普及使用,与其自身独具的特点有关系,表现在：①信息传递方式的特殊性。网络信息的交流和传递，从直观的表面来看，并不是人与人之间的直接对话，而是人与机器的直接接触。②信息海量且方便快捷。以前，人们主要利用广播、电视和报纸等传统媒介获取信息，网络出现后，其劣势就凸显出来。网络信息量非常大，且更为快捷方便，无论是在时间上还是空间上，都体现出无可比拟的综合优势。③信息交流方式的隐蔽性。人与人之间面对面的交流，尽管也有一些假象，但有些因素是无法隐藏的，如年龄、性别等，如果提高警惕，注意观察，是可以被识破的。但网络上的交流是面对机器，人与人并未直接见面，致使获取的信息难辨真假。

二、计算机网络的普及和发展对人类社会生活的影响

当前，计算机网络已经把成千上万的网民联系在一起，从最开始的通讯发展成网络资源共享，进而到现在的电子商务、网上办公等，网络已经渗透到人类社会生活的各个层面。所以我们常说，人类已经进入网络时代。那么，网络对人类的社会生活和发展产生了哪些影响呢？

（一）对人类思想意识和价值观的影响

1. 促进全球化意识的形成

网络空间的疆界是由网址和电脑屏幕分界的，因为不受时间空间的限制，为不同地区、国家和种族的人们提供了一个交叉互动的场所，也削弱了人们固有的国家和民族归属感，这促使全球化意识的形成，从而弱化了主权和民族的意识。这种趋势再和经济全球化相结合，将进一步促进全球意识的发展。

2. 孕育自由主义的价值观

网络空间既是一个封闭的空间，也是一个互动的空间，在这里没有等级和强权，人们的行为少有强制性的约束，心情轻松、表达自由，这种环境非常有利于孕育个人自由主义价值观。因为网上的行为无须请示汇报，不受他人干扰，可以随性而为，可以增强民主意识，培养自由精神。

（二）对人们生存方式的影响

1. 对人们工作方式的影响

主要表现在：出现了无纸化办公、家庭办公、无工作间办公；通过召开网络视频会议布置和安排工作，虽远隔千里，却犹如眼前，交流起来非常直接、方便；出现了电子商务、网络交易，大大地节省了交易成本。这种工作方式的优越性不言而喻，对个人来说，可以减少奔波劳累之苦，提高工作效率；对社会来说，可以减少交通运量，节约能源，保护环境，实现可持续发展。

2. 对人们生活方式的影响

主要表现在：网上信息传递快捷便利，且瞬间即可完成，彻底地改变了传统的信息传递

方式,既节省时间,又节省费用。网上娱乐其乐无穷,既可以在线视听,又可以网上交友,还有大量精彩网游,使人流连忘返。同时,网上购物催生新兴行业,改变消费模式,人们可以"坐享其成",有人送货上门,也免去了到商场购物的许多麻烦。由此可见,网络已经深刻地改变了人们传统的生活方式,将人们带入了一个全新的生存空间。我国网民的急剧增加,说明网络对人们现实生活的影响不容置疑。

(三)对社会发展的影响

1.网络经济方面

主要表现在:①从决策层面说,一部分经济决策权已由国家转移到网络参与者手中。在网络空间,经济政策的制定和执行已不是纯粹的国家内部的事情,很多限制将被突破。②网络的出现和技术的发展,促使信息产业成为现代经济结构中举足轻重的产业。网络的发展使社会信息量剧增,信息技术融入社会生产力中各要素,推动生产力的飞速发展,信息已成为新世纪人类最重要的财富。③电子商务不仅是一场技术革命,更是一场经济革命。它带来一种通过技术的引导和支持来实现前所未有的繁荣的经济形式,也带来了战略经营等方面的变化,包括买卖方式、贸易磋商、售后服务等。

2.网络政治方面

首先,网络对网民产生的自由主义倾向,从正面的角度看,带来一定程度的民主意识,有助于国家民主政治的发展。但这种自由主义倾向也对国家权威和主权产生了一定程度的挑战,现代国家既要顺应时代发展的潮流,采取开放的态度对待新技术的应用,又要维护国家权力和主权,当国家政治受到挑战时,需要采取有效措施,冷静应对,这是网络发展对国家提出的现实要求。其次,网络作为一种工具运用于国家政治生活中,有利于增强透明度,接受社会公众的监督,提高政治工作效率,并依法行使国家权力。我国各级国家机关都在不断深入研究网络新技术的应用,如政府官方微博、微信的建立等,这是一种必然趋势和现实需要。

3.网络文化方面

首先,网络技术的应用和普及必然会形成网络文化,而任何一种文化都有一定的历史继承性,因此传统的和民族的文化都会反映到网络上,但网络文化显然具有不同于传统文化和民族文化的特点,反过来对社会产生影响。在传统文化与网络文化的相互影响中,既有文化自身发展的规律,又有对文化发展方向的把握和引导。其次,网络对文化的传播具有十分重要的作用,能促进民族间、地区间、传统和现实之间文化的交流与融合,任何力量都难以阻隔,也正是这种交流与融合,促进了人类文化的共同发展进步。

三、网络对高校学生产生的影响

网络对高校学生的影响有积极的一面,也有消极的一面。积极影响主要表现在以下几方面:

(一)网络为高校学生学习知识提供了新的课堂

随着计算机、网络的普及,互联网上虚拟学校越来越多。目前,虚拟学校在发达国家已经成为一种流行的教育模式。据统计,我国大部分高校也都进行了域名注册,建设有完整的学校站点和官方主页,高校学生可以直接登录学校网页了解学校的招生、学生服务和考试等相关信息,也有远程授课体系可供学习。近年来,大规模在线开放课程("慕课")在我国高校中兴起,为高等教育改革发展带来新的机遇。很多教师也开始习惯让学生用电子邮件提交作业,在网上解答学生的疑难问题;辅导员也开始用 QQ 群、微信与学生谈心交流,并传达学校重要精神和布置学生工作任务。网络已经成为学生和教师交流的又一场所。

(二)网络为高校学生获取信息提供了新的渠道

网络是一个信息的海洋,这里拥有各种各样的信息,而且更新非常快,成为各种知识的宝库,为高校学生查询资料提供了得天独厚的机会。现在,依靠各种搜索引擎几乎可以找到任何想要的学术信息和新闻资源;同时,还可以利用网络社群共同研讨相关问题,这种便利让信息的获取变得更有效率。高校学生处于身心发育的特殊时期,求知欲和好奇心强,希望了解外面的世界。因此,获取信息是高校学生上网的一个重要目的。而传统媒体已经无法及时满足高校学生广泛关注点的要求。所以,现在许多高校学生可以不看报纸、电视,但不能不上网。

(三)网络为高校学生加强人际交流和沟通拓展了新的空间

由于高校学习生活动空间的局限性,他们与外界交流的机会较窄,但了解他人、与他人交往的愿望却非常强烈。网络社会已成为人们交流的第二空间,网络的即时互动性和高度参与性能恰当地满足这些愿望。在网上,高校学生可以通过即时通信工具、网上聊天室、游戏室和 BBS 等方式广交朋友,使得他们的精神交往更为丰富,交际空间也不断扩大,交往能量得到空前释放。

(四)网络为增强高校学生参与社会活动的主动性和积极性、增强互助友爱精神提供了新的机会

网络具有自由、开放、民主、平等的精神,在这里,人们的言论和行为都有很大的自由度,尤其为弱势群体表达自己的声音提供了快捷便利的机会。因此,网络也给高校学生表达自己对社会生活各方面的看法提供了场合,无形中增强了他们参与社会的积极性和主动性。同时,网络中也具有互助友爱的精神,尤其在一些网络社区,求助互助的事情比比皆是,也感动了千千万万的人。这些行为有助于高校学生提高自我修养,增强其互助友爱的精神。

(五)网络为高校学生提高各种技能提供了新的平台

计算机是高校学生必须掌握的基本技能之一。互联网是一个全新的世界,需要充分发挥高校学生的潜能去适应它和开发它。因为电脑赋予每个使用者以更大的能量,权力中心慢慢由极权下放到个人,在这个下放的过程中,个人也被要求做更多的事,因而自己动手的

机会也越来越多。这不仅增强了高校学生获取信息技术的能力,同时也增强了高校学生社会参与的能力;不仅增强了高校学生独立思考的能力,也提高了他们对事物的分析力和判断力。

随着越来越多的高校学生逐渐深入网络空间,其对高校学生的负面影响也凸显出来。网络以"数字化生存"的方式冲击和改变着我们原有的社会生活,带来了多种意识形态和道德标准的撞击和冲突。高校学生在面对复杂的文化选择和道德评判时容易迷失正确的方向,动摇社会主义的传统道德信仰。主要表现为以下三个方面的矛盾:

1. 价值观多元化与价值取向模糊的矛盾

网络形成了各种文化的共享与融合,其国际化、时尚性元素对好奇心强并喜欢接受新鲜事物的高校学生产生了强烈的吸引力。西方的很多意识与我们的传统价值观大相径庭,而高校学生正处于生理发育成熟,但心理发展尚不完善的时期,由于其生活阅历和社会经验的不足,容易对网上眼花缭乱的信息不知所措,失去正确的判断力,从而导致价值取向模糊,从而影响其正确价值观的形成。

2. 全球化视野与民族传统认同的矛盾

在网络的迅速发展过程中,出现了有别于传统文化的网络文化,表现为其内容的极大丰富和传播速度的快捷,与传统的报刊、电视等媒体相比较,具有不可比拟的优势。但通过理性的辨别和分析不难发现,其中真正有价值的教育、学术资源和信息需要审慎鉴别,而身心正处于成长期的高校学生们却深陷其中不自知,有的同学还片面地认为,网络使我们获得了全球化的视野,从而否定自己民族传统文化的价值。如何加强高校学生对多种文化的辨别力和控制力,也给道德教育工作者提出了新的课题。

3. 自由民主凸显与责任感意识淡化的矛盾

由于网络社会与现实社会中传统的金字塔式的结构不同,网络结构"无中心"的特点使得它是一个没有等级和尊卑歧视的自由世界,也使得每个电脑前的个体即为一个中心,在网上可以想说什么就说什么,想怎么说就怎么说,没有权威的压迫,随心所欲,由此也导致了责任意识的淡化,网络犯罪率的增加就是明显的体现。

因此,我们十分有必要用先进的道德教育资源占领网络阵地,努力构建网络道德教育新体系。

第二节　网络道德的概念及理论基础

一、道德、科技伦理、网络道德的概念

当前,我们的传统社会道德是以马克思主义的辩证唯物主义和历史唯物主义为理论基

础,界定为:由社会经济关系决定的社会意识形式,其特殊本质表现为以实践精神的方式对世界进行把握。道德以"善"和"恶"作为标准来评价人类社会的各种现象和行为,从特定的价值出发调节人们之间的关系,从而形成一定的社会秩序和行为准则。

伦理学是以道德为研究对象的学科,它着重从一般性的角度来研究道德。科技伦理学则着重研究特殊的科技道德。科技伦理既要体现道德的共性,又要揭示科技道德的特殊规定性。所以,科技伦理学是研究科技发展过程中道德问题的科学,即通过研究科技实践活动中人们的道德准则和行为规范等,以及在科学技术实践中具有价值导向功能的规范行为的作用,从而避免或消除科学技术被滥用,确保其为人类造福。

科技伦理既研究科学技术与伦理道德的关系,又研究具体科技领域中的种种道德问题,涉及生命伦理、核伦理、信息伦理(计算机伦理或网络伦理)、高科技伦理(纳米伦理、神经伦理)等诸多领域。就研究具体科技道德现象而言,科技伦理学不仅要从复杂的社会历史现象、社会意识形态等关系中去揭示和阐释科技道德产生和发展的规律,还要从科技道德与社会道德的关系中去研究和把握科技道德的特点与本质。同时,还要研究科技道德规范体系,即科技道德原则、规范和范畴等。此外,科技道德意识、科技道德实践等也是其中的重要内容。

网络技术的不断发展,从根本上改变了人们的实践活动,扩大了人际交往的范围,也改变了人们的生活方式,因而必然产生对网络道德的要求,即虚拟的网络世界渴望道德的制约和调整。由于道德具有相对独立性与传承性,那么网络道德虽不能完全以我们传统的既有道德来构建,但它所反映的依然是机器背后人与人之间的关系,因此,它不是一个脱离于现实社会道德的全新概念,而是根植于传统,但又具有其特殊性的事物。

关于网络道德,笔者将其概括为:它是人们在虚拟的网络世界中,与他人开展各种社交活动时应该遵守的道德准则和规范,是由人们的现实社会经济关系决定的意识形式,其特殊表现为人们在虚拟空间中的精神追求和对世界的认知与评判。

二、网络道德的特征

网络作为一种新的媒体,不仅影响人们的生产生活方式,也改变了人们曾经固有的一些价值观和道德观。网络道德作为维护网络空间秩序的重要准绳,具有其自身的特点。

(一)广泛性和普及性

广泛性包含两层意思:一是网络道德面向对象的广泛;二是网络道德涉及的范围广泛。首先,网络道德针对的群体是广大网民,由于网络的虚拟性、无地域性以及网民自身的特殊性,使得网络道德不仅要面对不同地域的人,还要面对不同文化、不同层次的人。人们借助于网络的虚拟性,可以在网上自由地进行各种活动,很少受到他人的干扰。但由于地域和文化的差异,人们往往对同一件事情的看法和做法会有不同。这就意味着网络道德的建立必须很好地协调各个网络群体之间的利益冲突,建立能够得到最大多数网民认可的行为规范。其次,网络不断影响着人类的现实生活,建立一套良好的网络道德规范是为了现有的网络环境更好地发展。这就意味着网络道德的构建不单只是解决人们在网络上的道德问题,而是为了更进一步地解决好人们在现实社会中的伦理道德问题。因此,网络道德的构建需要考虑的因素很多,不仅有网络社会的现实因素,还有整个社会的现实因素。

(二)平等性和自律性

网络本身是开放性的,它是全人类共同拥有的科技财富。网络打破了传统的地域、民族、国界、职业、文化和价值观的限制,人们在这个虚拟的社会中,身份、地位、权力、学识等都被消除,人人平等。网络道德的建立是为了处理好网络社会中层出不穷的伦理问题,维持网络环境的和谐稳定。但由于不同民族、国家和地区的道德观念不尽相同,就意味着网络道德要不断吸收和接纳新的道德标准,从而形成有效的道德体系来维持网络的发展。与此同时,也要求所有网民必须遵循这一公认的道德标准,网络活动都应在这一道德体系范围内进行,任何人都不得在网络社会中找到特权,人人在网络道德的约束下各行其道、各司其职。网络道德的这种平等性正是为了更好地促进网络社会的发展。

同时,由于网络的开放性和虚拟性,在网上活动的人的自由度更大,人的自主自治性也得到更加充分的体现。所以,网络道德的监督方式与现实社会相比,强制性下降,自律性要求更高。网络社会形成了一种自主、开放的生活方式,人们的网络活动很少受到干预、控制、管理和监视,这就对人们的道德自律提出了更高的要求。网络道德规范对人行为的约束便是一个由他律转化为自律的过程。自律更强调一种主体的道德自觉性。因此,网络道德也就是一种约束性道德规范转化为自律性的道德规范。一个良好的网络道德体系要使人们从认同道德规范开始,不断转化为养成道德行为习惯,从而达到自律的道德标准,推进人类社会道德水平的不断提高。

(三)不确定性和多元性

现实社会中,由于人们身份是确定的,使得道德主体地位也很明确。网络社会中交往主体多重自我的特点使道德主体也变得不确定。自我原本就是一个非常复杂的认识对象,在前网络时代,自我的多重性就一直存在,只是这种多重性并没有以非常感性的方式呈现出来。网络中这种身份的不确定便使得网络道德主体具备了不确定性特征。

与传统社会相比,网络空间中的多重自我又具有其独特之处。一方面,在网络空间,匿名和虚拟身份的流动性使人能够比较自由地变化角色。而在现实社会中,即使个人的社会关系非常复杂,他也必须努力维持展现在特定场合和特殊对象面前的某种一致性,从而"闭合"隐藏可能引起不便和不信任的身份展示,这样的一致性也是社会互动中信任的基础。网络环境中,因为改变、创造身份的成本极其低廉,所以只要人们愿意,都可以获得一种非真实自我生存状态的体验。从这个意义上说,网络给人们一种前所未有的权利:创造自我、添加身份并因而形成相应的虚拟人际关系。另一方面,多重自我造成的道德主体不确定性,也会强化网络交往道德的相对化趋向,使人际感情弱化。人们在网络空间中的互动,只是数字化符号之间的虚拟交往,这种交往在事实上增加而不是缩短了人们之间的心理和情感距离。通讯科技表面上使人们之间的联系增加,似乎加强了彼此的沟通,但实际上这些沟通却渐趋浅薄。过分方便的联系未必使我们重视每一次与他人的接触及往来;相反,因为越来越不珍惜这些易得的接触,自然不会在事前做出准备,事后仔细思量,品味彼此间的情谊。因此,有时人与人之间交往的深度反而和接触的次数成反比。

多重自我引发的道德问题也对传统伦理观念造成巨大震荡。道德观念的多元化是目前网络交往的实情,但这种状态能否为人类提供一种更有价值的生活,依然是网络道德的一个严峻课题。

三、网络道德与应用伦理学及科技伦理的关系

伦理学是研究道德的学问,是关于道德的起源、发展、本质等的基本理论,人类社会生活的道德规范,个体道德品质和实践的过程,以及伦理学理论在道德实践中的具体应用等,它是道德问题的理论化和系统化。现代英美伦理学家习惯于把伦理学划分为两个部分,即元伦理学(metaethics)和规范伦理学(normative ethics)。元伦理学集中研究道德话语的语义结构、逻辑结构及认识论知识结构。规范伦理学则立足于对现实道德的描述性说明,着力构建某种理想的道德,并为之辩护。

自 20 世纪 60、70 年代开始,随着元伦理学的衰落,西方伦理学对产生于社会各领域中的种种道德难题展开了广泛的应用研究,作为伦理学的一个新兴分支学科——应用伦理学由此产生,并迅速成为一种国际性的学术潮流,也代表着伦理学研究的转向。应用伦理学是研究如何运用普遍道德原则和道德规范去解决具体道德问题的学问,是一种使伦理智慧通过社会整体的行为规则与行为程序得以实现的智慧。其特别关注那些社会各界有争议的道德问题,如生命伦理、生态伦理、科技伦理、消费伦理、媒体伦理等,都已成为应用伦理学的专门研究领域。

科技伦理的产生源于现代科学技术的快速发展,特别是信息技术、核技术、生物工程技术等,提出了许多科技道德问题。科技伦理是作为应用伦理学的一个分支,从高新科技发展的角度出发,将伦理学的理论研究成果适用于某些具体的科技领域。

伴随着网络的产生和发展,在网络上出现了大量的侵犯知识产权、网络黑客与病毒、网络诈骗等道德失范行为。这些行为引发的社会及伦理道德问题,促使学者们不得不从伦理学的角度去研究和思考它们产生的根源和发展规律,网络伦理学的问世便成为必然。网络道德作为科技伦理的一部分是应用伦理学的一个分支。

第三节 高校网络伦理教育概念及研究范围

网络道德教育就是以一定的阶级或社会所共同遵循的道德规范和价值取向对人们的品德形成、人格塑造施加有计划有组织的影响的活动。其独特的适用领域在于规约人们网络上的行为,使其在无人监督的环境中依旧坚守道德信念,形成在网上、网下始终表里如一的高贵品质。

由于网络社会伦理关系的复杂性和道德问题的多样性,网络伦理学的研究范围必然指向网络社会中的一切道德现象。既要关注网络技术开发和应用中的内在道德要求,包括网络技术研制者和网络应用者的道德要求两方面,又要研究传统道德在网络情境下的现代适用性和加强网络道德教育的实践问题。高校学生作为我国网民中最具活力的群体,其在网络社会中所体现的价值观念、伦理道德水平的高低以及生活方式和状态,都将对我国的现在和未来产生不容小觑的影响。因此,对高校学生进行网络道德教育就显得十分重要。

具体来说,应该涉及以下几个方面。

一、网络思想教育

网络思想教育的主要内容是运用马克思主义世界观、方法论和辩证科学的思维方法对高校学生网民进行的思想方面的教育,其目标是为了使高校学生网民主观世界和客观现实相一致。进行网络思想教育的原因,主要是因为网络世界各种信息形形色色,良莠不齐,鱼目混珠,让人眼花缭乱,要运用马克思主义的世界观和方法论,武装我国高校学生网民的头脑,弘扬科学精神、提高高校学生网民识别、抵制各种伪科学和封建迷信活动的能力,帮助和指导高校学生网民树立正确是世界观、人生观、道德观,以此增加辨别网络信息是非的能力。

二、网络政治教育

将网络政治教育归纳为高校网络思想政治教育的重要组成部分的原因在于,就目前的形势看资本主义文化逐渐成为网络世界的主流文化,在网络世界力量对比不均衡的情况下,广大的高校学生网民所处的年龄阶段决定了他们目前正处于迷茫期,掌握的基本政治理论、政治方法等还有待巩固与完善,必须针对广大高校学生网民的心理特征,结合当时当地的网络环境展开网络政治教育,以确保广大的高校学生网民对国家、阶级、社会制度等根本问题能掌握正确方向与态度。

三、网络法制教育

网络法制教育的基本内容包括网络法规教育和社会主义法制体系教育。进行网络法制教育的目的是促使广大的高校学生网民养成社会主义法制意识,懂法依法,网上、网下保持行为的一致性与合法性。当前的网络法制教育是一项综合性系统工作,一是要传播法理知识,比如社会主义法治的基本原则和精神,让广大的高校学生网民从根本上了解法的精髓,树立依法办事的意识;二是要全面介绍整个社会主义法制构架,让高校学生网民从宏观上明确法制概念,掌握法律规范;最后,还包括介绍具体的法制教育手段,比如在网络上开展法律救助等,帮助广大的高校学生网民具体问题具体分析,加强引导与服务,营造网络法制环境,为网络法制意识的培养提供有利的外在条件。

四、网络伦理教育

网络伦理教育的基本内容主要包括网络道德教育、生态伦理教育、生命伦理教育、技术伦理教育、现代人际关系伦理教育、网上伦理教育等。随着网络的发展,传统人际道德面临着严重的挑战,比如在网络上发布虚假信息、传播病毒、侵犯他人隐私、篡改数据等,网民的道德人格面临着异化的危险,按照现代社会要求,开展网络伦理教育,宣传中华民族优秀伦理道德文化,树立良好的网络伦理观、营造良好的网络伦理环境已经刻不容缓。

五、网络心理教育

网络心理教育是指运用心理学、教育学等学科原理,根据网络信息传播速度快,容量丰富,沟通便捷等特点对受教育者施加一定心理影响和心理暗示,帮助他们化解心理矛盾、弱化心理冲突、舒缓心理压力、强化心理素质,使受教育者保持良好的心理状态、个性思维和思想品质,帮助其人格的成熟和全面发展的过程。进行网络心理教育的重要原因在于随着网络逐渐渗入高校学生网民的日常生活,由网络与现实脱节引发了诸如情绪低落、冷漠、厌世、压抑、焦虑、怀疑等心理障碍和心理疾病,为了保障高校学生网民的健康发展,需要运用心理咨询、心理辅导、心理训练等具体手段,多角度多层次地引导、帮助、促使高校学生网民走上健康向上的心理发展道路。

六、网络传统文化教育

网络传统文化教育是指利用网络传播中华民族优秀的传统文化。一方面,优秀的传统文化是中华民族生存不息的基础,是中华民族的特色所在,带有强大的凝聚力和影响力,运用得当,对高校网络思想政治工作有事半功倍的效果;另一方面,在互联网上西方文化与东方文化正在某些方面产生着冲突,要正视这些冲突,客观全面地对待这些冲突,首要的基本的工作就是对二者进行了解,只有在全面客观的基础之上,公平看待东西方文化,才能继承和发扬中华民族优秀传统文化。

七、网络人文知识教育

网络人文知识教育是指利用网络对广大的高校学生网民有意识有计划地进行中外优秀历史、文学、哲学、艺术、科普知识等知识的传播与介绍。任何一门人文科学都对广大的高校学生网民养成科学的世界观、人生观、价值观产生着良好的作用,学习科普知识,能陶冶高校学生网民的科学品质、帮助其养成科学思维;学习中外历史可以让广大的高校学生网民明晰社会变化的规律,个人的地位与作用、人民群众的力量与历史发展的潮流;学习优秀的文学作品可以帮助广大的高校学生网民感染真诚的情感、高尚的情操;等等,所以,进行网络人文知识教育是提高广大的高校学生网民人格素质、精神素养的一个重要手段。

八、网络国情教育

网络国情教育的内容主要包括我国在社会主义初级阶段条件下经济发展、环境与资源情况、人口问题、军事国防建设、科技进步与教育问题等。进行网络国情教育,首先要以马克思主义的中国化和当代化为指导,其次,以辩证、历史、客观的眼光对广大的高校学生网民介绍我国国情,不回避不夸大汉族与少数民族的差异、发达地区与不发达地区的差异、农村与城市的差异等,只有站在全面客观的角度,才能使网络国情教育起到应有的效果。

第四节　进行高校网络伦理教育的必要性

一、提升高校学生网络素养的需要

(一)引导高校学生的网络行为

由于网络虚拟空间自身具备隐私性等独有特质,高校学生在网络空间里可以充分展现"真实的自我",不用顾忌到现实社会中条条框框的约束和限制。在丰富多彩的网络空间中,虚拟环境比现实环境更加人性化、自由化,高校学生在这个虚拟空间中自由生活、放松身心。同时,高校学生的许多理想和坐标,在网络中都能够轻松实现,这使得高校学生收获了很多满足和期望。

那么,加强高校学生网络舆情管理就是严把高校学生信息发布的关卡,对于高校学生发布的信息要进行细致甄别。在网络这个没有任何限制,每个高校学生都有着平等发言权的平台上,高校学生网络舆情管理的作用至关重要,它不仅可以发现虚假信息、阻止虚假信息的传播,还可以删除虚假信息,更为重要的是,它可以增强高校学生对网络媒介相关内容的了解和掌握。加强对高校学生网络舆情的管理,使高校学生能够自觉地建立起对信息批判吸收的反应模式,使其在接受信息时成为具有自我保护意识的人。可见,加强对高校学生网络舆情管理,使得信息在收集和判断的同时,也为高校学生的网络行为规范了标准和模式,指引了方向,保证高校学生网络行为朝着正确、健康、有序的方向发展。

(二)规范高校学生的网络言论

高校学生在大学期间除了学习时间之外,还有大量的自由时间可以去支配。事实证明,很多高校学生在步入大学伊始,很难在较短时间内去适应大学的生活和节奏,对高校学习生活感到迷茫和困惑,主要表现在几个方面:一方面,角色转变的不适应。很多高校学生在高中时期是老师和家长眼中的"精英""宠儿",但是进入大学后,由于高校学生需要独自面对学习、人际关系、生活料理、安排学习等事情,而这些问题大都是他们从来没有单独处理过。这一系列变化使一部分高校学生无法适应这种角色的转变,自信心逐渐降低,产生失落感和自卑感;另一方面,人际交往或情感交流的不顺畅。有的高校学生到了大学之后,由于有社交羞怯或缺乏人际交往的技巧,无法实现与他人交往和情感上的交流。久而久之,他们逐渐自我孤立,自我封闭,不再尝试与他人的联系,脱离了"集体"和"组织"。①

实践证明,正是由于角色转变的不适应和人际交往的不顺畅,给一部分高校学生造成很大的心理负担,再经过长期的积累与压抑,导致了部分高校学生有不同程度的心理障碍和精神问题。而网络自身的隐匿性、自由性等特征,使得这部分高校学生可以把通过聊天、跟帖、发表观点等网络形式,与其他网友进行沟通和交流,以来宣泄内心的情感和压抑,释放压力,倾诉心中的苦闷,并不断得到网友的支持、安慰和认同,在心理上得到了极大的满足感,找回了原来的"自我"。但我们也要清醒地认识到,这部分高校学生由于长期压抑,他们在网络上的一些观点和评价有失偏颇,甚至出现网络言语暴力、不健康网络言论等事件,造成了极坏的社会影响。因而,我们要在网络中加强对网络言论的监管,对于不健康、消极、错误的网络言论要及时制止和散发,并对不健康、消极、错误的网络言论要进行激烈的反驳,要讲道理,说事实,将真相澄清给广大网民,及时纠正和规范网络言论,还给网络一个良好的氛围和环境。

(三)提高高校学生的网络认知力和辨别力

面对复杂多变的网络环境,我们务必要厘清高校学生在网络中发布的谣言和谬论,通过分析、判断、梳理等手段,针对高校学生在网络中的别有用心的、非理性观点和言论进行揭露,揭穿其恶毒的企图,将事实真相呈献给广大学子,有效提升高校学生必要的判断和辨别能力,为广大青年学生形成明确的判断是非的标准和道德底线,使广大青年学生对网络不良影响的主动抵制和自我约束。同时,高校学生在网络中做任何事情之前做到"三思而后行",

---

① 蒋心亚,杨永超,网络游戏之网络行为与现实行为关系的辨析[J].

审视个人的网络行为是否会影响自己、影响到他人、影响到整个社会的繁荣与安定,这也就是我们加强高校学生网络舆情管理的初衷和意义之所在。

二、加强和改进高校学生思想政治教育工作的需要

高校学生在作为网络虚拟空间主导者的同时,又是高校学生思想政治教育的主要受教育者。事实证明,正是由于高校学生这一特殊载体,将高校学生思想政治教育和网络舆情紧密联系在一起。可以说,高校学生网络舆情日益成为社会舆情重要组成版块,是当下高校学生思想、行为的集散地。但是,随着网络舆情的社会作用日益凸显,高校学生网络舆情环境复杂多变,这些现实情况都为高校学生思想政治教育工作提出更高的要求,也使高校学生思想政治教育工作面临着更为严峻的挑战。加强高校学生网络舆情的管理和引导,对于高校学生思想政治教育工作的加强和改进有着极其重要的影响和意义。

(一)维护校园安全与稳定

通过加强高校学生网络舆情的管理与引导,实时监控网络舆情,及时判断高校学生的所思所想,掌握同学们的利益诉求,解决同学们的实际困难,引导高校学生理性参与政治,及时化解可能出现的各种风险和矛盾,保证高校学生们能够健康成长,顺利完成大学学业。

第一,了解和解决高校学生的利益诉求。网络的迅猛发展,已成为信息交流与知识共享的重要阵地,为高校学生社情民意的表达提供了平台,是当下高校学生利益、需求、期望等诉求的集散地和舆论场。那么,在通常情况下当下高校学生利益、需求、期望等诉求主要体现在两个方面:一是与高校学生相关的社会焦点的利益诉求。高校学生的网络普及率和使用率已达到很高的程度,高校学生群体在我国网民中占据着相当大的比例。很多高校学生对互联网非常感兴趣,对于当前社会上和网络中的时政问题和社会焦点非常关注,能够通过跟帖等方式在网上发表观点,体现立场,形成舆论,并迅速引起高校学生群体的共鸣。二是与高校学生自身问题紧密相连的利益诉求。绝大多数高校学生都经历了高中阶段紧张、繁重、单调、乏味的学业生活,梦想中的大学象牙塔是他们奋斗的精神寄托,终于历经千辛万苦考上了大学。可是当他们进入大学之后,遇到了独立学习、集体生活、就业、恋爱、人际关系等诸多方面的心理问题和实际问题,使得他们尤其关注大学校园以及学生群体的利益相关的事件。

事实证明,妥善解决高校学生的利益诉求在做好高校学生网络舆情的管理工作中拥有举足轻重的地位。我们只有有条不紊地将高校学生网络舆情的信息收集、鉴别以及信息分析等一系列高校学生网络舆情管理工作,与网络覆盖面广、影响性大等特性及高校学生网络舆情传播规律相结合,才能正确预测高校学生网络舆情发展走向。换言之,高校相关职能部门通过社会焦点和热点事件,有针对性对高校学生网络舆情进行全面观测,以便对高校学生

网络舆情动向进行行之有效的监控,全面了解学生的所思所想,与此同时,要将高校学生网络舆情反映出来的问题及时有效地上报给上级相关部门,使高校学生的意见和建议得到及时有效的处理,稳定校园的和谐发展。①

第二,解决校园突发事件的需要。高校学生群体性事件是衡量大学校园是否安全与稳定的关键因素。一旦发生高校学生群体性事件,这些消息便会在网络中迅速传播,引发社会群体的恐慌,甚至会引起社会的骚乱与动荡,给社会带来难以想象的后果。网络作为一个信息开放和互动的公众平台,同时,也是一个成分复杂的公众载体,主要体现在几个方面:首先,每一名高校学生网民都可以在论坛、微博上阐述观点,提供建议或意见,对于自身诉求也可自由表达,也可以直接参与对某一社会公共事件的探讨。开放、自由的网络环境虽然为高校学生提供了表达诉求、发表民意及追求自身的场所,但也会造成一些舆情在传播过程中发生演变、失控现象。其次,与传统利益诉求不同,高校学生在网络中表达更为直接、更为真实、更为深刻。最后,在网络公众平台中,各异的价值观念、文化理念在网上奔流,使得不同的文化理念、道德观念发生碰撞,并在潜移默化地渗透到校园文化中,使得高校学生的思想受到了冲击和侵蚀,一时间孰是孰非让高校学生难以做出准确的判断,可能导致部分高校学生道德准则畸形,与社会主义核心价值观相背离。②

从目前高校学生心理发展程度来看,在大学阶段的青年学生正处于身心发展尚未成熟的时期,人生观、价值观、道德观尚未完全成熟,在思想上时常也易有较大起伏,且常常伴有非理性化情绪与举止等特点,使其对网络舆情缺少强有效的抵抗力和控制力。关于高校学生突发性事件的网络舆情信息往往反映着高校学生普遍关注的问题及他们对该问题、该事件的看法与理解,因而,某些高校学生的特殊思想状况很容易引发其他人强烈的思想波动、情绪起伏,尤其是负面网络舆情更是高校突发性事件产生的催化剂,使得互不相识的人组成了利益群体,促使大规模的高校学生突发性事件的爆发。如果不能采取相应措施,有效控制负面网络舆情的发展,很可能会导致突发性事件朝着更为恶化方向发展,特别是随着网络公众平台的出现,信息传递更为迅速,使得高校学生群体极易产生效仿行为,致使事态向着不可预料的方向快速发展。除此之外,有关突发性事件的各种不实信息也会影响着高校学生,使高校学生群体行为在非理性情绪指使下更为疯狂。③

不可否认,高校学生网络舆情不仅仅是高校学生群体观点与看法的交流,更是一种情感上的碰撞。当这种情感升华到一定程度,并产生一种默契与共鸣,便会形成高校学生网络舆情。而情感互动处理不善,也会成为高校学生群体突发性事件爆发的导火索,进而会影响到

---

① 方海涛,论高校网络舆情工作维稳功能的实现路径[J].
② 朱力,论网络舆情监管与高校学生思想政治教育[D].
③ 赵芸,姚鲍鹏,高校网络舆情动态监控与危机管理[J].

校园的正常管理秩序。由此可见,我们有必要加强和改进高校学生网络舆情管理工作,通过对高校学生网络舆情全方位分析与研究,及时掌握高校学生群体目前的思想状况,有效监控导致高校学生群体突发性事件爆发的"苗头"。此外,高校相关职能部门通过对高校学生网络舆情的管理,对相关的舆情信息进行梳理、归纳与总结,可以为相关国家职能部门提供更为准确、更为客观、更为有效的高校学生网络舆情信息,以便于国家职能部门做出客观、高效、科学、合理的决策,为更好地处理高校学生公共事件打下基础。[①]

第三,引导高校学生理性政治参与。政治参与是我党执政理念的核心内容,广泛的政治参与也是我国社会主义改革和发展的本质要求,也是衡量社会主义政治民主化的标准之一。随着社会主义现代化的进程步伐的加快,我国民主政治体系也逐步趋于完善,当代青年学生的参与政治的热情日益高涨,特别是随着网络时代的到来,网络的快捷性、自由性、交互性、隐秘性等特征,在一定程度上调动了高校学生网络政治参与的积极性,激发了高校学生进行网络政治参与的兴趣与热情,可以说,网络政治参与已融入当代青年学生的生活之中,是当代青年学生日常生活必不可少的一部分。

国家职能部门可在高校学生网络舆情中以"设置议题""发挥意见领袖"等方式,引导高校学生网络舆情传递积极、向上的思想,指导高校学生网络舆情准确表明国家和政府的立场与观点,不断提高高校学生对高校学生网络舆情信息的阅读和领会能力,逐步提高高校学生网络政治参与意识,增强高校学生的历史使命感和社会责任感,以达到引导高校学生理性政治参与的效果和目的。

第四,高校学生思想动态的"风向标"。互联网的出现在很大程度上改变了传统媒体的传播方式,在一定程度上改变了高校学生原有的表达方式和习惯。正是高校学生群体在网络上表达对公共事务的情绪、意愿、态度和意见,才形成了高校学生网络舆情。高校学生网络舆情在一定程度上反映出高校学生群体的喜怒哀乐以及他们关注的热点问题,成为高校学生思想动态的"风向标"。因而,加强高校学生网络舆情管理工作,不仅可以及时准确地了解和把握高校学生群体思想动态和行为趋势,更为主要的是,在整体把握党和国家的路线、方针和政策对高校学生思想政治教育要求的基础上,还可以根据高校学生网络舆情所反映出的个体的特征和心理发展规律,制定思想政治教育的内容和方案,对症下药,采取措施,因势利导,引导高校学生思想朝正确的方向发展。

(二)有利于维护思想政治教育工作者的权威地位

以往对高校学生进行思想政治教育,主要是教育主体和教育客体两者之间互动交流进行和完成的,即作为教育主体的高校思想政治理论课教师、辅导员和其他思想政治教育工作

---

① 叶红,高校高校学生网络政治参与的现状及对策[J].

者与作为教育客体的高校学生,通过课堂教学来实现的。教育主体在高校学生思想政治教育活动中绝对处于指导地位,而教育客体必须处于绝对服从或者被动的地位。在虚拟的网络空间中,高校学生可以通过许多开放的无限制的渠道来发表言论。由于在虚拟的网络空间中,在空间上、时间上和道德上都是没有约束的,这就给高校思想政治教育者绝对性、权威性地位提出了严峻的挑战。由于网络舆论渠道缺乏必要约束和有效监管,使高校学生在网络"虚拟空间"里思想困惑,是非混淆,在获取各种知识和发表思想观点的同时,也会不由自主地受到一些错误的、消极的甚至是反动的言论、观点和思想的误导。因此,必须及时加强高校学生的网络舆情管理,实事求是,坚持原则,科学正确地引导网络舆论导向,使高校学生擦亮双眼,明辨是非。这可以在一定程度上维护思想政治教育工作者的权威地位,维护思想政治教育工作者绝对的话语权。

(三)有利于增强高校学生思想政治教育工作的时效性

所谓时效性,是指信息的新旧程度、行情最新动态和进展。高校学生思想政治教育工作的时效性,即是指高校学生思想政治教育主体根据高校学生出现的状况和问题,及时、有针对性地提出策略的反应速度和应对能力。当前,越来越多的高校学生使用网络,同时,也有越来越多的高校学生参与到网络之中,他们时常在网络上关注国内外时政要闻,链接有关资料,时时监测舆论动向,积极发出自己的声音。因而,在极为复杂的网络环境中,十分有必要加强对高校学生网络舆情的管理。通过加强对高校学生网络舆情的管理,帮助高校学生了解事情真相,做出正确的行为判断。此外,我们应清醒地看到,思想政治教育工作者在对高校学生网络舆情判断的过程中,头脑清晰敏捷,利用有限的时机,依靠所要表达的观点本身的说服力和说服教育的技巧,改变传统的高校学生思想政治教育的工作方式,克服传统高校学生思想政治教育中受教育者的逆反心理,利用网络讨论和对话来实现彼此的目标,适时地对高校学生进行爱国主义教育、人文关怀教育、道德美德教育等,以此来增加高校学生思想政治教育的时效性。从话题出现—争论不休—新议题提出—舆情观点一致等环节都体现出网络舆情管理的重要性,同时也在管理中渗透着思想政治教育的意义,提高了高校学生思想政治教育的时效性。

(四)有利于提高高校学生思想政治教育工作的有效性

有效性,是指人们通过不同形式或途径来实现和达到理想效果的程度。那么,高校学生思想政治教育的有效性,是指在高校学生这个特殊的社会群体中,通过不同的教育手段和方法,以实现思想政治教育的目的和要求的程度。可见,高校学生思想政治教育的实现程度与高校学生思想政治教育目标和要求是紧密相连的。目前,高校学生网络舆情的内容包罗万象,鱼龙混杂,很多不良、负面的言论或观点充斥着网络,社会上各种无聊的甚至有害的垃圾信息冲击着高校学生敏感的神经。互联网里内容极其丰富,无所不及,各种道德准则、价值取向、思想文化、意识形态、社会传统和生活习惯等都包容其中,高校学生在虚拟的网络空间中可以自由发挥。但是,高校学生网络舆情相比于传统的网络舆情,有其特殊性,主要有以下几点:第一,高校学生网络舆情与传统的网络舆情相比,更为分散。以往的传播媒介有限,因而其产生的舆情也较为集中,并在社会民众能够迅速产生共鸣,形成从众效应。而高校学生网络舆情是由高校学生个体在网络中的"声音",有时很难得到其他人的认同,进而难以形成大的舆论浪潮,需要到网络空间中继续寻找"伙伴";第二,高校学生群体一旦在网络空间中形成一定规模的舆情,他们会运用相关检索技能,不断收集各种与此舆情相关的所有信息,甚至包括一些已被删除的负面信息。同时,他们还会将同一事件的相关舆情进行分析、归纳和整理,然后将重要资料加以存储。第三,互联网时代非常尊重个体,它不仅尊重人们表达个人意见的愿望和要求,还尊重人们个性的发展和张扬,并为人们搭建"畅所欲言"的载体与平台。由于网络自身特殊的本质特征,使得一些在实际生活中遭遇挫折、失去理性判断的高校学生,往往就会借助网络空间来发泄心中的不满情绪。这些不满情绪一旦得到蔓延,极易引发高校学生网络舆情的从众效应,从而爆发大规模的高校学生突发性事件。因此,针对高校学生的思想政治教育工作的开展,如果只是在一个个舆情热点出现后,才思考如何引导和应对,就往往疲于应付,很难实现高校学生思想政治教育工作的有效性。只有通过对分散的高校学生网络舆情进行整合汇总,对相关的高校学生信息和言论进行把关,掌握高校学生行为的走向,才能在第一时间内分辨出高校学生网络舆情的症结所在,以便有针对性对高校学生网络舆情进行防堵与疏导。可见,加强高校学生网络舆情管理,对于高校学生思想政治教育工作的有效性提升具有重要的实践意义。

（五）提高高校学生思想政治教育工作者素质的需要

在高校学生思想政治教育工作开展过程中,高校学生思想政治教育主体是整个高校学生思想政治教育活动的精髓和灵魂,也是整个高校学生思想政治教育活动得以顺利开展的必要保障,因而,高校学生思想政治教育主体在高校学生思想政治教育活动中也一直处于核心和主导地位。可见,高校学生思想政治教育主体能力和水平如何,直接影响着整个高校学生思想政治教育活动取得效果,这也对高校学生思想政治教育主体综合素质提出了较高的要求。高校学生思想政治教育主体综合素质,是指高校学生思想政治教育工作者在高校学生思想政治教育工作开展过程中在思想、心理、语言、行为等方面所展现出来的水平与能力。可以说,高校学生思想政治教育工作者的能力和素质如何将直接决定着高校学生网络舆情的发展。当今世界网络技术飞速发展不断更新,新型传播媒介层出不穷,以互联网、电视和报刊传播媒介为平台,以先进的计算机技术和数字技术作为传播载体,实现了不同形式的媒体彼此之间相互整合、交换,可以说,传播媒介一体化已成为顺应当今时代潮流的一种趋势。随着这种趋势日益明朗,那么,对于高校学生思想政治教育主体——高校学生思想政治教育工作者也提出了更高的要求。对于热衷于高科技、新鲜事物的高校学生来说,早已熟练掌握当前的网络传播技术,他们能很容易地参与到网络舆论当中。面对新的教育环境,高校学生思想政治教育工作者应该积极转变教育理念和教育手段,主动适应高校学生思想政治教育的内容、环境等一系列变化,不断提高自身综合素质。但是,如果高校学生思想政治教育工作者缺乏一定网络技能,就会使得他们获取信息渠道有限,获取信息的数量和质量远远不及高校学生,使得高校学生思想政治教育工作者在开展高校学生思想政治教育活动时没有创意,宣讲苍白无力,丧失教育的话语权。由此可见,要想有效地监管高校学生网络舆情,务必要全面提升高校学生思想政治教育工作者全面素质,特别是网络媒体运用和实际操作能力,只有这样才能及时准确地掌握到高校学生的所思所想,对高校学生进行有针对性的思想政治教育工作。

(六)高校学生网络舆情管理蕴含的思想政治教育功能

思想政治教育的功能,是思想政治教育本质的外在集中体现。高校学生网络舆情管理工作,蕴含了思想政治教育指引功能、内化功能、育人功能和预警功能、递送功能、互动功能和监督功能。

第一,高校学生网络舆情管理的指引功能。指引功能是高校学生思想政治教育最为基本的功能,即引导高校学生具备正确的政治信念。指引功能包括政治信仰指引和政治行为指引两个方面。高校学生网络舆情管理是高校学生思想政治教育工作指引功能在网络虚拟社会的延伸。可见,高校学生上网络舆情对高校学生的思想和行为的影响作用不言而喻。因此,思想政治教育工作者可以利用高校学生网络舆情全面覆盖渗透的特征,在对高校学生网络舆情进行积极引导的同时,可以加大对高校学生政治信仰的指引力度。此外,还要发挥高校学生网络舆情管理的政治行为指引功能,通过加强对高校学生网络舆情管理,积极引导、帮助高校学生树立良好的政治行为规范,使高校学生成为政治信仰坚定的实施者和执行者,将政治信念作为个人毕生的奋斗方向。

第二,高校学生网络舆情管理的内化功能。高校学生网络舆情是对现行社会运行机制的有效反馈,它反映着高校学生对现行社会运行机制的态度和看法。通过对高校学生网络舆情管理,消除非理性、错误的言论,疏通高校学生情绪,摆正心态,进而将爱国、诚信、友善等高校学生认同的核心价值观内化为高校学生价值取向和精神动力,使他们凝聚共识,自觉遵守和践行,不断提高自己的政治觉悟和思想道德素质。这不仅是高校稳定、社会和谐的基础,更是我国社会主义现代化建设得以顺利进行的保证。

第三,高校学生网络舆情管理的育人功能。高校学生思想政治教育的目的和意义在于提升高校学生全面发展,这也是马克思关于"人的全面发展"学说的重要体现。那么,高校学生全面发展不仅要体现在思想道德方面,更主要的是体现在文化素质上。同时,随着"互联网时代"到来,网络已成为高校学生必不可少的生活工具。同样,关于高校学生网络素养也已成为高校学生全面发展的考量方面。高校学生网络素养包括网络道德素养、网络使用技能、网络信息辨别能力三个方面。思想政治教育工作者通过对高校学生网络舆情的管理可以有效提高高校学生的网络素养,让同学们生活在积极健康的舆情信息中,避免和纠正落后和错误的思想和观点,从而达到增长能力、拓宽视野、陶冶情操的目的。

第四,高校学生网络舆情管理的预警功能。思想政治教育工作者通过高校学生网络舆情管理工作的开展,可以及时汇集各种高校学生舆情信息,以便发现高校学生中的焦点和热点问题,监控高校学生的动态,同时,针对高校学生舆情发展态势做出合理、可行、准确的分析结果,并及时采取有效措施防止大规模、破坏性极强的高校学生突发性事件的发生。

第五,高校学生网络舆情管理的递送功能。在高校学生网络舆情中,高校学生可以获取和接收各个方面的信息,使高校学生了解家事国事天下事,知道各种事件发生的时间、地点、人物、内容、过程、结果以及事件的社会影响等。同样,通过对高校学生网络舆情的管理,可以让思想政治教育工作者借助这个平台了解当代高校学生,掌握他们的思想状态、政治立场、价值观念、道德情操以及对待现实社会中各种事件的态度和观点等等。可以说,以高校学生网络舆情管理为载体,可以将教育内容寓于高校学生网络舆情当中,开展有针对性的高校学生思想政治教育工作,这样反而会被广大青年学生所认同、所接受,会取得出人意料的教育效果。

第六,高校学生网络舆情管理的互动功能。高校学生网络舆情这个载体,使不同年龄、不同地区、不同生活方式的高校学生群体汇集在一起,他们之间相互交流、相互探讨、相互争论、相互关心,通过对高校学生网络舆情的管理,使高校学生群体在互动过程中,逐渐明辨是非道理,澄清价值观念,统一态度和看法。那么,这个互动的过程就是高校学生思想政治教育主体之间、教育主体与教育客体之间、教育客体之间互动的过程。因此,通过对高校学生网络舆情的管理,可以在教育主体与教育客体之间架起一座互动的桥梁,增进二者之间的情感,这有效增加高校学生思想政治教育的说服力。

第七,高校学生网络舆情管理的监督功能。通过对高校学生网络舆情的管理,思想政治教育工作者能够及时掌握高校学生的思想动态,并且根据理性分析与研究,较为准确推断出高校学生网络舆情趋势。思想政治教育工作者应需要提高警惕,时刻关注高校学生网络舆情进展情况,调查事实真相,了解矛盾原因,从而积极果断地采取有效措施解决高校学生思想问题和实际困难,把它们消除在萌芽阶段,最大程度避免对高校学生群体、高校或者社会危害极大的突发性公共事件的发生。

三、维护国家和社会稳定有序发展的需要

不可否认,当今社会舆论表达方式最为直接有效地的载体就是网络舆情。网络舆情在处理一些较为敏感的政治事件,或一些较为关注的社会焦点问题的过程中,网络舆情作用不

可小视,而高校学生网络舆情作为社会舆论的一部分,近些年来,对于其敢于揭露社会阴暗面,敢于抨击负面影响,并配以辛辣的点评,也日益受到社会民众的关注。与此同时,网络公众平台以不间断的信息传输方式,可以使高校学生随时随地就热门话题或其他感兴趣的话题进行深刻交流,无疑这种无监管式的沟通加大了对公共事件影响的冲击。除此之外,高校学生可以借助网络公众平台的检索功能,将某焦点、事件的内容查找、搜寻出来,这样各类意见、建议、观点和感受都能够经由不同途径不断地聚集,并快速形成舆情浪潮。此外,高校学生网络舆情具有很强的群体性。在高校学生网络舆情传播中,高校学生网络舆情一旦被怀有不良居心者所控制,会造成大量的学生言行举止出现偏差。因此,如何正确、有效开展高校学生网络舆情管理工作变得至关重要,具有极强的理论和实际意义。

(一)突显社会主流舆论的影响力

以高校学生网络舆情为代表的社会舆情的快速兴起,使得社会舆论出现了多元化、多极化的格局。各种舆论声音层出不穷,舆论环境也呈现出复杂多变的趋势。面对此种情况,如果不能形成社会主流舆论的声音,就会导致民众不能做出正确的认识与判断,也就无法发挥社会主流舆论的引导作用和影响力。

一是要通过加强对高校学生网络舆情的管理,树立社会主流舆论的"指南针"地位。在网络世界中,高校学生群体角色发生了翻天覆地的变化,也给高校学生网络舆情带来了很大变化。高校学生已不再是传统意义上被动的教育对象,已由受众群体转变为今天的主导群体,他们通过网络以信息报道或"评论员"身份引导舆论方向。因此,在高校学生网络舆情中急需能够左右舆情走向、阐述事实真相、揭露事实本质、发挥"指南针"作用的社会主流舆论的出现。在高校学生网络舆情管理过程中,社会主流舆论必须要善于发现和敢于触及高校学生议论关注的问题,围绕舆情的焦点和热点问题主动设置议题,通过政府的视角、专家的声音,多层面、多角度对舆情的焦点和热点问题进行分析解读,真正起到解疑释惑、引导舆论、以正视听的作用,真正发挥出社会主流舆论应有的公信力和权威性。

二是通过加强对高校学生网络舆情的管理,发挥社会主流舆论思想引领的作用。在高校学生网络舆情的形成过程中,一些高校学生为了快速表达观点几乎来不及冷静思考、深入分析,因而,一部分高校学生言行缺乏理性,往往表现得情绪化、直观化、简单化,同时,由于高校学生信息来源途径的偏差,在言语表达方式上时有偏激现象的出现。可见,对于高校学生网络舆情,社会主流舆论不仅仅要起到解疑释惑、引导舆论的作用,更为主要的是要对高校学生进行思想上的引领,能够在潜移默化中影响高校学生的思维方式。那么,这就要求社会主流舆论在高校学生网络舆情管理的过程中,多设置一些"网络意见领袖""网络时事评论员",就某一时期某一阶段重大事件、重大问题、重大政策展开论述,充分发挥自身作用,以具有深刻思想内涵的评论和深度报道,帮助高校学生及时厘清种种思想困惑,让高校学生的想法、观点和态度逐步形成共鸣,达成共识,积极展现社会主流舆论的影响力。

（二）成为社会稳定有序的"安全阀"

由于高校学生生存压力与日俱增，高校学生在学业观、人生观、择业观、爱情观、人际观等方面面临着严峻的挑战，通常表现出急躁、无助等不良情绪。而高校学生这些不良情绪很难在现实生活中尽情发泄，需要挖掘其他情绪发泄渠道。网络由于其自身独有的特质，使高校学生迅速融入网络环境氛围，在互联网中，相互交流，产生共鸣，进而形成高校学生网络舆情。高校学生通过这种方式，有效宣泄不良情绪，获取心理上的平衡与满足。事实证明，通过对高校学生网络舆情的管理，便于高校学生的政治沟通和利益诉求的表达，使政府和有关职能部门真实了解高校学生的民意，从而有效地化解社会矛盾。

一方面，事实证明，国家职能部门和政府官员通过对高校学生网络舆情的监管，可以准确把握高校学生的社情民意和利益诉求。在高校学生日常生活中，一些顾虑、约束等社会外在因素以及高校学生性格原因等内在因素，导致高校学生掩盖可能对自己不利的真实想法，而无法真实表达自己的情绪和观点。但在网络虚拟空间之中，高校学生可以肆无忌惮地各抒己见、畅所欲言，由此，高校学生网络舆情成为高校学生群体关键的利益诉求渠道。那么，通过加强对高校学生网络舆情的监管，对相关或类似舆情所反映的问题进行梳理，进而使国家职能部门能够从高校学生网络舆情中获取更为有价值的高校学生真实信息，从而为国家职能部门制定合理、科学地政策和决断提供重要保障。

另一方面，通过对高校学生网络舆情的管理与监管，可以有效、妥善解决高校学生群体对社会产生的"焦点问题"。通过互联网平台，高校学生群体可以将长期无法解决的或者高校学生利益诉求得不到重视的问题，经过高校学生群体网上广泛、热烈的参与和讨论，形成声势浩大的高校学生网络舆情，进而引起国家职能部门和政府官员的高度关注。同样，高校学生群体对一些社会问题、社会现象的质疑，也可以通过对高校学生网络舆情管理，使国家职能部门和政府官员可以了解情况，迅速展开调查，查明事实真相，并在网络中及时发布事情的相关进展，给高校学生群体一个满意的答复，化解高校学生群体对社会的矛盾与质疑。[①]

第五节　基于人工智能视域研究的意义

一、对人工智能的理解

（一）何谓人工智能

人工智能虽然不是人类智能，但却能像人一样思考、行动，甚至有可能在未来的某一天

---

① 石晋杰，网络舆情与社会稳定的关系研究[D].

超出人类智能的水平。所以我们有必要在事情变得无法控制之前未雨绸缪,科学地控制和管理人工智能的应用与发展。

从字面意思来看,"人工"很好理解,也就是指人为的、与天然所截然不同的,或者是人造的;"智能"就是一个较为复杂的概念了,它一般泛指人类的智慧和能力,也可以说是智力和能力。人工智能就是通过人工技术让机器拥有"智慧",这种智慧是通过程序、算法和数据赋予系统或机器的,使机器能够通过学习人类的语言、行为等模仿人类,从而具有"智能化"的特点,最终让这种"智能机器"为人类世界而服务。人工智能是基于大数据、深度学习和云计算三大新兴技术的产物,因此它既继承了传统机器的优势,还展示出了与以往机器所与众不同的新特点:感知力高,判断力准,进化力强。作为机器,它们可以看见和听见世界,由于其特有的感知力和判断力可以在某些方面轻松地战胜人类,尤其是其可怕的进化力的速度让人类无法想象。但是有优点就有缺点,首先作为机器,自然是不具有我们人类所具有的人性,比如说创造力;其次机器不具有人类的情感,无法像人类一样进行复杂的沟通,是一个冰冷的"情感杀手";最后由于人工智能技术发展尚未成熟,目前人类对其应用多数处于"弱人工智能"的阶段,因此若作为劳动力,这种机器还无法达到一脑万用的高度。

(二)人工智能的分类

针对人工智能的分类学者们各抒己见,根据人工智能的发展阶段可将其分为1.0、2.0、3.0、4.0四个时代,也有学者根据神经网络模型将其分为宏观和微观的人工智能。本文借鉴李开复教授的观点并加以延伸,将人工智能分为三个层级:弱、强和超级人工智能。

弱人工智能是一种特制的提前设定好的程序载体,擅长于且只能解决某一特殊领域的技术和问题,他们看起来很智能,但是并没有人类的思维和意识,也不能够去主动解决问题,需要遵从人类的命令与指挥。目前我们在生活中已经能够频繁接触到的产品,比如智能家居、无人驾驶汽车、城市智慧交通、银行AI机器人、支付宝智能机器人等,这些都是弱人工智能的应用,由于其基于弱人工智能技术,这些智能体一般都处于安全范围内,不会威胁到人类的生命安全。

强人工智能特指能够担当人类一切工作的智能机器或产品,也是现在学者们谈论最多的"通用人工智能"。这种机器与弱人工智能最大的不同点在于它们对于外界环境的变化或刺激拥有了类似人类的意识和反应,能够像人类一样进行思考、计划、行动、快速学习、从经验中学习乃至解决问题等一系列繁杂的操作。还有学者又将强人工智能分为类人和非类人的人工智能,类人AI能够仿照人类的思想、感情和推理能力解决简单的问题,非类人AI作为机器已经拥有自己独立的思维,既可以类似于人类也可以不同于人类甚至于超越人类,也就是超人工智能。这两种类型的人工智能目前在我们生活中鲜有接触,未来是否可能实现大面积的强人工智能应用也尚处在争议阶段。

超人工智能从本质上来讲是强人工智能的未来发展模式,顾名思义是指在IQ、EQ等诸多方面都要远超前二者人工智能和人类智能的机器,当前的科技水平还无法企及这种高标准的机器。由于超人工智能在智商和很多方面都远超于人类,一旦出现这种技术级别的人工智能,那它们就极有可能反客为主成为统治人类的主宰,威胁人类的生命与安全。这一概念颇有震撼力,很大程度上吸引了广大研究者对人工智能发展的重视,强人工智能和超级人工智能正是造成当前学者和研究人员担忧和引起大众恐慌的主要对象。

在此需要强调的是,这里的人工智能三级分类并非相互对立的,而是相应技术发展到一定阶段的特称,即弱人工智能是强人工智能发展的低级水平和基础阶段,超人工智能则是强人工智能的未来可能发展阶段。不管是哪一个阶段的人工智能,人工智能技术本身并不是我们要深扒的重点,了解人工智能的基本信息和特征,以此为基础寻找该技术应用于教育系统的可能性与利害关系才是本文的研究核心。

（三）人工智能的基本特征

人工智能能够应用于教育,必然是因为其某些独特的优势所在,在此简单描述一下人工智能的三个基本特征:

第一个特征是深度学习。深度学习实际上就是通过机器学习实现的,让机器能够模拟出人大脑中的各种神经结构和网络,以此赋予计算机人的智慧。深度学习是人工智能技术发展的三大基础之一,剩余二者则是大数据和云计算。人工智能首先把需要处理的问题信息转化为大数据信息,而这些大数据一方面来源于我们人类在网络上进行的多种多样的活动,另一方面则是基于我们所使用的各种设备中附加的传感器。如果说大数据是人工智能的原料,那么深度学习则是加工这些原料的大工厂,通过在大数据库中寻找"套路"发现数据的特征、规则并总结模型,这种方法是通过人工神经网络实现的。与传统的计算机不同,人工智能擅长于从大数据中自己寻找套路,而不是由工程师输入套路。

第二个特征是跨界融合。将人工智能技术应用于各行各业是跨界融合的重要手段。党的十九大报告特别强调,制造强国这一重要发展目标的达成,要切实推动制造业发展,尤其重视实体经济与人工智能及其他高新技术的融合发展,这是国家对人工智能跨界融合发展的重视所在。政治、经济、文化和社会各个子系统唯有跟上智能时代的脚步与时代同行,从工业、农业、手工业、服务业、制造业等各行业普及人工智能知识,各行各业若能够与人工智能进行完美的跨界融合,则必将会有"1＋1＞2"的惊喜出现。

第三个特征是人机协同。简单来讲就是人与机器相互合作,从而让二者都发挥其应有的价值。每一轮新的科技革命都会为人类的职业发展带来无法预料的变化,人工智能专家预测过,未来不久,一些低脑力劳动岗位比如司机、前台、服务员、工厂流水线上的工人等都极有可能会被智能机器所替代。面对这一次危机,人类需要了解清楚人工智能的特点、优点及缺点,这样才能充分发挥人类自身的优势,弥补人工智能机器的短板,这一过程便是人机协同的重点所在。在未来的智能时代,人机关系是需要我们重点关注的问题,人机共存必然是新的工作革命中我们会面对的发展趋势,人类只有学会和机器更好相处,和机器共同进步和发展才能应对未来的失业危机。

二、基于人工智能的教育应用

如果在人工智能技术与教育的深度融合方面有专长于人工智能的教育研究者实现跨越式的进步,那对于我国乃至全球的教育事业也是一项不可磨灭的贡献。目前大多数教育研究者都已经开始积极注意和研究技术发展对教育自身的促进作用,积极探索该技术的应用并致力于在教育领域使其应用成为现实。

(一)人工智能应用的尝试

事实上,从全球范围来看人工智能的教育研究尚处在前科学阶段,分析资料可以发现,研究者们主要在以下几个方面率先开始了尝试:

第一是利用 AI 技术尝试改变教学方式和环境。人工智能应用于教育最突出的特色就在于能够从各个方面促进个性化教学和个性化学习,从而创造优越的环境和条件实现"一机对一人"的理想化教学模式。具有代表性的产品则是智能教学(也称导师、导学)系统 ITS,主要由专家知识、学生模型、导师模型三部分构成,对应于传统教学的三大要素:计算机程序化的教学内容、学生和教师,分别解决教什么、教谁和怎么教的问题,即导师模型以专家知识中的相关内容、知识框架信息与推理为资源,参考学生模型收集到的学习者数据,将其作为个性化教学的信息基础做出适应性决策,向不同的学习者开展相应的教学服务。

第二是利用 AI 技术尝试改变学习方法。ITS 系统除了可以改变教学方式,也可以改变学习方法,这是因为该系统在整个教学过程中可以根据每个学习者的学情提供精准化的智能分析,这种智能分析主要包括智能推荐、学情分析、错误诊断与纠正、决策支持,以支撑用户的个性化学习。以此为基础新研发的典型产品——自适应学习系统 ALS,其基本原理是基于大数据的相关信息形成学习模型最终为学习者提供个性化建议,即对学习者在使用系统学习过程中的信息和学情变化进行分析,实时优化升级和定制学生用户模型,使用智能算法寻找适应每个用户的新学习方案和独特的学习路径,以达到支持用户个性化学习和提高学习效率的目的。目前人工智能自适应教育行业虽有热门趋势但还处于初级阶段,不可否认的是已经投入使用的产品确实是提高了用户的学习效果,而学习效果的好坏才是判断自适应学习产品或企业是否有竞争力的最终评判标准。

第三是利用 AI 技术尝试服务于考试。2020 年高考期间,辽宁省沈阳市率先引入了人工智能防作弊系统,检测学生作弊行为,这也是全国范围内第一次在高考中引入人工智能防作弊手段,极大提高了监考和后勤人员的工作效率,为疫情期间的考务工作管理和疫情防控工作起到了双保险作用。除去监考,利用 AI 技术还能通过人脸识别、锁屏、打乱试题和答案、在线监考给中高等院校提供考试和考务工作,方便疫情期间的考试工作。人工智能在考试的出题环节可以基于大数据技术对于题库中的海量题目重新进行排列组合,还可以针对不同的学情组合出不同的试卷,提高出题效率;在考试的阅卷环节可以基于图像识别帮助教师自动识别、批改客观题目和某些主观题目并赋相应的分值。

第四是利用 AI 技术尝试进行学校管理,主要包括课堂管理和校园管理两个方面。前者将从选课排课的角度助力当前新高考改革后实行的"3+1+2"选科选考制度:六选三的选课方式将会派生出多套课程组合,走班教学即将成为未来学校班级的新教学模式,从前的"一班一课表"逐渐会转变为"一人一课表",相应的也会出现许多亟待解决的新问题,比如缺乏师资、监管不善、教学模式又多又杂、教学评价标准不一等。以 101 教育为代表的智慧课堂新产品"101 智能排课(选科走班)"针对以上问题,将师生管理、技术、经验与课程、教学、环境相融合,为学生量身定制专属的个性化课表,打通了包括排课、调课、选课等在内的种种障碍,完美解决了选课排课的问题。后者便是我们如今谈论很多的智慧校园:未来的校园管理将依托于人工智能技术实现包括校园环境和师生领导范围内的全覆盖,这样会显著提升管理效率和管理的科学性。智慧校园以解决教师和学生的身份认证、信息采集、课堂考勤、校园安全、后勤服务为主,构建一体化管理系统,涉及学校的多个下属部门,为校园的常态化管理提供了较为完善的需求和便利条件。

第五是利用 AI 技术尝试做出教育评价。在这一部分主要涉及智能程序测评、智能口语测评和智能作业测评三个方面。第一方面主要指用于线下教学、线上考试、作业批改等的编程教学软件。第二方面的口语测评主要指基于深度学习和情景对话的无文本语音测评系统。第三方面的作业测评主要指基于图像识别、语义分析、自然语言处理和统计技术的作业自动评阅系统,用于日常教学、大型考试、作文批改等场景。

(二)人工智能的应用预测

上面所提到的所有人工智能教育产品在我们国内与其说是尝试,不如说是令人可喜的开端,何时能够得到普及是一个任重而道远的任务,且还有许多本文尚未提及的教育产品。即使在未来的教育中普及了这些产品,实质上也只是数量的提升。经阅读文献发现,人工智能与教育的融合大多都出现在教学与学习过程中,这是因为人工智能在认知领域这一部分的研究进展是最快的。当前我们的教育虽然是面向学生的全面发展,但仍不可避免地打着知识就是力量的烙印,这也是人工智能在认知领域发展迅猛的一个关键因素。除去认知领域,在道德教育方面,人工智能与其结合还是一项空白,由于当前人类对 AI 技术的使用还只停留在弱人工智能的层面,那我们也需要认真思考未来人工智能与教育的结合会有哪些我们无法预料的突破:

其一,教师角色的转变,由"教书"转变为"育人"并"辅助"人工智能教学。人工智能教学最初是由计算机辅助教学(CAI)发展而来的,目前全国大范围内的教育仍旧是以计算机辅助教师教学为主流,其他的计算机和新技术在本质上是和人工智能技术同一个范畴的教学辅助手段。但随着人工智能的愈发成熟和个性化学习的日渐火热,人工智能为主教学教师"辅助"在很大程度上可能实现。届时教师就需要思考如何提升自身的专业化知识和水平从而保证不被人工智能机器所排挤或取代,教师"辅助"人工智能教学和"育人"又应该从哪些方面入手并寻求突破可能将是教师职业得以继续存在的意义。

其二,道德教育与 AI 技术的深度融合,这二者的结合在当前的人工智能与教育领域的研究还是属于空白。教育者是人而不是机器,且教育者本身的价值观、情感、态度和认知以及所谓的社会主流观念、社会舆论就会在一定程度上影响他们对某些事情的判断,从而有失公平。那么作为机器的人工智能,作为没有感情只有数据和程序算法的机器,在面对和人类教师同样的道德教育问题时,极大概率是不会和人类教师一样由于以上因素的影响而出现失误的。这应该是人工智能的一个可以与人类教师相媲美的作为优势的特殊因素,有了这个设想,研究者便可以基于此积累道德教育大数据,使人工智能在道德教育上发挥作用。

第二章　高校网络伦理教育的目标和任务

第一节　网络社会的伦理转型

在信息高速公路建设的基础上,网络道德呈现出了信息社会新的特点和趋势。网络社会的交往方式,能够超越时空和地理位置的束缚,转而成为思想的"人"与技术的交往,物理的"身体"完全可以置之度外,所以能够彻底摆脱传统现实交往中人们对喜怒哀乐、穿着外表、社会地位等问题的关注,取而代之的是可以基本忽略掉知觉感触的数字、语言等交往符号和可能完全捉摸不透的角色扮演。因而网络在将主体之间沟通互动的距离压缩得近为零的同时,也锁上了人与人之间面对面的交流。部分参与者,尤其是一些高校学生将网络生活当作核心,只与数字和符号交往,丧失了人与人之间正常交往的能力,久而久之就会形成狭隘的伦理人格,出现执拗、冲动甚至是暴力倾向等情况,这也是此类人群易于发生道德危机的根源所在。鉴于此,有必要在确定高校学生网络道德教育的目标和任务前,对网络社会的道德转型展开分析。

一、从封闭型向开放型道德转变

互联网的飞速进步大大加速了人类社会不断从封闭走向开放的进程。传统社会有相对封闭性的特点。在传统社会中,由于信息不能充分流通,以及语言、文化价值观和风俗习惯等差异,不同地域的人们形成了各自不同的道德观念,进而导致不同民族和国家存在着不同的,有些甚至是相互冲突的道德规范。所以,在信息时代以前,时空一直是限制人们交往的主要障碍。

现代社会新技术的应用进一步促进了开放,尤其是网络技术的传播方式,使得地理距离消失了,我们的星球正在变成一个"地球村"或电子社区。人们从此可以不受时空的限制进行交往。当然,其中的道德意识、观念和道德行为的冲突、碰撞也变得更加剧烈。但开放的环境也使深入、全面的沟通理解成为可能。前网络时代,人们之间之所以难以相互理解,是因为缺乏相互交往的有效方式和手段;而网络成功地把世界各国的人都联系起来,将各种价值观念、风俗习惯和生活方式都一一呈现在人们面前,无论怎样的奇风异俗都会接受人们目光的洗礼,这也为人们提供了相互了解的有效方式和手段。网络空间中,不同风俗的人可以通过学习、交往等增进相互沟通和理解,各种文化冲突在不断碰撞的同时,也促进了相互融合。因此,网络的全球化使得网络道德必将由封闭型向开放型转化。

二、从依赖型向自主型道德转变

与传统社会道德相比较,网络空间自主性强、约束性小的特点,为人们道德主体意识的觉醒、道德主体地位的确立创造了条件。

传统社会中,即在前网络时代,社会曾长期处于一种发展较缓慢且相对封闭、自给自足的状态。由于生产力不发达、地理位置和交通工具的限制,大多数人都生活在狭小的空间中,人们的交往范围和交际内容都非常有限,道德约束更主要地来自熟人之间的舆论压力,人们愿意恪守道德规范有时并不源自内心需要,而是"外力"的作用。因此可以说,传统社会的道德主要是一种依赖型道德。

而网络本来是基于人们一定的共同利益自觉互联而成,如资源共享等,所以人们必须确定自己干什么、怎么干,也自觉地对自己负责,为自己做主。但网络在带给人们工作、学习、生活方便的同时,也为不法分子的不道德行为提供了新的工具,网络犯罪活动空前的活跃。所以网民在一次次教训面前深刻反思,责任、权利、义务意识也被唤醒。为维护网络社会秩序,人们自觉订立网络规范,这种规范不是根据权威的意愿建立起来的,而是网络主体自我意识的行为结果,是根据人们的利益需要而制定,由此也规定了网络道德规范的自觉性。

网络道德监控机制的新特点,要求人们的行为具有较高的自律性。传统社会的他律在网络中的效力明显下降,网络社会形成了一个很少人干预、管理和控制的相对自由的时空。在这样一个失去了某些强制他律因素的、淡化了社会背景和社会包袱的自主世界里,终将建立一种自主自在型的网络道德。如果说传统社会的道德主要是一种依赖型道德,那么网络道德必将是一种新型的自主性道德。

三、从一元化向多元化道德转变

传统社会道德的特点之一是具有单一性。人们受到相同教育模式、内容的影响,价值观、兴趣爱好以及情感利益需求都逐渐趋同、相对固定。因而导致人们的道德观念和日常行为也都相对单调,比较整齐划一。虽然道德因生产关系的多层次性而有不同的存在形式,但每个社会都有一种居于主导地位的道德,因此传统现实社会的道德往往也是单一的、一元化的。

网络社会网民的多层次性为多元道德的形成创造了条件。在网络中,既存在涉及社会正常秩序和每一成员切身利益的主导道德规范,又存在着不同民族、国家的网民各自独特的道德文化需求,随着全球化进程的推进,人们在多元的文化冲突中产生了多元的道德规范。一方面,如果彼此可以增进了解,就能达到逐渐融合;另一方面,如果彼此无法融合,但也可以求同存异。

网络社会的多元化道德并存有其理论与现实依据。网络道德的自主性使得成员间的需求在一定程度上具有共同性，只要网络成员的行为不违背网络社会的主导道德，他们不需要、也不强求具有像现实社会中一样的统一道德。因此，他们也就不需为入网而改变自己原有的道德意识、观念和道德行为。

网络社会网民不同层次和不同文化背景的多元化利益需求，必然带来其道德规范的层次性和多元化，从而要求我们建立起一个不同风俗习惯相互理解、尊重的多元化道德社会。多元化道德是网络社会发展的结果，不以人们的意志为转移。但多元化道德也不排斥逐步形成的具有网络社会特征的高尚道德原则和行为规范。总之，网络道德呈现出与传统道德不同的新面貌。

第二节　高校学生网络伦理教育的对象

一、网络道德主体的范围

虽然网络社会并不是一个完全脱离于现实社会生活的孤立社会，但电子空间还是有别于物理空间。所以简单地将传统现实社会的道德运行模式硬性地套用到网络空间是不合适的，可能也行不通。应结合网络技术的特点重新构建适应于这一虚拟的生存环境中的新的运行机制。这一构建的首要且核心问题便涉及网络道德主体的确定。

所谓网络道德主体，就是在使用、建设和管理互联网的过程中，既具有一定道德需求，又享受一定道德权利，同时必须承担相应道德义务的个人或组织。具体可划分为网络使用者、网络经营服务者和网络管理者三类。

（一）网络使用者

网络使用者指的是有意识、有目的、主动地进入网络，为实现某种需要而使用网络的当事人，即我们通常所说的网民。那么，只要使用网络的人都是网络主体吗？是否上网的人都是网民呢？目前的认识尚未统一。有人认为，从社会共同体的意义上说，只要被所参与的社区正常接受并通过正常渠道取得有效合法账户和电子邮件地址的，即可称为网民。如果长时间不用账户或电子邮件，而被取消账户和邮件地址，那么便失去了网民的身份。因此，网民，即网络使用者，应当是有进入网络的行为，无论是否取得合法身份，也无论上网时间长短，均为网民或者网络使用者。这样的理解尽管从范围上看是宽泛一些，但从确切地把握概念本身来看是必要的。这类网络主体有以下特点：

1. 广泛性

网络技术属于现代科技发展的成果，最初使用网络的人是具有一定文化层次和技术水准的群体，而随着网络技术的普及，网络使用者的群体也逐步扩展到普通民众中，不分年龄、性别、职业、民族等,都可以利用网络来实现自己的某种要求,享受网络带来的现代生活方式。

2. 角色转换频繁

进入网络并在网络空间活动,这一期间的人被称为网络使用者。他们一旦离开网络空间,又成为现实生活中的人。网络使用者就在这种虚拟与现实、电子空间与物理空间中频繁地变换角色。从中可以看到:首先,网络主体角色的频繁变化,使现实社会中的传统规范与网络道德对网络主体产生着交叉作用与影响,现实社会中的道德起主导性作用,主体依此约束网络行为,但网络道德也能起到支配性作用,反过来冲击并影响传统道德,弱化传统道德的作用。如果网络道德原则与传统道德相一致,则相得益彰;如果互相冲突、矛盾,就会产生截然不同的后果。其次,在网络道德建设中,不能忽视传统道德的重要作用,在对网络使用者进行网络道德教育时,也要加强传统道德教育,将两者有机结合,力求使两者的基本内容协调一致,对理论上、观念上和认识上的区别能做出令人信服的解释。

3. 环境反差大

网络使用者在网络中可以随心所欲,但受现实中制度规则的束缚。网络使用者是网络道德关系最重要的主体,也是行使道德权利、履行道德义务最基本的主体,是高校学生网络道德教育最主要的对象。

这类主体的道德状况决定着网络社会的道德秩序好坏。同时,考虑到现在的高校学生将来毕业后也可能从事与网络经营服务或网络管理相关的工作,所以,今天高校学生网络道德教育的对象明天就可能成为全社会网络道德主体范围中的一部分。鉴于此,对网络道德主体范围全面地界定有助于进一步明确高校学生网络道德教育的对象。

(二)网络经营服务者

网络经营服务者具体包括网络软件和硬件的产品制造者,发布信息、提供链接、创造其他服务条件的网络站点,为上网提供场所、设备、线路的服务者。就产品提供者而言,有人认为,能为网络使用者和网络运行提供服务产品的主体即属此类。他们提供的产品包括环境安全产品、设备安全产品、媒体安全产品、运行安全产品、信息安全产品。

该类主体何以被视为网络主体?原因在于:首先,此类主体为网络社会的形成创造了基础性条件,没有他们积极地进行技术上的发明创造和实际应用中的开拓进取,就难以使网络普及得如此之快。其次,此类主体也是密切关注网络应用,并经常上网查阅各类信息的网络使用者。因为不注意服务信息,他们就极易在网络服务的竞争中处于被动,尽管这种上网有直接的商业目的,但还是具备一般网络使用者的特征。再次,此类主体对网络的发展具有直接责任,包括对网络道德法律规范的确立、网络行为的监控等。所以,此类主体在网络道德建设和规范管理中负有更多的责任。

(三)网络管理者

网络管理者是指那些负有专门职能和相关管理义务的机关、团体、社会组织等,主要包括国家职能机关、国际组织、行业协会等。国家职能机关指的是制定法律法规的行政管理机关、司法机关等。制定法律法规的机关负责就计算机网络的正当使用和规范管理制定强制性的行为规则；行政管理机关负责对网络的监管，如有违反法律法规的行为，有义务和责任进行依法管理，并制止不当行为，进行行政处罚等；司法机关对网络违法犯罪者实施司法处分权，制裁违法犯罪若，维护网络秩序。国家职能机关的活动，为网络道德建设创造基础性条件，国家法律法规的出台，为网络道德建设确定基本的评价标准，也可弥补网络道德对人们行为调整不足的缺陷。国际组织是指与计算机网络管理和应用有关的国际组织，这些组织的活动对各国的网络应用与管理虽没有强制性的约束，但其所倡导的代表网络发展方向的理念和精神对各国的影响是不容忽视的。另外，行业协会是指非官方的、民间自发形成的行业组织，如与计算机开发、应用有关的协会，与网络普及、管理有关的协会，这些协会所倡导的网络行为规范，有些属于网络道德原则、道德规范，有些经过了实践的检验和总结提炼，可以逐渐上升为网络道德原则和规范。行业协会的有些活动内容与网络道德建设要求相一致，可以为网络道德建设提供借鉴和参考。

二、网络道德主体的权利、义务

（一）网络道德主体的基本权利

道德权利是行为人主体在日常生活中履行道德责任和义务时应当享受的权利。这种权利通常与其他权利结合在一起，有的可以通过法律的形式加以保障，但它们在内容上又存在其特殊性。

道德权利同其他经济、政治和法律等权利相比，其突出的特点是：它并不直接体现为物质和人身安全上的得失，而是一种精神情感上的荣辱得失。这种道德权利主要为被认可权、受尊重权、被鼓励和褒奖的权利等。因此，道德权利是一种无形的"软权利"，往感受这种权利的重要性和意义。

1. 网络道德主体的权利

（1）通讯权

网络道德主体具有获取信息的权利，拥有和授权其知识产权的权利，无论获得信息还是出版相关信息都只在有损知识产权时受到必要限制。

（2）访问权

公开访问被许可的信息的权利，这种权利只在侵犯到他人隐私的情况下受到限制。

（3）管理的权利

作为父母或监护人，有权利使子女在有效的监控下获取信息；作为论坛的管理员，有权利要求大家遵守论坛相关言论规定，不得逾越论坛规定的道德底线；作为职能机关、部门、组织，有在实现网络使用者合法权利的前提下，进行监管、约束和调控的权利。

（4）隐私权

包括拒绝暴露自己发出或接收信息的原始内容和状态；拒绝他人以任何形式对自己的信息进行加密、解密或者变形；拒绝暴露发送信息初始者的个人基本情况；只能在征得他人允许的情况下对他人收取信息进行监督。

（5）其他权利

在不违背社会公德的情况下，个人有选择自己道德行为的自由权利；有维护个人道德尊严和社会地位及荣誉的权利；保持个人隐私的权利；在履行自己道德义务时尊重他人权利的行使，从而维持网络社会秩序的权利等。

这些权利其实是个体在一定社会关系中的基本现实利益需要，也是作为一个现代独立个人的基本权益。

对于有着良好的道德意识和高尚道德情操的网络主体，当然应该明确自己的道德权利并勇于捍卫自己的权利，同时尊重和保护他人应有的道德权利。在网络道德规范建设和管理完善的环境下，这样的主体有利于融洽关系，促进社会和谐。而在网络道德水平总体不高的情况下，也能分清是非，坚持正义，保持操守。当然，由于受经济、政治、文化等不同背景和条件的影响，不同国家和地区，甚至同一国家和地区的不同历史时期，所赋予主体的道德权利也有所不同，但社会道德总的发展趋势是走向进步的。

2. 网络道德主体的主要道德义务

在充分行使权利的同时，要自觉遵守法律和道德规范，尊重他人的正当权益。网络使用者在网络中享有广泛的权利，如利用网络进行信息传递和交流，网上购物、交友，网络游戏等，也正是因为网络赋予了使用者如此广泛的权利，才吸引众多的人介入网络，利用网络，也才使得网络的普及如此之快。当然，我们在理解网络主体的权利时，应当认为这不是一种绝对的权利，是相对的权利，即权利的行使不是无限制、毫无约束和为所欲为的。在自己行使权利时，不应妨碍他人对权利的行使，即尊重他人权利的实现。而为迎合他人放弃自己本应行使的正当权利，则同样也是不提倡的。权利与义务是统一的，我们提倡的是，在充分行使自己权利的同时，自觉遵守法律道德规范，不妨碍他人对权利的行使。

尊重他人权利的实现，对网络使用者而言，既是法律义务，也是道德义务。妨碍他人行使权利，不仅违背道德义务，而且往往表现为法律义务的违背。如进入他人的电脑系统，窃取他人信息，披露他人的隐私；攻击他人的计算机和传播计算机病毒等，诸如此类的行为不仅要受到道德上的谴责，还应承担相应的法律责任。

约束自己的言行，保证行为的积极健康，与人类的文明行使权利时的道德可行性。即要符合网络道德原则和行为规范，能被道德评价所认可。

在网络活动中，由于受到海量信息的诱惑，而网络使用者辨别是非的能力不同，以及各自的兴趣、爱好等不同，就会表现为受到不同的影响，进而采取不同的行为。网络主体应自觉地树立道德责任感,坚持真善美,追求高尚的道德情操,摒弃那些与人类道德追求相悖的思想与行为。树立社会责任感,敢于同网络不良行为作斗争。网络行为由网络使用者决定,网络秩序的好坏取决于每一个网络主体。所以,每一个网络使用者都应是良好网络秩序的维护者,而不应是破坏者。

道德上的权利和义务并没有严格的界限,在现实生活中,网络主体的权利、义务又是非常具体的。网络主体既要反对单纯的道德权利主义,又要反对单纯的道德义务主义,我们应该坚持道德权利和义务的统一。

第三节　高校学生网络伦理教育的目标

网络空间道德教育的目标是在网络空间中进行道德教育实践活动时,所需要实现的目的,是促使道德行为主体形成符合网络空间行为准则的道德品质。

一、坚定理想信念

理想信念是高校学生的立身之本、奋斗之志,是克服艰难险阻、经受各种风险考验的精神根基。高校学生正处于价值观形成和确立的关键期,树立正确、坚定的理想信念,能够指引高校学生追寻人生奋斗的目标。高校学生在网络空间中应用科学的理想信念来抵制网络空间中的错误思想和负面舆论,坚定不移地以实现中华民族的伟大复兴为己任,为建设网络强国,实现网络空间命运共同体贡献力量。人的身体需要营养维持,人的精神同样需要营养的补给。高校学生只有确立理想信念,才能永葆蓬勃的朝气、昂扬的锐气、浩然的正气,才能不断推进为崇高理想而奋斗的伟大实践。"青年一代的理想信念、精神状态、综合素质,是一个国家发展活力的重要体现,也是一个国家核心竞争力的重要因素。"[①]高校学生要将个人命运同国家和民族的命运联系起来,用自己的理想信念支撑行动,用行动实现理想,书写青春之歌和精彩人生。

高校学生坚定理想信念,必须把马克思主义作为不可动摇的政治信仰。在坚持马克思主义指导地位这一根本问题上,必须坚定不移,任何时候任何情况下都不能有丝毫动摇。在网络空间中,高校学生要做到坚持马克思主义的崇高信仰,运用马克思主义立场、观点、方法去解决网络空间中的实际问题,做马克思主义最忠实的信仰者和践行者。"要在坚定理想信念上下功夫,教育引导学生树立共产主义远大理想和中国特色社会主义共同理想,增强学生的中国特色社会主义道路自信、理论自信、制度自信、文化自信,立志肩负起民族复兴的时代重任。"[②]高校学生应将个人理想、共产主义理想和中国特色社会主义理想相统一,保持在理

---

① 立德树人德法兼修抓好法治人才培养励志勤学刻苦磨炼促进青年成长进步[N].

② 坚持中国特色社会主义教育发展道路培养德智体美劳全面发展的社会主义建设者和接班人[N].

想追求上的政治定力,为实现中华民族伟大复兴而奋斗。

二、弘扬社会主义道德

现阶段,中国特色社会主义进入新时代,这是近代以来中华民族发展的最好时代,也是实现中华民族伟大复兴的最关键时代。青年学生生逢其时,既要珍惜时代际遇和机缘,又要树立正确的价值取向,遵守社会主义道德,为实现中华民族伟大复兴的中国梦提供精神支持。

第一,遵守社会主义道德就是要继续坚定不移地高举中国特色社会主义伟大旗帜,牢固树立道路自信、理论自信、制度自信和文化自信。"举什么旗、走什么路"是一个关系全局的根本问题。网络技术的发展改变了高校学生的生活模式与行为习惯,高校学生"必须有很强的战略定力"以应对网络空间庞杂的信息和多元价值观的冲击,清醒地认识到我们处于初级阶段的社会主义还面临很多没有弄清楚的问题和待解的难题。高校学生需要认识到中国特色社会主义道路、中国特色社会主义理论、中国特色社会主义制度是党和人民近百年来奋斗、创造、积累的根本成就,必须倍加珍惜、始终坚持,推动社会主义事业的不断发展。

第二,遵守社会主义道德就是要弘扬以社会主义经济为基础,与社会主义的经济、政治、文化状况相适应的社会道德。网络空间是民众得以依赖的重要精神家园,网络空间的质量直接影响到整个民族的发展方向,如果网络空间生态良好,那么其对于人民切身利益是相符合的;如果网络空间恶化,那么就不利于人民利益的有效实现。互联网虽然是虚拟空间,但是其在人与人之间的联系,依托民众的精神寄托上发挥着重要的作用。虽然目前网络生态日益清朗,但由于网民素质参差不齐,仍然存在网络安全、网络暴力、网络谣言等诸多问题,快餐式、碎片化的信息获取方式,影响了高校学生对爱国主义、集体主义、社会主义以及社会公德、家庭美德和职业道德的认同感。这就要求高校学生不断学习网络道德、网络法律法规及网络礼仪,提高在网络空间中的道德选择与判断能力,能够理性认识并正确处理网络空间与现实生活之间的关系,营造风清气正的网络环境,在网络空间中形成良好的道德风尚。

第三,遵守社会主义道德就是要继承和发展中华民族优良传统。社会主义道德不能凭空产生,社会主义道德需要继承和弘扬中华民族的传统美德,将传统美德与时代精神相结合,使社会主义道德建设既体现优良传统,又反映时代特点,充满生机与活力。"中华民族有着深厚文化传统,形成了富有特色的思想体系,体现了中国人几千年来积累的知识智慧和理性思辨。这是我国的独特优势。中华文明延续着我们国家和民族的精神血脉,既需要薪火相传、代代守护,也需要与时俱进、推陈出新。"①高校学生必须站在新时代的历史方位,提高中华民族的凝聚力、创造力、竞争力,成为努力践行社会主义道德的有为青年。

---

① 在哲学社会科学工作座谈会上的讲话[N].

三、促进高校学生德智体美劳全面发展

"在党的坚强领导下,全面贯彻党的教育方针,坚持马克思主义指导地位,坚持中国特色社会主义教育发展道路,坚持社会主义办学方向,立足基本国情,遵循教育规律,坚持改革创新,以凝聚人心、完善人格、开发人力、培育人才、造福人民为工作目标,培养德智体美劳全面发展的社会主义建设者和接班人。"[①]"德智体美劳全面发展"是对马克思主义人的全面发展思想的继承和发展,这与我国社会主义教育的人才培养目标是一致的,回答了"培养什么样的人"这一问题。

德育和智育的培养是根本,这是由我国教育目标的政治属性决定的。就我国而言,党的每一代领导集体都对德育和智育的内容提出了要求。概言之,就是要培养了解和认同中国特色社会主义的人,培养有意愿且有能力实现中华民族伟大复兴的人。

体育、美育和劳育是在具体人才培养目标的基础上规划出的对人才的素质结构和普遍性的要求。马克思在对资本主义的教育进行批判时,就强调了智育和体育与生产劳动相结合的问题,"未来教育对于所有已满一定年龄的儿童来说,就是生产劳动同智育和体育相结合,它不仅是提高社会生产的一种方法,而且是造就全面发展的人的唯一方法。"[②]"要在增强综合素质上下功夫,教育引导学生培养综合能力,培养创新思维。要树立健康第一的教育理念,开齐开足体育课,帮助学生在体育锻炼中享受乐趣、增强体质、健全人格、锤炼意志。要全面加强和改进学校美育,坚持以美育人、以文化人,提高学生审美和人文素养。要在学生中弘扬劳动精神,教育引导学生崇尚劳动、尊重劳动,懂得劳动最光荣、劳动最崇高、劳动最伟大、劳动最美丽的道理,长大后能够辛勤劳动、诚实劳动、创造性劳动。"[③]

四、培养担当民族复兴大任的时代新人

培养担当民族复兴大任的时代新人的命题,这不仅是培育和践行社会主义核心价值观的着眼点,也回答了中国特色社会主义新时代"培养什么人、怎样培养人、为谁培养人"的问题。一直以来,党和国家都高度重视人才培养工作,把"培养什么样的人"作为党和国家前途命运的头等大事。培养担当民族复兴大任的时代新人是新时代我国教育的总体目标和方向。"青年一代有理想、有本领、有担当,国家就有前途、民族就有希望。"这三方面体现了担当民族复兴大任的时代新人应具备的鲜明特征。青年应有本领,具有实干精神,在人生学习的黄金时期里,打下坚实的知识基础,不断提升自身的素质与能力,用勤劳的双手去创造美好生活。青年应有担当,意识到自身肩负的国家与民族的责任,中华民族伟大复兴,绝不是

---

① 坚持中国特色社会主义教育发展道路培养德智体美劳全面发展的社会主义建设者和接班人[N].
② 马克思恩格斯文集(第9卷)[M].
③ 坚持中国特色社会主义教育发展道路培养德智体美劳全面发展的社会主义建设者和接班人[N].

轻轻松松、敲锣打鼓就能实现的。全党必须准备付出更为艰巨、更为艰苦的努力在为国为民的奋斗中实现自身的人生价值。

高校学生作为担当民族复兴大任的主要群体,应具有完善的道德人格,将个人道德理想统一于国家富强、民族复兴和人民幸福的中国梦。马克思主义以实现人的全面发展和全人类解放为己任,作为担当民族复兴大任的高校学生,应始终将共产主义的远大理想视为自身的道德使命。一个人的道德理想,并不是个人的主观意愿形成的,而是客观环境与主体需求、社会发展与个体发展之间交互作用的结果。社会主义核心价值观内在地规定了国家、社会、个人层面的理想目标,也为个人道德理想的确立提供了理论依据。以社会主义核心价值观为引领,构建社会、学校、家庭的立体化道德教育体系,才能确保担当民族复兴大任的时代新人对道德理想的认同与内化。高校在培养担当民族复兴大任的时代新人时,应注重培养高校学生自尊自信、理性平和、积极向上的社会心态,时刻保持积极奋进的状态,以从容的姿态面对挑战和机遇,用实践去成就民族复兴的伟大梦想。

第四节　高校网络伦理教育的任务

一、高校学生网络道德教育的根本任务

道德的价值在于帮助人们追求美好生活。道德教育的根本任务则是教会人们做人,即告诉人们应该如何生存且如何度过自己的人生。道德教育是为人的自我发展需要,我们不能单纯地将其看作是社会发展的工具。高校学生道德发展是在道德教育等外在的影响下,凭借自身努力和智慧而达到道德自觉的过程,因为主体个人的自主性和参与性才是自我道德发展的前提,道德教育就其本意而言,主要职能是导之以成人之道,做人之理,使人成为一个其正意义上的人,它主要不是去告诉人外部的世界是怎样的,如何去征服和占有它;而是引导人懂得人自身应该是怎样的,及如何不断去提升做人的境界。因此,我们要钻研实际情况,体会高校学生在网络空间中道德自我发展面临的心理感受和种种难题,并给予恰当的、及时的帮助和引导。

一直以来,我们都很重视"美德"的传授和灌输,但道德知识虽源自生活,却因其经过了抽象的加工和认知处理成为了语言符号而脱离生活。高校网络道德教育必须走出知识性的泥沼,回归生活世界,因为一个人的德行修养,主要是其在长期的社会生活实践中,通过解决一系列的道德冲突而形成的。所以,高校学生道德教育应以个体的社会生活实践为切入点,回归生活世界,真正帮助高校学生解决现实生活中的困惑,帮助其理解生活的目的、价值和意义,并引导他们在个体实践中形成完整的精神生活。只有经过实践体验认同的东西,才能激发内在的道德需要和社会责任感的生成。

高校学生网络道德教育的根本任务有以下三个方面。

（一）树立高校学生的网络道德意识

网络道德意识是网络道德认知、情感和网络道德意志相统一的一个多层次的心理活动体系。网络道德认知既包括人们对于网上行为"善恶"、是非及正义与否的价值判断，还包括对人们各种网络道德观的评析等。网络道德情感则是在一定的网络道德认知基础上形成的内心体验，如对人们网络言行产生的愉悦感或反感、敬仰或鄙视等心理感受。网络道德意志包括个人的网络道德自律和自主自觉等，它表现为人们可以在网络行为中进行自我调节和控制情感的冲动，杜绝受到网络不良现象的负面影响和诱惑。

（二）提高高校学生的网络道德判断和选择能力

高校学生虽然从生理年龄上说已经成人，但事实上心理成长尚未完全成熟，同时，由于社会阅历少等制约，使其在面对网上多元价值观冲突、大量真假难辨的信息时，容易意气用事，产生情感冲动而丧失基本的道德判断力，难以抗拒各种不良因素的诱惑。如果没有人对高校学生进行相应的指导和帮助，他们往往难以在个人的认知水平上做出明确的判断和选择。高校学生网络道德教育不是仅仅要求他们记诵几条网络道德原则、规范等律令，而是真正教会高校学生在独自面对纷繁复杂的网络环境时，能够加强他们的道德判断和选择能力，从而更好地保护自己在网络世界的正当权益。

（三）引导高校学生形成良好的网络道德行为习惯

高校学生网络道德教育的最终归宿和落脚点应是通过大量的引导和培养，将正确的网络道德规范和道德意识植入高校学生心灵，内化为践行的动力，从而真正地把观念转变成行为，达到导之以行的根本目的。然而从大量的调查研究中发现，许多高校学生尚未形成一定的、正确的网络道德价值观和意识，因此更谈不上将其转化为自觉的行为。所以，加强和深入开展高校学生网络道德教育，首先要使高校学生在意识上形成正确的网络道德观念，其次是提高其网络道德判断和选择能力，最终要引导他们养成良好而高尚的网络道德行为习惯，让其在无人监守的情况下保持"慎独"自律，自觉约束网上言行，同时坚决抵制和批判其他网民的不道德网络行为。

三、高校学生网络道德教育对中华传统道德的传承

时代虽然在不断前进，网络将世界联成一体，全球范围内的交往日益频繁，但作为中国的高校学生，源自中华民族的儒家传统思想至今应仍然是我们社会生活中的不懈道德价值追求。可以说，儒家思想中的部分内容早已深入人心，圣贤们在遥远时代中对于美好人际关系和政治理想的呼唤及诉求，都寄托了中国人对和谐理想社会的始终如一的追求。儒家的"君子""圣人"等形象是很多人心中的崇高向往，代表一种高尚和至善至美的人格，虽然历经世代更迭、社会变迁，但中国人心中对理想社会、理想人格的向往始终是发自内心最高尚

的情怀。所以,在开展高校学生网络道德教育时,必须追寻中华民族道德文化的精魂,结合时代要求,借鉴儒家传统思想中的有益成分。

(一)修身成人的理想人格追求

我国传统的儒家思想中一个核心的部分就是重视修身。孔子认为,修身的目的不仅在于完善自己,更在于治理社会。儒家的崇高理想是"治国、平天下",但是,为了达到这样一个良好的社会秩序,首先应当从完善自身开始。儒家有"内圣外王"的理想人格诉求,这一思想源于孔孟。这里便有君子、豪杰、圣贤三个不同层次的人生模范。

其具有了济世利民的品行。圣人则是儒家至善至美人格的最高境界,中国历史上被尊为圣人的仅有尧舜、孔子等。所以,我们认为"豪杰"与"圣人"对一般人而言,是较高的范型标准,那么在日常生活中,我们应提倡对"君子"人格的崇尚,君子立于礼,注重内在修养。在品行上有以下几个特点:

第一,君子立志。君子人格的要义是立志,"君子食无求饱,居无求安。敏于事而慎于言,就有道而正焉。可谓好学也。"(《论语·学而》)"有道而正",就是立志的要义,是指正确对待义与利的关系。因为人除了社会属性之外,还必然地存在一些因自然属性而产生的物质欲望,而这些欲望又常与礼义道德相冲突。所以儒家认为,小人之所以为小人,就在于他听命于自然情欲的冲动。而君子则能"非礼勿视,非礼勿听,非礼勿言,非礼勿动。"(《论语·颜渊》)

第二,恭敬谦让。只有立于礼、依于礼,才能恭敬而不失自尊。孔子说,"君子无所争"(《论语·八储》),"君子矜而不争"(《论语·卫灵公》),即坚持一定道德原则的礼让,成就谦逊的美德。君子的礼让、谦逊是对骄傲自大的否定,是人际关系的行为规范,而不是对现实的消极逃避。

第三,诚信和顺。君子与人交往,贵在真诚。这里的诚信有两层含义:一是言行一致;二是言而有信。既自信又信人,才能相互信任。君子一向严于律己,宽以待人。因此,为善,恭谦有礼,不争强好胜。

孔子主张"修己以安人",将修己作为安人的前提;明确地说明了"身"与家国天下的关系,他说:"天下之本在国,国之本在家,家之本在身"(《孟子·离娄下》)。儒家学者先后论述了修身的必要性与重要性。他们一方面认为"人皆可以为尧舜"(《孟子·告子下》),人人都有成为圣贤的可能;另一方面又指出,世间并不存在天生的圣贤,圣贤皆由修养磨炼而成。修身是为了造就完美的人格,追求、实现更高的人生价值。修身便是按照君子、圣贤的标准来塑造自己,实现自我完善。他们又指出,人的自我完善就是一个不断超越自我的过程。修身是为了成己,其途径就是克己,因此,人只有不断地改造自身,与自己的种种缺失作斗争,才能逐步实现自身的完善,而其中,坚定的意志便是克己的动力。

这些见解不仅是深刻的,而且对我们现代的生活依然有指导意义。

（二）人伦互动的和谐社会理想追求

关于人际关系的理论，也是儒家学说中的一项重要内容。在处理人与人的关系中，人伦互动是儒家思想的一个亮点，它出色地完成了人与人之间关系的平衡与协调，达到广和谐一致的理想要求。儒家体系把人类看成是一种"群"的存在，而个人是一种"关系"的存在。"关系"只有在"群"中才能真正认识和理解人的本质特性。在个人与群体的关系上，儒家强调群体对个人的制约；在人与己的关系上，他们主张人们要推己及人、换位思考。这些观点虽然带有封建社会的烙印，但也包含了一些对人类生存具有普遍指导意义的价值，可以为我们在新时期和新的网络空间中建立新型人际关系提供某些启示。

1. 孟子的"明人伦"思想

孟子说："亲亲，仁也；敬长，义也。"（《孟子·尽心上》）其所谓的"亲亲"，不仅限于爱自己的父母，也包括爱其他的亲属。这里的"义"不仅局限于尊敬长者，而是将"敬人"的观念推而广之，还指遵守自己的本分和尊重他人应有的权利。孟子说："人皆有所不忍，达之于其所忍，仁也。人皆有所不为，达之于其所为，义也。"（《孟子·尽心下》）这是说人皆有同情心，推而广之，同情一切人的不幸，这就是仁。人皆有所不为，推而广之，不做一切不应做的事，这就是义。

同时，孟子深感要施行他的"仁政"主张，必须用"德教""德化"作保障。为此，他把"明人伦"作为教育的基本要求。强调"仁言不如仁声之入人深也，善政不如善教之得民也。善政，民畏之；善教，民爱之。"（《孟子·尽心上》）即是说，良好的政治，只能使百姓畏惧它；良好的教育，才能使百姓喜爱它。只有"教以人伦"，才能使人们懂得"父子有亲，君臣有义，夫妇有别，长幼有序，朋友有信。"（《孟子·滕文公上》）

在这里，孟子提出了"人伦"的范畴用以认识人类生活的特点，以此说明道德规范的必要性。

2. 荀子的礼以定伦思想

荀子讲礼，不仅指礼节、仪式、礼貌、恭敬等，更重要的是他把"礼"作为最高的社会规范。荀子对"礼"有很深的阐述，他不仅把"礼"看作是一切行为的最高准则，而且把"礼"当做人道的极致，是道德的最高原则。他说："礼者，法之大分，类之纲纪也，故学至乎礼而止矣，夫是之谓道德之极。"（《荀子·劝学》），这就把"礼"放在了道德宝塔的尖顶上，它不仅成了人道和道德的一般原则，而且统率了其他德目。

忠、孝、慈、惠等，要受礼的制约，以礼的原则为准绳。连仁、义也被荀子统摄到礼中："君子处仁以义，然后仁也；行义以礼，然后义也；制礼反本成末，然后礼也。三者皆通，然后道也。"（《荀子·大略》）要想探寻仁义的本原，礼就是指导方针。在荀子那里，礼，义常常是连在一起的，而且"义"的内涵也处处体现了"礼"的精神。"夫义者，所以限禁人之为恶与奸者也。夫义者，内节于人而外节于万物者也，上安于主而下调于民者也。"（《荀子·强国》）荀子以礼作为道德的最高原则和处理人际关系的指导标准，强调道德的社会规范性，这种规范是存在于人身心之外的一种制度性规定，不以人的意志为转移。这样，荀子"礼"的精神就与法十分地相近了。

我国传统儒家道德中，不论是君子立身，还是人情互动的思想，对于我们今天开展高校学生网络道德教育都有现实积极的启发作用。

第三章 人工智能视域下高校伦理教育改革刍议

第一节 网络社会与网络伦理

一、网络社会的形成

"网络"一词由英文"net"译来。那么,什么是网络呢? 按照现代汉语词典上的解释为"由许多相互交织的分支所构成的系统。"广义上讲,网络是指"社会群体之间、社会成员之间和群体与其成员之间复杂的网状联系"。[①] 狭义上讲,网络是指在网络技术发展过程中,由计算机、远程通讯等技术链接世界各个国家、地区、部门以及个人的高速信息交互系统。对于狭义网络的认识,人们往往着重于网络的物质基础和技术基础。事实上,只有通过网络中发送与接收信息的行为主体——人的能动性参与,网络才不仅仅是一堆复杂的物理构件,也不仅仅是人们社会行动和交往的方式与手段,网络才被赋予灵魂,从而构成风靡全球、让人着迷的网络社会。

（一）网络社会的概念

网络社会是人类发展迄今为止所特有的一种社会。但是,关于什么是网络社会,可以说是仁者见仁,智者见智。目前人们说到"网络社会"一般也有广义和狭义之分。广义的"网络社会"是指与农业社会、工业社会相对应的网络时代的整个社会,包括了现实社会。而狭义的"网络社会"是指虚拟的赛博(Cyber,解释为:与计算机相关的)空间,是一种"亚社会"。这里所说的网络社会的概念是技术所支持的网络社会,是指人与人之间基于虚拟的多媒体空间这种全新的沟通和互动方式而形成的结构系统,是一种数字化的存在。或者说,网络社会是借助于网络技术革命的成果而构建成的与物理空间相对应的多媒体数字化空间存在状态。

（二）网络社会的特点

网络社会不同于现实社会,相比较现实社会,网络社会有其自身的特点:

1. 开放性与国际性

现实社会总存在着一定的界限,而由网络构成的网络社会则是一个没有具体边疆的空

---

① 任莉莉:《网络社会的伦理问题及其对策研究》[D].

间。网络传输采用的是世界统一的协议标准,统一的协议标准为在全世界范围的网络覆盖提供了可能和先决条件,并以其影响的广泛性和深刻性创造着一种可以进行全球沟通的"网络语言"。这种"语言"能够超越时间和空间的限制,把世界各地的人们联系起来,进行自由的交流和沟通。人们可以通过电脑随时了解世界上任何一个地方发生的事情,查阅国内外资料,随时发表看法,将自己的观点、思想融会到"无限"的网络系统之中。人们之间不同的思想观念、价值取向、风俗习惯和生活方式等也在交流中产生冲突和融合。

2. 自由性与民主性

自由是人类本性所追求的最高理想,是伦理精神的目标,人类历史进步的内在动力在于对自由的追求。网络社会是采用分布式的网络结构组建的,因此它没有中心、没有层次,也没有上下级关系,与现实社会相比,网络社会具有更为广阔的自由空间,人们在法律所允许的范围内可以不受任何约束地进行网络活动。在网络时代,人们也自由地因兴趣、爱好、需求等的不同而分化。这样就弱化了个体对社会及权威的相对依附,使更多的个人和群体从中享受到民主和平等。人类在走过法律、金钱面前人人平等的艰难历程后,将随着网络的日益普及步入一个网络面前人人平等的时代。

3. 虚拟性与隐匿性

虚拟性是指人们通过技术手段对现实社会生活进行人工模拟和再造。网络社会是以现代科技为基础的、以符号化为表现形式的虚拟社会,网络社会的生成标志着人类的一种新型生存方式——虚拟生存的形成。网络世界是人类通过数字化方式,链接各计算机节点,综合计算机三维技术、模拟技术、传感技术、人机界面技术等系列技术生成的一个逼真的三维的感觉世界。人与人之间的交往是一种间接的交往,不是直接的面对面交往。现实社会中那些备受关注的传统特征,如姓名、性别、年龄、学历和社会关系等都被淡化了,不但可以隐匿,甚至可以在虚拟网络上随意篡改。在这个虚拟空间中,人们剥离了原有的身份,都处在同一起跑线上,只是由于技术和经验的差别,有了另一种意义上的"长、幼"之别。在网络中,消息转化为数字化的信息在网络间传递,"昵称"成为一个人在网络社会的形象代表,人们的行为也因此变得"虚拟化"和"非实体化"。

5. 异化性

尼葛洛庞帝(Nicholas Negroponte)曾说过:"每一种技术或科学的馈赠都有其黑暗面。"[①]网络社会中的交往主要是人机对话或以计算机为中介的"人——机——人"式的交流,人们交流的内容都被转换成二进制的语言,成了数字化的存在,从而使人与人之间的交流缺少了人性化的东西。与物理空间中人们的直接交往相比,这也使人与人之间的隔膜增大。尤其是因特网所提供的跨时空、跨地域的多人参与、多向交流技术,使人们更容易沉溺于网

---

① 尼葛洛庞帝著,胡泳、范海燕译:《数字化生存》.

上交际,人与机器的接触日益频繁,终日与电脑终端打交道,同他人的社会交往也会被削弱,使人趋向孤立、冷漠和非社会化,这样就容易导致人性本身的丧失和异化。此外,计算机的日益智能化,也使人感到计算机"无所不能",人们自身也越来越依附于计算机,甚至成为计算机的奴隶,从而产生异化。

随着网络的迅猛发展,以上特点也在不断放大。合理使用网络所带来的好处自然不必多说;另一方面,我们也必须尽快做出抉择,抵制对网络的不合理使用,以及由此引发的诸多问题。要在发掘网络巨大潜力的同时最大限度地减少这一巨变可能引发的不利因素,需要我们跳出"纯技术"的视界,对这一革命的社会意义进行伦理思考。正因为如此,网络伦理便应运而生。

二、网络伦理的基本概况

国际互联网络作为现代高科技的结晶,给人类社会带来了革命性的变化,然而网络世界不是一个"纯技术"空间,因为人的参与,它从产生之日起就充斥着道德问题。具有复杂结构功能的网络社会的出现,更促使新的网络文化价值观和网络行为规范体系逐步建立起来。

(一)网络伦理的内涵

从词源的角度来看,所谓"伦理"就是人伦之理,初期的伦理是指人与人之间的复杂微妙而又有序的辈分关系,后来又进一步发展演变,泛指人与人之间以道德手段调节的和谐有序的关系。随着人类文化的发展,"伦理"这个概念,一般用以表示道德理论,而"道德"这个概念,则一般用以表示实际生活中的道德现象。因此,在分析网络问题时,应首先从网络伦理的角度思考。

那么什么是网络伦理呢?网络伦理是指人们在网络空间中的行为所应该遵守的道德准则和规范的总和,网络伦理问题主要体现在伦理意识、伦理规范和伦理行为等方面。网络伦理实际上是在虚拟社会的一个虚拟命题。网络伦理在观念的层次上依靠人们的信念、习俗、教育和社会舆论的力量来调整和规范人们的网络行为。因此,网络伦理带有明显的民族性、地域性,也带有鲜明的文化烙印。但网络伦理离不开现实伦理却又有别于现实伦理,网络伦理更加复杂,必须实现重构目标。网络伦理若要发挥社会规范的作用应该包含两个方面:个体是否具有较强的自律意识;公共环境的道德体系是否趋于完备。

(二)网络伦理的基本特点

网络伦理作为社会伦理的一种独特延伸,具有鲜明的特点:

1. 鲜明的自律性

网络社会的运行秩序必须在网民的道德价值认同中得以实现,网络伦理的自律性强化着个体的道德认同。网络伦理的作用不在于限制、约束网民通过网络实现对信息和资源的获取和交流,只是要求其符合伦理道德的选择和方式来实现,网民必须依靠个体间的相互节制和自律才能实现自身利益。因此,网民无论主观上还是客观上都会自觉地调节自己的行为方式,并根据外部和他人的评价、要求来调整自己的心理和行为,同时还会为维护网络社会的正常秩序而扶正祛邪。

2.显著的诚信性

为了确保信息交换过程的安全、优质、高效,网络伦理借用诚信对网民进行调控和规整。当然由于网络伦理调控方式的多元化,其内涵也因对象的不同而有所差异,但诚实信用这一特性自动而无形地对网民施加的影响是广泛的,它对于网民所具有的强大的心理功效是不可名状的。

3.强烈的公正性

公正是判断人间是非曲直的标准,是建立社会秩序的基础。在网络伦理中,公正同样是维护正常秩序不可或缺的准则。在网民之间的信息关系中如果没有了公平、正义,网络活动本身也就没有了任何价值。因而为确保网民的权益不受侵害,人们会自觉地调整占有获取信息资源的方式,最终达到信息的共享,实现信息交流的机会均等和结果平等。

4.明显的多样性

现实的物理空间中社会伦理是一元的,统治阶级的社会伦理道德规范占有主导和支配地位,但在非现实的电子空间,既存在维护网络社会正常运行的伦理规范,又有个体自身所独有的多样性的伦理道德规范。个体在进行网络活动时,只要不违背网络社会的主导性伦理规范,便无须改变自身原有的意识、观念和行为。网民因共同的爱好而联网,又因利益的不同而交流,因而多元并存、相容互渗,成为未来网络活动过程中伦理规范的鲜明特征。

(三)网络伦理的功能

网络伦理不能直接作为经济资源或资本利用,但其自身所具有的价值资源,却可以作为一种特殊的资本发挥其巨大的效用。网络伦理作为调整和规范人们网络行为的一系列价值观念。具有以下重要功能:

1.认识功能

网络伦理可以启示人们认识自己所处的信息环境,科学地洞察和认识网络时代社会道德生活的特征和规律,从而正确选择自己的网络行为。网络伦理的认识功能主要是通过网络道德意识和道德判断来实现的,它的目标就是提高网络道德活动的自觉性。

2.调节功能

道德是个人利益冲突的产物,如果人们在生活中毫无冲突,也就不需要任何道德规范了。道德规范旨在阻止那些破坏社会生活的行为,以及整个集体由经验发现或相信是有悖于他们目的的行为。网络伦理的调节功能,可以指导和纠正个人与团体的网络行为,使其符合网络社会基本的价值规范和道德准则,从而使社会活动中个人与社会之间的关系变得和谐与完善。

3.教育功能

网络伦理通过舆论、习惯、传统等来培养人们良好的网络道德意识和品行。教育人们懂得崇尚善德、摒弃恶行,使人们牢固树立正确的信息价值观、信息商品观、信息义务观、保护知识产权观、尊重个人隐私权,提高合法利用信息资源意识、信息环境意识,形成网络时代与健康的网络文化共同构建的网络伦理规范。

(四)网络伦理问题产生的根源

1.技术内部根源

首先,是网络技术及网络建设的"先天不足"。网络的建设始于军事的需要,建设的目的是即使遭受核打击时控制中心仍能继续工作,并没有对其他问题进行充分的论证,更谈不上对网络辅以必要的人文关怀。其次,是网络运行的"后天发育不良"。网络运行规则的制定者是网络建设和使用的主要参与者,造成游戏规则的制定者亲自参与游戏,游戏的公平得不到体现。网络运行中发达国家常常处于支配和统治地位,致使发展中国家的信息过分依赖发达国家,使本国的信息资源得不到很好的保护,信息自主权常常受到危害,从而产生接近于文化侵略的文化霸权,后发展国家的文化将受到强势文化的威胁,无疑为网络伦理问题的解决设置了障碍。

2.理论根源

首先,现有网络伦理自身存在难以排解的理论悖论。网络伦理的本意是营造一种体现诚信、公正、"一致同意"的网络环境和网络秩序,但现有的网络伦理规范却是由技术的掌握者制定的,他们与具有和他们同样技术水平的网络使用者进行某种约定,这种约定很少顾及技术上的弱者,因而是象征性的。现有的网络技术中崇尚尊重知识产权、保守秘密、通信自由等原则,但这些原则在给予知识产权以保护、通信自由以保证的同时,又给予某些肆意传播失真的、不负责任的,甚至危害他人及社会安全的信息提供了方便。其次,网络伦理的伦理意味较弱。网络问题的增长速度之快,使得人们几乎没有时间对其加以系统思考和解决,往往在形式上流于琐碎,内容上缺乏价值标准与鲜明的伦理原则。网络伦理研究中一些原先无关道德的问题也以道德问题的面目出现,这也相对减弱了其伦理意味。第三,当前网络伦理规范在实践操作上困难重重。网络伦理作为对人类特定行为的规范,必然首先要确定是对"什么人"的行为进行约束与调整,但网络行为规范的对象与传统意义下的人不同。网络的构建,实际上是将人置于"虚拟社会""虚拟共同体"的过程,规范的对象难以界定。

3.主体根源

目前人们对自身存在的物理空间的认识已经达到了一定的高度,但许多人还没有真正把网络视为人类的生存空间,这些人很多地停留在把网络视为一种技术、一种媒体的层面上。另外,与对将网络视为生存空间观念上的淡薄相对应的另一种认识的极端则是信息崇拜。在这种观念的影响下,破坏网络环境的行为反而成为"英雄壮举"。

第二节　人工智能技术对高校网络伦理教育的挑战

人工智能技术在给高校学生思想政治教育带来机遇的同时也带来相应的挑战。基于人工智能的高校学生思想政治教育将会面临思想政治教育者的角色危机、削弱高校学生主体性和伦理与法律危机等挑战。

一、人工智能应用过程产生的伦理和法律危机

科学技术的发展与伦理密不可分。在高校学生思想政治教育领域,人们期待人工智能可以进一步促进高校学生思想政治教育的发展,如支持大规模个性化学习、提供思想政治教育资源共享等。但是未来随着基于人工智能的高校学生思想政治教育的广泛开展,思想政治教育者尝试通过人工智能解决教育难题,就会隐含一系列伦理道德的问题,如知识产权保护、隐私泄露、学术不端等,这使人们开始反思不当使用会造成什么负面影响。

"技术为富人带来巨额财富,却给工人带来赤贫;为富人生产宫殿,却给工人生产栩舍;生产了美,却使工人变得畸形;发明了机器代替人工,却使工人落入野蛮的劳动;科技文明发明了机器,却使工人成为工作的机器;生产了智慧,却让工人变得愚钝和痴呆"。① 技术异化确实会导致人的生存状态和精神状态的异化,使人容易受制于人类创造出的技术工具,丧失了人的独立性和自主性。人工智能应用于高校学生思想政治教育过程中产生的伦理和法律危机主要是技术滥用引发的不端行为、数据泄露引发的隐私担忧和关于智能教学机器的身份与权力边界等问题。

首先,技术滥用可能引发学术不端。人工智能教学产品的出现难免会被有心之人用来做学术不端行为。

其次,数据泄露引发的隐私担忧。人工智能教学系统是依靠收集高校学生的指纹、人脸、声音等生理特征识别用户身份,还能够记录环境信息,未来的高校学生思想政治理论课课堂将会是实时监控学生课堂学习行为的可视化课堂。智能教育系统掌握了大量的高校学生个人信息,如果对于隐私的保护不到位,就可能会造成数据泄露,如果非法使用行为信息,会造成隐私侵犯,甚至是违法事件,对高校学生的个人信息安全造成一定威胁。

最后,关于人工智能的身份与权力边界问题。人工智能为大规模个性化学习实现提供了可能,但是如果长时间让高校学生和人工智能机器待在一起,人机交互过多是否会使高校学生出现社交障碍? 随着人工智能的功能越来越强大,它在教学的过程中到底应该扮演一个怎样的角色? 机器的决策权在何种情境才能达到更好的学习效果? 这些问题都是随着人

① 杜静、黄荣怀、李政璇、周伟、田阳:《智能教育时代下人工智能伦理的内涵与建构原则》,《电化教育研究》。

工智能技术不断被应用于思想政治教育领域应该进一步思考的问题。

高校学生思想政治教育要坚持以人为本,坚持以高校学生为中心开展思想政治教育各项活动。在需要致力于提升高校学生的思想道德素养的同时,也应考虑到高校学生的脆弱性。关于高校学生私人生活中的思想和行为不能够过于严苛地按照统一标准进行引导,因为任何一个高校学生都无法接受大数据和人工智能的全面监控,并且正是高校学生个人行为的不同选择使得高校学生具有差异性,青春才变得丰富多彩。此外,人工智能虽然可以记录人的成长轨迹,提供针对性的教育,但个性化的教育背后也可能隐含着个性化歧视,越拥有丰厚资源的高校学生就能得到越个性化的教育。

二、思想政治教育者易缺乏主导性和权威性

基于人工智能的高校学生思想政治教育对思想政治教育者的冲击是最大的。人工智能可能会引起思想政治教育者的角色认同危机、失语危机,使思想政治教育者在教育过程中容易缺乏主导性和权威性。

首先,未来的职业基本可分为:程序化劳动和创造劳动。如果教师仍然恪守"教书匠"的传统教师形象,信奉经验主义的教学理论,只强调书中的知识,那么势必会与高校学生的发展需求相背离。而在智能时代,思想政治教育者只是知识传递者的角色,无法与时代发展相符,也无法满足高校学生的需求。另外,社会对未来教师的角色认同也让教师进退两难。对未来教师角色是否还能继续存在以及教师以何身份存在,都让教师对自己未来的角色无所适从。[①]

人工智能确实会给一部分教师带来失业危机,这部分教师是缺乏创新精神,只能从事程序化的教学工作。而思想政治教育是从事"人"的工作,并且需要贯穿大学教育教学的全过程,思想政治教育者必须富有创新精神。所以,在高校学生思想政治教育中人工智能无法完全替代教育者的作用,相应的对教育者的各项要求也越来越高。缺乏创造性,照本宣科的高校思想政治教育者就终将会被人工智能和替代。

此外,人工智能提供的丰富资源,可能会给思想政治教育者带来失语危机,最终使思想政治教育者的地位和权威性受到威胁和挑战。人工智能通过网络化、数字化的结合,使整个高校思想政治教育形成一个立体有机整体。通过人工智能构建资源库,准确把握高校学生思想政治教育理论知识体系,实现对高校学生的针对性教育。在未来的思想政治教育教学过程中,人工智能成为理论知识的传递者,高校学生的管理者,考核的评价者等,可以代替教育者大部分的重复性工作。教师在对高校学生的知识传授、管理、评价等方面,无需亲自动手便可以在人工智能的帮助下完成大部分教学内容。所以在高校学生和社会对教师的角色

---

① 王晓鹏、朱成科:《人工智能时代教师的角色危机、思维转换与实践路径》,《教学与管理》.

认识中,教师的主导性和权威性可能会受到质疑。

三、高校学生依赖人工智能,易缺乏主体性

主体性是人作为主体存在时所表现出的特征和属性,也是个体在认知或实践活动中所表现的自主性、创造性、超越性等。[①] 高校学生思想政治教育的效果与高校学生的主体性密切相关,只有当高校学生积极主动参与到思想政治教育的课堂学习和实践教学活动中,自觉接受思想政治教育,才能有效提高高校学生思想政治教育的效果和质量。在高校学生思想政治教育过程中高校学生需要经历知识吸纳、情感认同、价值内化、行为外化四个发展阶段,然后才能自觉将政治观点、道德规范、法律准则等内化为人格和理想信念信仰,外化为行为标准。在思想政治教育的学习和实践中,应该充分尊重高校学生的主体地位,激发高校学生在思想政治教育中的主体作用。

人工智能的出现为高校学生思想政治教育过程中高校学生主体性的实现提供了有利的技术支撑。对于高校学生而言,人工智能的出现能够帮助高校学生自主选择适合自己的学习方案,可以积极主动参与思想政治教育理论学习和社会实践的全过程。基于人工智能的高校学生思想政治教育相比传统的高校学生思想政治教育,能更好地提高高校学生学习和生活的效率,协调学习和生活的关系,实现在生活中时刻学习和践行思想政治理论。但是,人工智能给高校学生带来积极影响的同时也会带来消极影响。

人工智能存在的意义从来都不是为了战胜人类,从而完全取代人类。人工智能的产生是为了增强人类智能,解放人类的双手,但不是人类懒惰、不积极独立思考的理由。人工智能确实可以帮助高校学生解决思想政治理论学习与实践过程中的难题,但也会让高校学生养成过于依赖人工智能的惰性思维,从而认为人工智能能帮助其解决一切问题。在学习和实践过程中遇到难题,第一想法是寻求人工智能的帮助,而不是通过自己的独立思考去解决问题。使用人工智能的初衷是为了提高高校学生在思想政治理论学习和实践中的主观能动性,但因为人的惰性思维很容易使高校学生依赖人工智能,从而无法实现其主体性,出现技术与高校学生的"异化"。

四、高校学生思想政治教育过程复杂,人工智能技术灵活性不足

高校学生思想政治教育是面向高校学生群体,根据高校学生的思想政治状况和性格特征,为培养社会主义需要的人才。高校学生思想政治教育因其"做人的思想工作"的特殊性,过程复杂,面临着人工智能技术灵活性不足的挑战。

首先,高校学生思想政治教育是关于"做人的思想工作"的工作,因其特殊性,所以人工

---

① 张桂华、顾栋栋:《从接纳到内化——思想政治教育的主体性生成逻辑》,《江苏高教》.

智能在与高校学生思想政治教育的融合上，无法做到全面进入其中。高校学生思想政治教育活动是按照一定的政治要求和道德要求对高校学生进行教育的政治性极强的活动。而人工智能并不能提供政治和道德上的选择，它一般只能是把关于政治、道德哲学和人生意义的问题转换为技术层面上的问题。一旦人工智能遇到了用技术解决不了的政治和道德问题，通常就会把问题交给市场来抉择。"计算机算法并不是由自然选择塑造而成，而且既没情绪也无直觉。所以到了危急的瞬间，它们继续遵守伦理道德的能力就比人类高出许多：只要我们想办法把伦理道德用精确的数字和统计编写成程序就行。"①由此可以看到，人工智能只能完成程序既定的政治和道德立场，且比人类更加稳定，但它本身并不含有立场，所以对政治理想的追求和对政治导向的把握仍然是思想政治教育要完成的事情。

其次，人工智能的优势只是在于处理已有的信息，具体表现为重构内容要素，整合数据和信息的能力，并不会自主产生新的思想观点。纵观思想政治教育发展史，不同历史阶段和不同形态的思想政治教育根本区别就在于理论的创新，高校学生思想政治教育的理论基础在于马克思主义。所以在新时代，我们更加需要推动马克思主义理论的不断创新，用马克思主义基本原理结合中国实际对高校学生进行理想信念教育和爱国主义教育，但理论的创新只单单依靠人工智能是无法完成的。

最后，人工智能有利于提高工作的效率，但在思想政治教育中，人与人之间的直接联系和交流仍是不可缺少的。正确的价值观也需要在人与人的交往中形成，这是机器不能替代的。教育者对在人生、道德和政治等方面的阅历和感悟的当面交流分享，更能引起高校学生的共鸣共振，达到最好的思想政治教育效果。如果从高校学生的成长过程来讲，思想政治教育是高校学生社会化、确定人生目标、树立正确的价值观、实现人生价值的过程。在这个过程中，教育者与受教育者的情感共鸣是提升思想政治教育效果的重要途径，而人工智能始终无法做到像人一样和高校学生进行情感交流，从而产生共鸣共振。

第三节　高校网络伦理教育的着力点和基本方法

网络时代的来临，已使传统思想教育许多弱势和缺陷呈现无遗，如传统思想教育维度的有限性、速度的缓慢性、手段的简单性、内容的乏味性等均无法适应网络时代瞬息万变的需要。应当采取哪些具体措施在高校中建立和完善网络伦理教育体系，已经成为人们关心和亟待解决的问题，要解决高校学生网络伦理问题，高校教育工作者必须适应网络时代的新要求，从多角度加以研究，在教育观念、课程体系、教学方法与技术上加以改革和创新，才能切实提高教育效果。

---

① ［以色列］尤瓦尔，赫拉利：《今日简史：人类命运大议题》，林俊宏译．

一、高校网络伦理教育的着力点

网络是人类的自我创造,它永远也离不开人的本质及人类社会,网络的虚拟是人类大脑的延伸和人类智慧的神奇创造,是人类想象世界的部分现实化。网络伦理的本质依然是人类社会伦理关系的延伸,不过与现实社会伦理的自律与他律相结合不同的是,网络伦理更侧重于自律伦理和责任伦理。高校在开展网络伦理教育的时候,就应该从这两个方面着手,培养学生的自律意识和责任意识,积极引导学生形成正确的网络价值观。

(一)培养学生的自律意识

道德的基础是人类精神的自律。自律的行为是根据我们作为自由平等的理性存在物将会同意的、我们现在应当这样去理解的原则而做出的行为。网络世界是一个无中心的资源共享体,尽管其作为一个特殊的"公共场所"是客观存在的,但是网络界面是不公开、不透明的,及时有效地监督十分困难,网络世界呈现的是很少有人干预过问或管理控制的道德监督机制,更多地体现为一种自觉性和自我约束。在网络社会,一方面要强调对自我的关切,使自我成为独立创造性的主体,并通过个人的独立创造达到自我实现;另一方面,在网络实践活动中,自我又要不断进行反思并对自我行为与他人行为的正当性做出价值判断,以保持对自我的驾驭。在网络世界,个体意志比现实世界有更大的自由度,这就要求高校学生网民要有道德自律意识,否则,缺少了现实社会他律的高校学生可能放松对自身的道德约束,并和既有道德发生激烈的冲突。如果个体的道德自律意识比较差,那沉溺于网络不可自拔的行为以及其他不道德的行为就很难避免。所以,高校网络伦理教育要激发学生的自律意识,养成道德自律,要使高校学生首先有正确的道德认知,要区分清楚哪些行为是道德的,哪些行为是不道德的,这是培养道德自律意识的前提条件。其次,要有坚强的道德意志,对自己认为道德的行为能够身体力行,约束自己,这是培养道德自律意识的关键。再次,要养成良好的行为习惯,这是培养道德自律意识的重要条件。要引导高校学生建立一种道德信念和道德内省机制,增强他们的道德责任感,促使高校学生不断提高素养,自觉地内化道德规范而形成道德自律。

(二)培养学生的责任意识

人们已经认识到维护现实世界的秩序和可持续发展的重要性,但是对于维护网络空间秩序的重要性,网民们还没有充分的认识,原因就是缺乏责任意识。网络提供的是"虚拟婚姻""虚拟朋友"等虚拟社会关系。它们可以轻率地产生或被取消,一些高校学生在网络中找到了精神依托,缓解了现实中的压力,但这些"随网而逝"的关系伴随着很大的不确定性和无责任性。处于伦理观形成阶段的高校学生长期处在这种对行为的后果无须承担任何义务和责任的伦理环境中,就会对现实生活所遵循的道德原则产生怀疑,进而造成消极伦理观的形成。相反,高校学生作为网络行为主体的重要组成部分,理应具有强烈的责任意识。在充分享受网络带来的便利的同时,引导高校学生对自己的行为负责,不发生不道德的、危害他人的行为,自觉维护网络世界的正常运转,理应是网络时代伦理道德教育的核心问题。高校必须承担其相应的教育责任,培养高校学生网民形成和树立起相应的义务观念、道德良心和价值目标,能够在纷繁复杂的网络信息海洋中明辨是非、正确选择自己的立场和形成观点,对自己的道德责任感产生发自内心的认同,将外在的道德准则转化为内在的道德意识,既充分地尊重自我的主体意识,又要勇于承担责任,自觉维护网络秩序,自觉抵制网络垃圾,谴责纠正不道德行为,从而建立和谐的网络关系。

二、高校网络伦理教育的基本方法

高校学生网络伦理教育又是高校教育工作的一个充满挑战的领域,高校学生普遍处在人生重要的青年时期,构建完善的网络伦理教育体系对于其个人科学伦理观的形成有着重大意义,需要高校在实践中不断探索创新。结合网络行为的特点,网络伦理教育在方式方法上应当做好以下几个结合。

(一)辨识教育与灌输教育相结合

高校学生网民是信息化、网络化程度较高的特殊群体,具有强烈的主体意识、独立思维和一定的自我教育能力。随着时代的发展,可以看得出来,当代的高校学生厌烦了内容陈旧、形式枯燥、盛气凌人式的传统道德说教,渴求与教育者进行平等双向的交流与对话。虽然传统的道德教育,具有内容上的高度一致性、价值观念的纯粹一元性、教育方法的始终一贯性的特点,在相对封闭的德育环境中也颇有成效,但是在全球化趋势不断发展、网络文化不断渗透社会生活和冲击大学校园的情况下,高校学生获取信息的渠道从传统媒体拓宽到网络媒体,高校学生可能接触到截然不同甚至完全对立的文化道德,由此将对高校学生的思想道德及行为产生前所未有的深刻影响,以往颇有成效的封闭式的他律道德监督机制受到了前所未有的挑战。因此,教育者要顺应时代的发展,努力创建一个能将培养目标内化为个体自觉意识的宽松和谐、自由有序的教育环境,消除法制与思想道德教育中成人化标准、理论化形式、课堂化模式的弊端,帮助高校学生进行辨识教育。

道德辨识与道德灌输相比,前者显得更为重要。网络社会的出现大大改变了道德教育的内外部环境,网络社会就在高校学生的身边,他们不可能实现道德教育的完成之后再进入网络社会,教师也不可能时时在其身边作道德指点。况且,仅仅接受道德观念,还不能驾驭网络社会的道德实践。面对庞杂的网络信息,高校学生必须了解如何分析、鉴别互联网上的不良信息和垃圾信息,提高免疫力;必须独立进行道德实践,自觉遵守社会规范,破解道德难题与伦理困惑。因此,高校道德教育要改变传统的教学模式,变单一的由教师"单人独奏"为师生"合奏",充分发挥学生学习的主动性,赋予高校学生独立的道德辨识能力,能够在相互排斥的道德理念中选择并确定正确的道德价值判断,实践科学的道德理念,进而获得规范而高尚的网络伦理生活。

当然,高校学生社会阅历较浅、人生观、价值观方面均未完全定型,具有很强的可塑性,对社会群体中知识层次高、求知欲望强、辨识能力却又相对较弱的高校学生进行道德教育,采取适度的灌输也是必要的。大学的道德观念灌输应当着重于对道德理念与实际道德行为的理解和反思。道德理念的灌输有助于高校学生接受道德观念,从而为道德辨识奠定科学而坚实的理论基础。学生道德辨识能力的培养就是道德分析能力和道德识别能力的培养。进行道德分析和道德识别必须有坚实的道德理论基础、正确的道德理念和科学的道德剖析方法。高校学生接受了马克思主义的世界观、价值观、道德观,树立了科学的伦理观念,才能在网络社会解剖和分析形形色色的价值观念与道德观念,识别和抵御各种乔装打扮的西方新思潮的侵蚀,进而巩固已经内化了的科学世界观、价值观和道德观。

总之,完全采用或是完全排斥灌输式的道德教育都显得片面,应当采取以辨识为主、辨识与灌输相统一的德育方法。

(二)网络化教育与传统教育相结合

国际互联网不仅为人们提供了一个极其便利的交际工具,也已成为意识形态斗争一个新的重要阵地。对高校学生进行思想教育和意识形态教育,要求高校必须主动占领网络这个阵地,充分发挥网络教育的优势,利用网上内容丰富、生动直观、交流互动、时空无限、联系便捷等特点,准确及时地了解高校学生的思想动态,加强网络思想政治教育队伍建设,形成网络思想政治教育工作体系,牢牢把握网络思想政治教育主动权。因势利导开辟高校网络伦理教育的新空间,在隐形中引导正确的舆论和思想潮流。

从网络伦理教育的手段上来看,在网络中不可能对高校学生进行面对面强制性的信息灌输,所以网络伦理教育不使用传统的"灌输"方法,教育内容的政治性本质需隐含在历史文化知识和现代人文科技信息之中;要充分借助多媒体计算机的一切手段,向高校学生提供正确信息,将社会主义主旋律、集体主义价值观、爱国主义的主题这些政治性内容,通过多媒体技术集声、色、光、画等多种现代手段演绎,从而化抽象为具体,化枯燥为情趣,化不解为理解;要将传统的伦理教育现代化,为思想教育所使用的哲学的、教育学的、心理学的、社会学、管理学的方法都穿上现代科技的外衣。

从网络伦理教育的方式上来看,首先要从硬件上和技术上搞好校园网建设,吸引更多学生在校内上网。利用校园网为高校学生学习、生活提供服务,对高校学生进行教育和引导,不断拓展高校学生思想政治教育的渠道和空间。校园网是高校学生上网的主要出口,高校应当将校园网建设当作一个战略任务持之以恒地抓紧抓好。要适应高校学生信息接受方式的发展变化,始终保持对各类校园信息传播媒介的有效利用,充分开发利用校园网络空间的各类资源,使网络伦理教育既利用网络空间又反作用于网络空间。当前随着我国高校的校园网络建设与应用正在进入到比较完善和成熟的发展阶段,在我国一些高校社区,高校学生的主要网络行为已经对校园网络形成依赖,具体表现为:高校学生在信息获取上对校园网络的使用要超过传统大众传播媒体甚至是校外网站;高校学生的网络人际交往行为以校园网络作为主要场所;高校学生使用校园网络进行各种休闲娱乐活动。当然,目前仍有相当数量的高校学生网民之所以选择校外网吧上网,除了其个人原因之外,校内上网终端供不应求、网速慢或限制多等是主要的原因。这给相关教育和管理带来一定的困难。因此学校要适应信息时代的发展,搞好校园网的建设,把校园网普及到学生宿舍和教师家庭,真正建设起一个和现实相对应的虚拟校园。在提供良好技术服务的同时,组建专门的网上监督机构,注意技术把关,屏蔽过滤一些不健康的信息,努力营造一个健康向上的网络文化氛围,尽量为高校学生提供一个良好的网上生活空间。同时,作为学校形象窗口和知识传播与思想教育的网上阵地,高校网站建设是一个高品位的文化系统工程,绝不仅仅是网络技术人员挂上几个网页而已。学校要认真组织人力物力,调动起专家学者、编辑人员、计算机信息技术人员乃至全体师生的积极性,共同努力,搞好高校网站的特色化建设,抓好政治导向;要传播介绍优秀的民族传统文化,使高校学生进一步树立起民族文化的认同感和自豪感;开设师生个人网页;开展网上宣传教育活动,开办网上学术讲座;创办反映高校学生的学习生活和课余文化生活的电子刊物、网络道德问题辩论、网上论坛、网页制作竞赛、网络文化艺术节等等融思想性、知识性、趣味性于一体的丰富多彩、生动活泼的其他校园文化活动,形成浓郁的网上校园文化氛围,架起学校与个人,教师与学生之间交流的桥梁,在潜移默化中促进高校学生思想素养的提升。目前,许多高校都建立了校园 BBS,除了正常的交流外,BBS 上也有一些学生在现实中不愿说、不敢说的意见,甚至还出现了人身攻击或某些内容不健康的文章,这要引起高校的重视。教育者必须坚持自己在网络空间中的主导地位,除对于一些恶言恶语要加强监管、坚决制止外,必须始终坚持做正确思想政治观念或价值观的倡导者或代言人,不管网络上有何种意见分歧或观点争论,都要坚持正确的思想观点而不动摇;积极用正面的观点去影响舆论;积极对错误思想观点和舆论进行有效的批判和辩驳,努力发挥网络思想政治工作者应有的释疑解惑、明辨是非的作用。还需要教育者要做有心人,主动通过校园 BBS、班级博客、班级 QQ 群等及时、准确了解学生思想动态,重视对其舆论的正确引导,让学生喜爱自己的网上校园,赢得广大青年学生的认同和积极参与,以降低高校学生接触不良网站的概率。可以开展网上心理咨询,开设网上心理辅导专栏,进行心理常识教育,澄清学生的心理问题的模糊认识;开设网上咨询热线,进行个体辅导;利用丰富的网络软件资源,进行心理测评、心理训练,调节心理障碍,消除心理困扰。

其次,建构高校网络伦理道德体系仅靠校园网络的是不够的,还需要教育者主动出击,同时高校之间也应该相互配合,充分利用网络的开放性特征,建立具有鲜明的马克思主义立场、观点的思想教育主题网站,强化导向;建立思想政治理论课专题网站,占领主渠道。组建"红色网站",不能以僵硬的语言、死板的界面造成学生的抵触心理,而要以同学喜闻乐见的形式,真正做到"润物细无声",在潜移默化中增强其爱国、爱家乡、爱集体的意识,增强报效祖国的信念。在网页设计时,注意平面设计和色彩选择,以能传递人文关怀、诱导健康人格心理发展,能给人艺术冲击力、亲和力为目标。在组建前要先考虑如何能使网站对高校学生有吸引力,如何提高学生参与的热情和积极性,是否能成为学生真正的精神家园。然后再考虑如何运用网络达到教育、预防、治疗的功能。

第三,网络世界的竞争以注意力竞争为其显著特点,高校要发挥名师在高校学生中的影响力,鼓励道德教育工作者建设并推广自己的网站,力争建设几个学生喜爱的伦理教育品牌网站。当前,在网络流行文化中,很少见到思想教育工作者的身影。当然,也有少数道德教育工作者开始走进网络,建立自己的个人网站或主页,用正面声音引导高校学生。但是,建设一个特色鲜明、内容丰富,点击率高的伦理教育网站,不是一个教师的力量就可以完成的,需要广大思想政治教育工作者在实践中共同努力,共同探索。例如,网站中需要有大量的优秀的课程教学软件去充实,而把有关教育内容结合学校实际编制成寓教于乐的电子软件,吸引学生主动使用,就是高校思想教育网络化的一项艰巨任务。这不仅需要教师的积极投入,也需要学校有统一的扶持政策来鼓励高校师生自主开发这方面的软件。

第四,在网络信息环境下,以往作为被动接受者的高校学生的主体地位得到了极大的提升,他们信息选择过程中的主动性和选择能力得到增强,在信息接受的过程中更加强调自身的需要、兴趣、态度以及生活实践的经验,更加强调在个人与社会环境、个人与他人的互动中进行比较、判断、选择与建构,要发挥学生的主动性和积极性,要尊重高校学生的主体意识,引导其学习的需要和兴趣,发挥其自我教育的能力。组织学生参与建设和维护学生宿舍局域网、建设网上舆论。还可以组织高校学生参与维护网上的道德行为规范,开展网上道德监控评价,举办网上“文明”活动,倡导文明行动,通过高校学生的积极参与,使高校学生接受并能自觉维护网上法制观念与道德观念,提高判别能力和防护能力。

网络伦理教育应当充分利用网络平台进行,逐步实现伦理教育的网络化。但这并不意味着要抛弃传统教育方式,而是将其作为另一种教育手段和途径。只有使伦理教育网络化与学校其他多渠道教育形成相互借助、相互融合、相辅相成的结构,才能共同构成一个虚拟与现实、无形与有形、显性与隐性相互交融的立体伦理道德教育体系,增强教育的实效。

(三)反面事例与正面引导相结合

高校学生网络伦理教育不能回避矛盾,不能搞片面性。要善于通过对一些负面行为的分析,来更好地增强正面内容的吸引力和理论的说服力。如果负面信息报道得当,能收到反面教材的作用,可以取得积极的社会效果。恩格斯早在一百多年前就深刻地指出:“马克思的整个世界观不是教义,而是方法。它提供的不是现成的教条,而是进一步研究的出发点和供这种研究使用的方法。”①进行高校学生网络思想政治教育,必须将马克思主义的方法论与宣传艺术有机结合起来。我们提倡对高校学生开展网络伦理道德教育重在疏导,而非围追

---

① 《马克思恩格斯选集》第 4 卷.

堵截。网络伦理道德教育者应注意将计算机病毒、黑客等造成危害的反面事例进行剖析。要让学生意识到前者行为的不道德性,并学会如何运用技术手段进行防范。教育者要及时收集、整理和解答高校学生关注的热点、焦点问题,将其作为教育内容的素材,深挖其中的伦理教育内涵,以解决高校学生的认识问题。

高校要将网络伦理教育纳入大学教育的总体规划,加强课程改革创新,采取多种形式,使网络伦理教育进校园、进教材、进课堂、进头脑,通过实施网络行为规范的正面教育,切实取得实效。主要可以采取以下一些做法:

调整思想政治理论课的内容和结构,增加网络行为规范教育的内容,探索高校思想政治理论课教学的新途径、新方法。网络发展要求将网民行为规范教育纳入正规思想教育轨道。在高校,思想政治理论课是对高校学生进行马克思主义理论和思想政治教育的主渠道、主阵地。在新形势下要培养高校学生的主体意识和自律意识,提高对各种不良现象和诱惑的判断力、抵抗力和免疫力,用逐渐成熟的眼光看待社会,就必须将网络行为规范的教育纳入思想政治理论课的教育教学之中。要对现行的思想道德修养与法律基础课的教学内容进行必要的重组,收集、利用高校学生网络失范的典型案例,将高校学生网络行为的合法性、道德性教育作为高校学生法制与思想品德教育的主要内容之一。进一步改革教学形式,打破"灌输式""填鸭式"教学过程,将学术报告、专家讲座、影视欣赏、专题交流等形式穿插于思想政治理论课教学之中;进一步改革教学手段,运用校园网络系统,采用特色网页、网络调查、网上答疑、网上讨论等多种途径,开展网上思想政治理论课教学。

在计算机及网络技术教育课程中有机融入网络规范意识的教育。计算机及网络最本质的意义在于它给全人类提供了一个极其便利的交际工具。如果说计算机网络原理类课程是教学生如何制造或维修这个"工具",那么电脑和网络应用类课程则是教学生如何使用这个"工具"的技术方法,但目前还没有教学生如何正确使用这个"工具"的规则的课程内容。这就像只教人如何使用枪支,却不管其何时何地因何事把枪对准谁一样,如果不从人文的角度阐释、普及计算机网络文化,网络这个人类的工具终将不能充分发挥其应有的作用。因此,高校应当在诸如计算机基础、计算机应用等相关技术课程教学大纲中提出进行相关规范教育的教学要求,在课堂教学中通过多种形式,如增设网络行为规范专章,或在技术教学中通过相关案例进行网络法制、道德教育。这种融入专业技术课程中的法制与思想教育往往还能收到事半功倍的效果。

开设相关网络行为规范的系列教育课程供高校学生选修。目前,网络伦理学、网络文化学之类的课程已成为一些发达国家高等院校的必修课。我国高校应当积极创造条件,为高校学生开设网络法、网络伦理、网络文化之类的课程,一方面满足不同兴趣同学的学习需要,另一方面对网络行为规范教育进行深化和强化。通过宣传、教育和应用,使得网络道德知识的普及化成为发展的必然,指导个体的上网行为,从而使得网络道德行为逐步成为每个网民的自觉行动,这样才能创造网络空间的崭新未来。

(四)教育与管理相结合

网络伦理教育必须与适当的管理措施相结合才能收到好的效果。一方面高校要大力倡导文明上网的伦理规范,改变以往按统一的标准、内容、形式、方法进行高校学生思想道德教育的模式,通过教育引导学生网上自律。另一方面法律的存在能帮助预防不道德和破坏行为。法律作为道德规范的基准,使得大部分人可以在此道德范围内进行他们的活动。没有界限,就很难确保没有影响和侵犯别人的情况。因此,政府要尽快建立、健全相关的法律和措施,借助国家强制力的威慑对电脑网络出现的不健康内容和行为进行管制和监督,为网络伦理道德建设创造一个较好的法制环境。要运用技术手段来控制网络上不文明的言行,保障网络健康运行与发展,防止重要信息的流失、破坏、删除、歪曲。制定相应的网络道德规范,对约束网民行为、维持正常的网络秩序极为必要。网络道德建设也必须借助法律法规的威慑力量,杜绝、减少违背网络道德规范的网上行为,营造良好的网络道德氛围。高校应当在法律法规和一般道德倡导之外,结合学校的实际,制定更明确具体的道德准则和校园计算机网络用户行为规范、高校学生文明上网自律公约等校园网络管理规章制度来规范和约束高校学生的网络行为,进一步完善管理机制,规范管理,将网络伦理道德指标纳入高校学生德育考核体系,把对高校学生的伦理劝诫和制度约束有机结合起来,促使高校学生养成良好的网络行为习惯。要依照规定,严肃处理网络违规。网络违规行为本来就难于发现,如果发现了不处理,或由于无处理依据,也将产生极大的负面效应,进而加深网络行为失范"无所谓"的错误思想。对于被发现的网络失范行为,要认真进行处理,以在学生中形成震慑力。

(五)培养教育者与培养学生相结合

努力跟上目前的事态发展,通常也总是落后一步。网络技术的发展日新月异,要做好培养学生的工作,要求教育者本身必须走进网络,不断更新知识,树立现代网络教育观念,加强理论和业务培训。要加强对网上思想政治教育者的培养与队伍的建设,教育者必须把握与时俱进、开拓创新的思维方向,要了解何谓"网络伦理",要对网络技术、网络伦理知识有一定的掌握,把更多的精力与关注投放到新的网络世界中去,参与网络神奇的漫游,学校可组织教师加强这方面的培训,有条件的还可以组织校际交流;要不断提高思想政治素质,关心时事政治,把握正确的政治方向。如果一个教育工作者,在网络时代连最起码的网络教育手段都不能适应,又岂能跟上形势,去做高校学生的思想教育工作呢?又怎么能够知道高校学生在网络的世界里到底发生了什么呢?又能靠什么去教育受教育者呢?所以高校德育工作主导方向的转移,关键是教育者本身观念的转移和掌握知识手段的转移。高校网络伦理教育也不同于专业课教育,是关乎人的品性、道德的教育,周期长、见效慢,也不仅仅是思想政治课老师的任务,而是所有教育工作者共同的任务。所以不仅要求教育者注重与学生之间的沟通,还要求各学科老师之间的配合、沟通。尤其是辅导员、班主任等贴近学生生活的老师,要关注学生的学习、生活和心理健康,要发扬的职业道德风范,真正关心、爱护学生,深入到同学的学习生活中去,了解高校学生上网情况,对网络失范行为进行认真分析,掌握基本规律,要主动、自觉地占领网络阵地的制高点,大力弘扬科学思想和先进文化、勇于应战错误思潮,再结合传统道德规范要求,提炼和总结网络道德规范,充分运用思想教育的政治优势,建设高校新的育人环境。此外,对于一些有心理疾病、来自问题家庭或已经患上网络成瘾综合征的弱势群体学生要给予更多的关心和鼓励,要在方式方法上讲究创新,讲究突破。教育者要有足够的认识:伦理道德教育工作,不是一时一日之功,是长期艰苦的工作。

第四节　提高高校网络伦理教育水平的途径

高校学生网络伦理道德的养成,是一项宏大的工程,是全社会共同合力的结果。加强高校网络伦理教育,必须建立一套符合时代要求的网络伦理教育理论体系,从被动防御转为主动建设,构建具有中国特色的高校网络伦理教育理论,积极探索我国高校网络伦理教育的新模式。

一、构建理论教育与理论研究体系

(一)建设高校网络伦理教育体系

高校应该将网络伦理道德教育的内容,与高校的德育工作、学生素质培养紧密结合起来,纳入高校的日常"思政"管理,从而加强高校统一领导、管理、规划,建立起一支由宣传、学生、团委、保卫、网络中心、学生会、各院系团总支、相关社团等共同组成网络伦理教育、监督队伍,开展各类专题报告,并及时穿插于其他各类活动之中。从而在高校内部形成一个自上而下、层次分明的网络伦理教育管理机制。保证各级教育工作的良性运行和贯彻落实。

(二)加强网络伦理理论、手段研究

一方面,网络伦理学的研究在我国已经起步,不过目前还没有形成有一定规范和国际性影响的专业研究中心,在大学范围内,还没有开设系统、完整的网络伦理学课程。我国网络伦理理论研究应充分开展网络伦理理论研究,进一步完善我国高校网络伦理教育理论体系,更好地服务于高校网络伦理教育,服务于社会网络伦理建设。开展网络伦理规范的可操作性研究,建设符合我国国情,行之有效的网络伦理准则;加强具有规模性、国际影响性的专业研究中心建设,开展国际间、同领域间的学术交流,推动网络伦理理论的研究与发展;建设基于网络空间技术的网络伦理理论研究学术交流,发挥网络技术本身的优势,加快网络伦理学网站的建设,构建网络伦理研究与宣传的新阵地;建立系统的网络运行监督机制,保障网络伦理规范效力的充分发挥,积极预防、遏制各类网络不规范行为的影响、发展。

另一方面,从本质上看,网络伦理离不开现实,原因在于它也是现实伦理的延伸,因此我们在讨论传统伦理教育滞后性的同时,不能否认传统伦理的现实价值。传统伦理教育的主要技术手段是落后了,但其许多内容如果能够通过新手段嫁接到网络当中,同样能够发挥主要的作用。这是对传统的继承和改造问题,虚拟网络同样有继承和改造的问题,培养高校学

生必须有明确的历史交代,我们不能随意地否定自己的传统价值。其实,即便是传统技术手段,只要善于运用,也能在网络世界里产生有效的作用,无论家长或老师在日趋信息化的时代里,都应该教育青少年注重传统的信息交流方式,重拾"读书破万卷"的优良作风,不是一味地"网上冲浪"。

二、加强技术改进和网络监管

(一)在技术和法规上采取有效防范措施

网络的安全隐患问题主要表现在以下方面:未授权访问、电子侵害、电子犯罪、破坏性的寄生程序、个人隐私的保护、电子交易支付漏洞以及国家机密的泄漏等。[①] 技术的问题或漏洞可以通过技术的改进和创新予以克服。对于病毒、黑客等危害社会的事件,学校和社会相关部门可以通过技术手段进行防范,要利用技术手段,加强"防火墙"的研制,特别是加强中国自主开发的防火墙的研究,防止国内外黑客的入侵和秘密资料的泄露。编制新的软件,控制、过滤不良信息,净化网上环境。以技术手段不断完善网络结构,维护网络正常的秩序。各高校要加强网络管理,建立网管中心,设置网上"警察",24 小时值班,把好入口关;加强对互联网的监控,对来自境外的有害信息要坚决封堵,对境内网站上出现的有害信息要及时删除。要实行校内用户"实名注册""可读不可贴"的办法,牢牢把握校内网络控制权。

随着互联网的快速发展,对付日益猖狂的网上犯罪,必须建立网络的监察机制,加大打击力度。要建立健全有关法规,具体的道德规范在量上的积聚并不是无止境的,其结果必然导致向法律法规的转化。针对网络社会中的犯罪行为和许多严重的社会问题,许多道德规范显得软弱无力,因此许多国家制定了相应的法律规范,力求规范团体和个体在网上的行为和关系。我国的网络立法工作尚处于起步阶段,法规的制定速度远远比不上网络的发展,所以我们要加快国家的网络法规建设,走上依法治网的良性发展轨道。在立法的过程中要注意网络特殊的环境,健全现有的法律体系,以解决诸如鉴定网络安全的行为规范,追究网络安全的权责等问题。建立网络追查系统,采用追踪技术和设备,使所有网络的破坏者无藏身之地,更不能为所欲为,从根本上杜绝不健康内容的传播。

(二)加强对网络媒介的监管

网络服务提供商、网站经营者、网吧等互联网行业,对于当代高校学生网络伦理危机的出现有着不可推卸的责任。在追求经济利益最大化的同时,也不能忽视其行为给高校学生们带来的负面影响。互联网行业管理者要不断健全互联网政策法规,加强对互联网行业的监管。同时也要提倡行业自律。互联网行业从业者必须增强社会责任感,全面认识互联网的发展规律和特性,强化自律意识,完善自律措施,逐步建立和完善互联网行业自律机制。加强自我约束和管理,规范信息发布工作,自觉抵制不良信息和不道德行为。网站本身应成

---

① 李兰芬:《论网络时代的伦理问题》,载《自然辩证法研究》.

为网络传播规范的自觉倡导者和监督者,切断给高校学生带来消极影响的不良信息来源,对高校学生网络道德与信息伦理提供积极的引导和帮助。

（三）建立适应时代的高校学生网络伦理规范

心理学研究发现:从人类道德情感的发展角度来讲,个体先有直觉的道德情感体验,即对由某种道德情境的直接感知而迅速产生的一种情感体验;然后有形象性的道德情感体验,即与具体道德形象相联系的道德情感;最后出现伦理性的情感体验,即一种意识到道德理论的更自觉的情绪体验,它建立在对道德规范有较深刻的认识基础上,是一种意识到伦理道德的更自觉的情绪体验。它的形成是一个渐进的过程,一般到青年期才能形成这种情感水平,一旦形成,就比较稳定。伦理性情感是一种深厚、坚定有力的高级形态的道德情感。

高校学生网络伦理规范主要包括:网络伦理价值观的建立、信息商品观的形成、网上知识产权的保护、对个人隐私的保护、网络契约精神的树立、网络生态环境的保护、网络合作精神的确立、网络义务观的形成、网络自我约束、自省伦理的确立等。任何现有的伦理一旦面对新主体,都将大大失去效力。在高校学生网络伦理教育中,通过修改现有规范来约束新主体,不如引导新主体共同创建新规范,从而使新规范完成主体内化而真正发挥规范的作用。

第四章 人工智能视域下的
网络社会中高校学生责任伦理建构研究

第一节 网络社会与责任伦理

一、责任伦理

（一）责任与伦理

1.责任

关于责任,一直以来都深受社会关注,随着之发展而来的其他责任含义也有很多,包括企业责任、社会责任、家庭责任、个人责任等,都是以责任概念为基础来诠释其内涵的。

就词源学而言,在我国古代汉语中,通常情况下用"责"来表达"责任"的意思。根据《辞海》中的解释,我们可以将"责"的用法分为以下几种:①职责;责任,如负责。②责罚。③责备;责问。如斥责,自责。④责求;索取。① 在当下社会中,其用法可以根据《汉语大词典》的词条大致划分为以下几点:①使人担当起某种职务或职责。②自我分内事务,③对未做好的事务承担相应后果。从字面上理解,责任有两层意思:①对事、对他人、对自己、对社会都有应尽的义务。责任义务体现在于公、于私之上。②应承担的过失,例如:推卸责任。

从西方哲学发展的历史来看,自古就有一系列关于责任的研究。苏格拉底将责任看作是个人对社会、国家自愿服务所具有的一种基本素养。柏拉图认为人是有等级之分的,每个层次等级上的人都承担了应有的责任。伊壁鸠鲁和亚里士多德深刻地阐明了关于对责任的认识观点,认为责任是指人需要对自我行为选择而产生的一切后果承担相应的责任。伊壁鸠鲁表明:"我们的行为是自由的,这种自由就形成了使我们承受褒贬的责任。"② 在亚里士多德看来,主体必须对自己的行为结果承担责任,"除非被迫而作恶,或以无知而作恶,否则都要惩罚。因为由于被迫和无知而作恶,没有责任。"③因此,主体的人要有对自己行为结果负责的意识,包括对可能逃避的偶然行为的负责。

综合以上分析,可以从两个层面来理解责任的含义,一是作为社会实践活动的主体应该

---

① 《辞海》.

② 章海山:《西方伦理思想史》.

③ 周辅成:《西方伦理学名著选辑》上卷.

承担的角色、做好分内的事情,即作为实践主体的人愿意主动承担的,包括对社会、他人、家庭、国家的应尽的职责,这种是主体自愿接受的,强调的是尽职尽责的一种品行道德,是积极意义上的责任;二是实践主体因为违反了某种规定或是影响分内事务完成而造成的一些不良的结果所应担当的责任,这种就是被动地承担责任,具有一定的消极意义。

2.伦理

在我国古代汉语中,"伦理"含义在《礼记·乐记》中有记载:"乐者,通伦理者也。"在此之前,"伦"和"理"是分开的,各自具有独特的内涵。"伦"在中国古汉语中的理解就是人与人之间的辈分关系。中国古代封建社会特别重视和强调"五伦"理念,即"父子有亲,君臣有义,夫妇有别,长幼有序,朋友有信。"(《孟子·滕文公上》)是中国传统社会基本的五种伦理关系,这是解决人与人相互关系的道德参照标准,也表明了和谐有序的性质。"理"在古汉语中的意思是,剖析、研究玉石。"理"首先作为动词用,意思是摸清璞的细小的、纷繁复杂的纹理,再进行精细地打磨雕刻,使它成为玉。之后,"理"字又变成名词,是指玉本身精细的纹理。在中国汉语中,当"伦理"作为一个统一的词使用时,表示的意思是人们之间的关系。当代伦理多泛指人与人之间交往所需遵循的伦理标准。黄健中在《比较伦理学》中对伦理的解释为"伦理谓人群生活关系中范定行为之道德法则也"[①]。

综上所述,伦理是指人的一系列行为、关系以及相互交往的道德准则,是社会实践活动的产物,引导着人与人、人与社会、人与自然的互动行为,是行为规范的参照标准。我们所说的伦理更多的是道德层面的规范,通过道德教育激发责任主体的道德情感认同,进而约束主体的行为活动来维持国家的发展和社会的和谐稳定。

(二)责任伦理的含义

第一次总结指出责任伦理含义的人是德国的当代社会学家马克思·韦伯,他在发言中讲到,责任伦理是从事政治事务的人员需要具备一种内在力量,其能为他们提供饱满的热情、实际的责任感以及理性的判断能力,然后促使自己行为可能产生的结果承担相应责任。

国内学者程东峰认为:"责任伦理是指人们一起承担人类共同生存的伦理,是关于整个人类及以后科技信息时代的理论,其亦属于规范伦理学,但它又不同于传统的这种学说,是其的继承和发展。"[②]黄君录、陶书中在《高校学生责任伦理教育研究综述》中指出,"责任伦理所体现的原则是关于主体最本质的伦理诉求,表现的是其主体在责任行为过程中依靠的核心伦理精神,其引导和约束着责任主体的行为方式。"[③]

综上述观点,我们认为责任伦理就是从伦理学的视角分析和研究责任问题,强调的是一种更高层次的责任形态和伦理诉求。具体而言,是基于伦理道德的视角对责任主体的实

---

① 黄健中:《比较伦理学》.

② 程东峰:《责任伦理导论》.

③ 黄君录,陶书中:《高校学生责任伦理教育研究综述》,《西南交通大学学报(社会科学版)》.

践。行为进行整体、综合的考量,探究的焦点主要在于责任主体实践的动机及其行为的整体性和规范性上,强调对其主体行为结果的伦理追问。因此,其含义可以概括为以下几点:第一,责任伦理中的主体仅指的是人,其应主动对自己的行为结果承担责任。第二,责任伦理体现的是道德与责任的互相统一,是主体的理性选择和行为习惯的最终养成。第三,责任伦理的含义不断发展创新,体系不断完善,与其他领域的联系也更加密切,所以说,对责任伦理的相关要求也在提升。

(三)责任伦理的基本特征

1. 主体性

责任伦理研究的唯一主体是现实的、具体的人。在社会生产实践活动中,人是自我、社会以及历史的主体,同时也是责任伦理认知、责任伦理认同、责任伦理实践活动的主体。作为引导责任主体行为,协调主体自我矛盾以及协调他人之间关系的责任伦理,它最主要的核心就是满足主体人的发展生存的需要,是为社会和人的发展而服务的工具,这样也就说明了责任伦理是为主体的人而存在的。责任伦理的主体是现实的、具体的,脱离了这个责任主体去进行责任伦理教育是没有任何价值意义的。因此,在研究的同时必须从人的实际特点出发,结合人的实践、思想、科学实验活动等展开研究,才能满足当代社会发展的要求,更好地体现其建构的意义。

2. 前瞻性

责任伦理所指的是"预防性"的责任,不仅要求对事后结果的负责,同时也要同主体实践行为进行前瞻性的道德考量和综合判断,是一种以长远的目光审视责任主体应担当的责任。也就是说在责任主体行为发生之前,主体会对其责任行为以及社会道德进行分析,以此来判断实践活动产生的相应结果是否符合社会伦理道德的要求,进而做出相应的行为调整。这种责任伦理的前瞻性会通过责任主体的自我意识诊断来减少行为的副作用,在一定程度上降低了对社会风险,对其发展有一定的促进作用。

3. 发展性

发展性强调的是责任伦理的含义不断发展创新,方法体系不断完善,与其他领域的联系也更加密切,所以说,责任伦理的相关要求也在逐步提升。作为一种主观意识形态的责任伦理,必然会跟随社会制度的更替、社会生产关系的变革、人的认识能力的增强而发生改变。因此,我们说任何理论知识包括责任伦理的内容都不会固定不变,而是在不同的时代背景以及社会发展要求下不断发展革新,来满足特定时代的特定需求。但是这种发展绝不是完全的摒弃传统的理论,而是在其基础上不断地发展、延伸。

总的来说,责任伦理是从伦理道德的角度出发对其唯一主体人的道德责任进行引导教育,增强其责任的认同,从感性的认知上升到理性的行为选择,旨在培养责任主体自觉承担责任的能力,追寻的是精神价值。本质上说,责任伦理属于一种特殊的社会意识形态,是人类所特有的一种精神活动,最终目的是促进人的自由全面发展。

二、网络社会与责任伦理

马克思主义唯物史观指出:"经济基础决定上层建筑"。网络社会是在传统社会的基础上建立起来的新型形态,是对现实社会的超越。以互联网络信息技术为基础的传统社会结构发生了巨大的变化,"大数据""互联网+"、网络命运共同体时代的到来,使我们的社会生产活动发生了翻天覆地的变化。同样作为调节各类关系、规范行为活动、促进社会和谐健康发展而自觉形成的道德责任,是一定社会经济基础的集中反映,总是随着社会生产力的变化而改变。正如恩格斯所说:"政治、法、哲学、文学、艺术等等的发展是以经济发展为基础的。但是,它们又互相作用并对经济基础发生作用。"[①]适用社会的新的理论就会对社会发展起到积极的促进作用。因此,责任伦理与网络社会的发展之间存在相互制约,相互促进的辩证关系。

(一)网络社会对责任伦理的影响

尽管虚拟的互联网社会具有超越现实、开放隐蔽的特性,但是它与传统的现实社会一样,都是为了满足人们不断发展的需求,进而促进人的全面发展。网络时代的到来改变了传统的生产活动和思维方式,人与人、人与社会、人与自我之间的关系也随着社会空间的变化而发生改变,对伦理责任也有了更严格的要求。因此,网络社会的形成与发展对责任伦理的发展产生了重要的影响。

首先,网络社会能够促进责任伦理的发展。以现代计算机网络信息技术为基础而形成和发展的网络社会为责任伦理的创新性发展提供了全新的平台,特别是对网络、多媒体、手机等智能终端和微博、微信、APP 等自媒体的大量运用,为责任伦理带来了高效的传播载体和多样的培育手段。[②] 网络社会的开放性、虚拟性就意味着传统社会的道德责任不能顾全所有,新型社会形态的产生冲击了传统社会原有的道德责任体系,促进了新的责任伦理的产生;其次,网络社会对责任伦理的建构和完善形成了一定的冲击作用。网络社会中新的责任伦理体系尚未完全建立起来,而建立在权威和信念基础之上的传统伦理在开放、平等的虚拟网络环境的冲击下已失去原有秩序,导致了主体的人在网络大环境下的责任缺失严重,主要有责任认识不足,道德责任价值认同淡漠,责任缺乏主动化践行。特别是对网络最大的受众群体的高校学生产生了不容小觑的影响,比如网络诈骗、沉迷网络游戏、网络交友、网络谣言以及网络校园贷等不良行为的发生。这些都严重影响了高校学生的身心健康发展,对社会和谐稳定发展带来了隐患。

所以,网络社会对责任伦理的影响既有积极方面的意义也有现实的挑战,我们应该在借

---

① 《马克思恩格斯选集》第 4 卷.

② 黄河:《网络虚拟社会与伦理道德研究—基于高校学生群体的调查》.

助网络平台充分发挥责任伦理的引导教育效用的同时,不断深入对责任伦理的相关理论以及实践的研究,积极的应对随着网络社会的不断发展带来的新的责任伦理问题。

（二）责任伦理对网络社会的影响

一方面,责任伦理的建构与现实社会生活中的法律规范一同,调节着各类关系、规范人们的行为活动,指引人们在网络社会中主动承担自我责任、增强网络责任意识、提升网络责任认同感,从而促进网络责任行为的践行。一个网络行为主体只有在认识到自己应该承担的责任并产生情感认同后才会有进一步的实践行为,从而促进网络社会的发展;另一方面,责任伦理的相关伦理约束也会制约其发展,作为现实社会延伸的新形态,在某些方面势必会受到人们的质疑,甚至是干预,有时会打着负责任的旗号来干预网络社会的发展,网络的言论自由以及广泛影响会因个人主观意愿而产生极大的传播性和煽动性,不利于网络社会的和谐发展。

总之,作为超越现实社会而存在的网络新型社会,是以人的物质活动为基础的,是为人和社会所服务的。但是任何事物的产生都有其对立的一面,对待网络社会我们应该不断提升主体的自我认知与自我道德责任意识,通过建构完善的责任伦理体系来促进高校学生责任担当行为习惯的养成。

第二节　网络社会中高校学生责任伦理的理论建构

一、社会责任教育内容划分的基本维度

从社会责任的分类逻辑入手,比较典型的划分包括:按责任教育客体划有公民社会责任、青年社会责任、高校学生社会责任;按责任涉及的领域划分可分为社会公德责任、民族责任、政治责任、经济责任、文化责任、职业（预期职业）责任、学习责任等,按责任层次结构划分包括家庭责任、对他人的责任,集体责任,国家民族责任,人类社会责任。这是比较早地对社会责任划分形式的归纳。划分社会责任的内容、层级、梳理其基本要义,首先需要厘清社会责任教育的基本维度。

（一）从一般责任教育到特殊责任教育

按责任主体的角色划分,社会责任分为特殊社会责任和一般社会责任。[1] 一般社会责任是指作为社会成员的公民普遍应承担的社会责任。特殊社会责任,是指由于社会角色、人生阶段的差异以及具体事件发生情境的特殊性,不同的人应当承担不同的社会责任。当社会责任教育的对象是青少年时,需要从青少年角度出发,按责任客体（间接客体）、责任活动领

---

① 刘咏芳,员智凯,论新媒体环境下青年社会责任教育的伦理向度[J].

域(直接客体)来界定社会责任。他从间接责任客体将青少年社会责任分为对自己的责任、对他们的责任、对家庭的责任、对集体的责任、对社会的责任等等;从责任直接客体可分为学习责任、职业责任、环保责任等。高校学生作为公民,首先要承担普通公民应承担的一般社会责任。如社会主义核心价值观对公民的普遍要求,也同样是对高校学生社会责任的基本要求。针对高校学生这一群体的主体性限定,应涵盖一般责任教育内容,同时要关注高校学生的特殊责任。在改革开放的今天,随着"一带一路"战略的不断推进,作为未来祖国建设的生力军,高校学生需要理解和深化人类共同体责任。高校学生社会责任教育的内容,需要立足于高校学生群体的特殊性加以建构。

(二)从消极责任教育到积极责任教育

从责任的内在规定性和外在规定性着手,社会责任可以分为积极和消极社会责任。积极社会责任是指缺乏外在规定性的前提下,主要依赖责任主体主动承担的社会责任,这体现了责任的内在规定性,即强调责任主体的自律性,内化为积极、主动履行和勇于担当相应的责任,外在表现是高校学生的主动担当责任。消极社会责任是指具有较强的外在规定性,是基于法律、制度和社会规范要求责任主体必须履行的责任,如果不能履行这些社会责任,则要承担相应的处罚或代价以及道义谴责,消极社会责任具有他律性,依赖于强制力加以约束。

虽然社会责任教育强调将责任意识内化于心,但这并不意味着只有自律性责任才是社会责任教育的范畴。吴康妮指出,基于法律、制度以及社会规范等要求人们必须承担的责任属于制度性责任,而个人在无外在强制力情况下积极履行和承担的责任是道德责任。在社会实践中,社会规范形成的约束和法律、制度规则的强制力不同,具有软约束特征,一旦社会规范松弛,这种制度性责任就转变为道德责任,依靠社会成员主动、积极履行。同样,在社会转型时期只要外在强制力弱化,制度性责任依然难以约束社会失范行为。所以,对于制度性责任,也依然需要加强引导和教育,使制度背后的价值观深入人心,成为高校学生自觉遵守的规范,目前高校普遍开设的《思想品德修养及法律基础》课程,将法律责任作为教学内容。当然,如果仅仅将该门课程作为社会责任教育的理论载体,社会责任教育的内容将过于窄化。社会责任教育不仅涵盖了消极责任,即具有制度性责任性质的法律责任和义务,更要培养高校学生主动承担社会责任的意识、积极履行社会责任。

(三)从个体责任教育到对他人的责任教育

责任可以分为对他人的责任和对个人的责任。社会责任可以看作广义责任,包括对国家的责任、对社会的责任、对家庭的责任和对自己的责任。也有自我的责任教育不应是高校学生社会责任教育的内容的相关论述,从国家、社会、集体和公民四个层面将社会责任教育分为爱国精神教育、集体观念教育、公共意识和政治参与教育四个维度构建社会责任教育的内涵,主要是针对高校学生对他人的责任。关于个体责任教育是否应纳入社会责任教育的范畴,主要应从高校学生社会责任教育的阶段性出发,社会责任是学生发展的核心素养,对自我的责任教育、包括对家庭的责任在中、小学阶段,学生已有密切接触,考虑到教学内容的衔接性,自我责任、家庭责任应涵盖于道德责任教育之中。从认同理论出发,社会责任作为勾连国家与个人的中间层,使个体承担的国家责任与个人责任具有不可分割的内在统一性。

二、新媒体环境下高校学生社会责任教育内容的建构依据

高校学生社会责任教育,不等同于一般公民社会责任教育,和青少年社会责任教育也存在着差异,在新媒体环境下又呈现出新的特点和要求。因此,构建高校学生社会责任教育内容需要从建构依据开始梳理,为研究社会责任教育内容的体系结构奠定基础。

(一)新媒体环境下高校学生社会责任教育内容的建构视角

这里研究的出发点即社会责任教育的对象是高校学生,构建新媒体环境下高校学生社会责任教育的基本内容,需要先从社会责任教育的分类逻辑着手,厘清前人的研究思路,把握构建社会责任教育的思想脉络。在这一指导原则下,研究者梳理前人的分类逻辑,可以发现明显的学理推进路径的差异,主要包括以下几方面:

1.基于差序格局视角

在中国情境的教育实践研究中,不能忽视传统文化对教育者形成的力量。从众多学者的研究中可以明确地感受到"差序格局"思想对学者构建社会责任教育内容的重要影响。差序格局是费孝通先生提出的中国社会水波纹式的结构,[①]在阎云翔看来,差序格局是从横向、纵向两个维度对社会结构的同时把握,差序格局解释了中国社会的结构,同时也解释了中国文化对人格建构的议题。[②]在差序格局的视野下,中国社会的文化情境对社会责任的要求具有层次性、等级性,围绕着"自我"这一范畴,在责任认知上形成由己及彼、由近及远的个人、家庭、社会、国家的社会责任层次,为社会责任教育实践奠定了由己及彼、以感情教育为发端的教育方法;但就社会责任的等级而言,又具有从国家、社会、集体、个人这样由高到低的等级顺序,体现了差序格局由国家到族群到家庭再到个人的等级性。阎和庆等指出,学界大多从自我责任、家庭责任、他人责任、国家责任和人类社会责任感等几个层面划分社会责任教育内容。[③]基于差序格局的社会责任教育分类视角结合了中国文化情境,从一般性角度去考察作为社会成员应承担的社会责任,无论从教育实践还是从文化传承而言,都具有重要的意义。但是对于当代高校学生而言,他们在新媒体环境下成长,具有强烈的自主意识,仅仅依据差序格局建构社会责任教育的具体内容,则不能涵盖高校学生这个群体应承担的特殊社

---

① 费孝通,乡土中国[M].

② 阎云翔,差序格局与中国文化的等级观[J].

③ 阎和庆,杨茹,胡建国,"90后"高校学生社会责任感现状及培育机制研究—基于对北京工业大学本科生的实证调查[J].

会责任。

2. 基于责任—权利对应关系

责任一般被认为是与自由对应范畴,而权利则对应义务,前文中提到责任和义务在实践角度具有一定共通性。责任从外在规定性和消极社会责任出发,是必须承担和履行的义务,从权利与义务的对应性看,有权利才有义务、才有相对应的责任,这是自由主义责任观的核心要点,即"权责对等"原则。李明、叶浩生等从两个维度,即私人—公共取向,以及差序格局—团体情境出发,从责任—权利视角构建了四种类型的社会责任:契约责任、公共责任、人情责任、道义责任,其责任行为对应于保护个人利益、保护公共利益、保护特定群体利益和保护公众利益。① 从权利角度派生出责任概念,有其合理之处,共建是责任,共享是权利,为共享"幼有所育、学有所教、劳有所得、病有所医、老有所养、住有所居、弱有所扶"的权利,就需要社会成员有共建的责任。但是也要警惕,特别是新媒体虚拟世界中,在缺乏外部规定性约束后,责任主体权利意识高扬,却倾向于规避履行责任,这必将引起责任意识弱化。因此,完全依赖责任—权利对应关系建构责任教育的具体内容,会使高校学生社会责任教育缺乏应有之义。

3. 基于社会角色理论

基于社会角色建构社会责任教育内容,在古希腊最经典的论述就是柏拉图在《理想国》中基于角色理论,对哲学王、武士以及平民阶层责任的划分。我国传统儒家文化在建构社会责任教育内容时,提出"君君臣臣父父子子",这是不同的社会角色应承担不同社会责任的思想逻辑。社会角色理论在一定程度上也是对中国传统文化责任分层的拓展,对于构建高校学生这个特殊群体的社会责任具有借鉴意义。此类划分得到研究者的较多回应,例如王燕将"职业责任"②纳入社会责任教育之中,也是基于未来高校学生即将承担的职业角色的社会责任要求。从角色社会化理论的视角,凌新华认为,尽管高校学生也应具有对家庭、对自身发展的责任,但从社会责任出发,高校学生社会责任主要包括:国家忠诚、公共事务参与、社会问题关注、公共危机担当、志愿服务和社会关怀精神。③ 围绕社会角色这一范畴,张涵等进一步从认同的视角分析社会角色的形成过程,将高校学生社会责任教育分为根据组织要求与人际交往要求形成的责任、根据自我要求形成的责任、根据社会期望形成的责任以及根据家庭与教育形成的责任。④ 这种划分本质上也是个人在认同形成过程中对责任意识逐步产生的写照。

4. 基于高等教育肩负的使命

高等教育肩负的使命必须把思想政治工作贯穿教育教学全过程。高校学生社会责任教

---

① 李明,叶浩生,责任心的多元文化视角及其理论模型的再整合[J].
② 王燕,当代高校学生责任观调查报告[J].
③ 凌新华,从社会化角度看当代高校学生社会责任意识教育的思考[J].
④ 张涵,孙婷婷,杜天骄,周伟,449名高校学生责任感调查[J].

育的主体是高等院校,因此教育者要从高校的使命出发,围绕培养全面发展的社会主义事业建设者和接班人这一目标,探索针对高校学生的社会责任教育应涵盖的主要内容。杨玉春提出社会责任教育应分为行为责任教育、生命责任教育、成才责任教育和回馈责任教育。[①]赵海信认为高校学生社会责任教育应包括国家层面的公民责任教育和历史责任教育,社会层面的家庭责任教育和集体责任教育,个人层面的生命教育和行为责任教育。[②] 魏进平等以高等学校教育的使命为基础,结合时代发展的客观要求,将社会责任的划分为政治责任、生命责任、学习责任、学校责任、网络责任、家庭责任。[③]

从以上学者社会责任分类视角看,基于中国传统文化并结合时代发展构建社会责任教育内容具有普遍性,社会角色理论将高等教育看做是促进学生社会化的过程,并在此过程中促进学生实现对集体、对社会、对国家的认同,因此高等教育围绕着其肩负的历史使命,通过促进学生的社会化过程,将理想信念、价值理念、道德观念熔铸于社会责任教育。其中,教育者是高校学生实现社会化的推进者,高校学生是社会化过程中的主体。在充分分析社会环境变迁的基础上,对中国传统文化的承继、考虑到责任—权益观对教育实践的意义,结合社会角色理论,从高等教育肩负的使命出发,建构社会责任教育内容的基本框架,为进一步明确高校学生社会责任教育的方法及途径奠定了理论基础。

(二)新媒体环境下建构高校学生社会责任教育内容的目标依据

社会责任教育是思想政治教育的重要内容,高校思想政治教育的基本过程,就是作为社会组织之一的高等院校向独立的个人即高校学生系统性施加意识形态影响的活动的总称。独立的个人是社会存在的前提,马克思主义人学理论告诉我们,人的本质是其社会性,只有在社会关系中才能真正理解人,是社会关系使"自然人"转化为"社会人",这个转化的过程这就是人的社会化。费孝通指出:"社会化就是指个人学习知识、技能和规范,取得社会生活的资格,发展自己的社会性的过程。"[④]社会化既是个体发展的过程,也是社会延续和发展的需要。在社会化过程中,高校学生完成并实践着社会认同。

杨威提出,社会化是思想政治教育产生的一种重要社会机制。[⑤] 主要体现在社会化为思想政治教育产生提供了社会需求、社会动力和社会途径。[⑥] 尽管社会化贯穿了人的整个生命历程,而大学阶段是一个人社会化的关键阶段,也是高校学生生成价值认同的关键时期。在大学学习阶段,高校学生在高校这个社会化的成长环境中形成对于自我身份的感知、理解和确证,形成对社会和他人的感知和态度,进而形成对国家、民族以及规范、制度、价值的赞同

---

① 杨玉春,当代高校学生责任教育的着力点及方法[J].
② 赵海信,张钊,高校学生责任教育体系的构建与实践探索[J].
③ 魏进平,魏娜,张剑军,全国高校学生社会责任感调查报告[M].
④ 《社会学概论》编写组,社会学概论[M].
⑤ 杨威,思想政治教育发生论[M].
⑥ 杨威,思想政治教育的社会学研究[M].

和情感态度,并生成相应的行动。社会化中的认同过程是在社会互动中实现的价值内化的过程,是形成高校学生社会责任认知、社会责任情感以及社会责任行为的过程,从而确立了高校学生个人与国家、社会和他人的各种关系。可见,高校学生的价值认同,是通过社会化过程来实现。而大学教育对于高校学生而言正是提供其社会化的主要场域。

1. 总体目标

"立德树人",为构建社会责任教育总目标明确了方向。"立德",需要通过社会责任教育来实现,"树人",培养的是合格"社会人",是未来社会主义事业的建设者和接班人。

因此,高校学生社会责任教育的总体目标,将理想信念、价值理念、道德观念熔铸于社会责任教育中,通过促进学生的社会化过程,实现引领价值、塑造品格和规范行为的总体目标。

高等教育提供的社会化内容,包括政治社会化、道德社会化、行为社会化等。实现政治社会化是核心,促进道德社会化是主要内容,实现行为社会化是途径。随着时代的不断发展变迁,社会责任也被赋予更多的内涵。

2. 具体目标

其一,社会责任教育是以实现个体政治社会化为根本指导思想。在思想政治教育中,以实现政治社会化为目标的政治教育是核心内容。王沪宁指出:政治社会化是"一个政治共同体内部传播政治文化的过程。"[①]对于高校学生而言,政治社会化是其通过高校提供的教育和其他途径,获得政治知识、产生政治情感、形成政治态度、生成政治信仰的过程。对于国家政治体系而言,政治社会化是政治文化在社会成员中纵向传递的过程,是运用一定的手段和方法,用一定的政治文化塑造其成员政治心理和政治意识的过程。政治社会化是促进价值认同生成的重要载体,价值认同的具体形式包括思想认同、文化认同、政治认同等,社会成员认同某种政治制度和政治秩序,是其承担相应政治责任的基础,并且能够促进社会整合和社会团结的形成。因此,思想政治教育通过一定的教育手段和方式,在高校学生政治社会化的过程中,通过政治责任教育实现高校学生的政治认同。

其二,社会责任教育以促进道德社会化为重要使命。道德社会化是指社会成员在社会互动中学习社会道德规范、内化道德价值、并培养道德情操的过程。在道德社会化过程中,个人融入社会、自我得以确立、并形成和完善个人道德品质,促进一个人从自然人向社会人的转变。对于整体社会而言,道德社会化需要社会成员共同支持、维护这个社会基本道德伦理。波普诺指出,每个社会都会通过塑造社会成员的道德行为来达到维护社会道德伦理的目的。道德社会化的内容具体包括三个方面:即认同道德规范、明晰道德关系、形成道德人格。道德社会化,为了道德传统得以积累、延续,社会道德秩序得以维持和发展。通过道德社会化的过程塑造出这个社会所需要的社会成员的道德规范,这些道德规范,包括社会公

---

① 王沪宁,比较政治分析[M].

德、职业道德、家庭美德、个人品德，并使社会成员在这个过程中实现道德认同，这是价值认同形成的主要内容之一。

其三，社会责任教育以实现行为社会化作为主要途径。行为社会化是个人按照约定俗成的社会行为规范形塑自身行为的过程。社会行为规范是社会向全体社会成员提出的行为准则，要求人们遵从执行，法律、纪律、道德、风俗等，都是社会行为规范的具体内容。班杜拉指出：个体的知识和行为模式，都是来自社会观察和社会学习，并加诸实践的结果。[①] 对高校学生来说，认知和理解社会行为规范，并逐步接受、认同、并内化和固化于自身的社会行为，是个体将社会文化模式转化为个体行为模式的形塑过程。通过行为社会化，一方面促进了高校学生对社会规范的认同，另一方面，内化于心外化于形的社会行为也体现了个人实现了价值认同，这是一个社会有序运行的行动保障。

从高等学校思想政治教育社会化的要求出发，以政治社会化为核心，从道德社会化入手，以行为社会化为实践基础，促进思想政治教育价值认同的具体内容，即：社会生活中的政治认同、道德认同以及行为认同，进而形成对社会责任的具体内容要求。

（三）新媒体环境下高校学生社会责任教育内容建构的特性诉求

马克思主义责任观认为，人具有社会责任，是人脑对物质世界的主观反映。高校学生社会责任教育是物质世界长期发展变迁的产物，社会责任教育在不断发展变化的同时，于文化变迁中继承了道德传统，通过在长期的社会实践中不断创新发展，以适应时代的需要。因此，在建构高校学生社会责任教育内容时，应突出历史性、实践性的特性诉求。

1. 历史性特征

高校学生的社会责任教育在不同时代被赋予不同的内容。"五四"时期投身"五四"运动的高校学生响应了时代的要求，是置于当时的社会背景所做出的价值选择。面对"巴黎和会"的外交失败，高校学生社会责任激发了爱国热忱，促使高校学生走上街头发起学生行动。在民主革命时期，面临国家民族危亡，人民群众处于水深火热之中，当时的高校学生或积极投身革命，或努力学习专业技术知识"科技救国"，在拯救民族危亡的实践中履行社会责任，在解放战争时期，高校学生为争取人民的解放贡献着自己的力量。在随着社会变迁和环境的不断发展，社会责任教育的内涵也在不断发展变化。"中国梦"被时代赋予了不同的内涵，高校学生被赋予了不同的责任。随着科技飞速发展，高校学生社会责任教育的内容也得到进一步的充实。现阶段高校学生履行社会责任还需要发挥其创新意识，在实践中锻炼创新精神，用实际行动为实现"中国梦"履行责任、做出贡献。

2. 实践性特征

社会生活在本质上是实践的。社会责任教育在内容建构上具有一定的主观性，是在分

---

① 班杜拉著，社会学习理论[M].

析并深入探究社会发展变迁对教育提出的新要求的基础上提出并生成的。历史经验说明，基于生活实践的社会责任教育是道德养成的重要途径。高校学生的责任意识需要在实践中彰显人格的魅力。另一方面，基于实践的社会责任教育，仅仅实现责任认知和责任情感的生成，即使推动责任行动，由于教育对象缺乏正确的行动指引，盲目履行社会责任，往往也会适得其反。因此，必须将责任行动能力纳入社会责任教育内容，引导学生在责任实践中，提高相应的责任技能，促进高校学生责任实践能力全面发展。

三、新媒体环境下高校学生社会责任教育内容体系

新媒体环境下高校学生社会责任教育内容体系的构建，第一应考虑社会发展的现实需要，立足于生存环境的变迁，在高校学生"媒介化生存"的现实图景下，新媒体网络道德教育就成为社会责任教育的重要组成，同时，人是社会关系的总和，教育内容主要应立足于现实社会场景。第二，构建社会责任教育内容体系，需要把握社会责任教育的基本维度，从一般责任到特殊责任、从消极责任到积极责任、从个体责任到对他人的责任都应涵盖其中。第三，需要从建构依据把握，从高等教育肩负的使命出发，兼顾其他建构视角。第四，围绕着高校学生社会责任教育的总体目标和具体目标，还应突出新媒体环境下社会责任教育内容的特性诉求，进而构建高校学生社会责任教育的具体内容。

具体而言，新媒体环境下高校学生社会责任教育内容体系，要厘清社会责任教育的结构关系，展现社会责任教育内容的要素系统、层次结构和整体架构。

(一)高校学生社会责任教育内容的核心要素

通过上一节的讨论可知，高校学生社会责任教育内容由三个核心要素构成，即政治责任、社会责任、责任行动能力。政治责任是核心，社会责任是主要使命，而责任行动能力是实践途径。

1.政治责任教育

使高校学生正确认识社会发展规律，认识国家的前途命运，认识自己的社会责任，确立在中国共产党领导下走中国特色社会主义道路、实现中华民族伟大复兴的共同理想和坚定信念。可见，高校学生的社会责任的核心和灵魂是政治责任。政治责任，是个人应履行的各种政治义务和政治担当。政治义务具有外在规定性，即必须履行承担的政治责任，而政治担当体现了责任的内在规定性，是在自由意志的支配下，主动承担政治责任。

青年没有理想信念，精神上就会缺钙，新时代高校学生的政治责任，是以远大理想和人生信念为依托的精神之钙。大力培育高校学生的政治责任，才能抓住高校意识形态建设的核心。政治责任源自坚定的共产主义理想信念。在远大理想的鼓舞下，主动、积极传播社会主义核心价值观，并以实际行动践行政治责任。

2.社会责任教育

从教育客体即高校学生的角度看，社会责任应分为对自我的责任和对他者的责任，他者

即是我们常识上理解的"社会",包括"他人""集体""国家"和"全人类"。马克思主义人学深刻地揭示了人与社会的依存关系。在现实生活中,个体和社会的融合程度使二者产生密切联系,个体丧失对自我的责任,对社会而言同样是责任危机。因此,社会责任中的"社会"是指向"自己、家庭、公众、集体、国家和全人类"的统一整体。社会责任教育以促进道德社会化为重要使命。道德总体包括社会公德、职业道德、家庭美德、个人品德。道德责任的具体内容,随着时代的发展而发展,各种道德责任按一定的关系存在,形成有机联系的统一体。从道德主体出发,主体不同,道德责任有所差异,关于高校学生社会责任教育内容的具体要素,学界基本达成共识,即社会责任教育包括四方面,即个人和家庭责任、公众和集体责任、国家和民族责任以及人类与生态责任。针对高校学生的生活情境,构建具体要素,从内容和逻辑上辩证统一、相互促进,共同构成了高校学生社会责任教育的内容体系。

第一,个人与家庭责任教育。思想政治教育工作者普遍认为,广义的高校学生社会责任包括对个体责任和家庭责任。

个人责任指的是个体能够为自己负责,是对于自身价值的一种肯定。段志光提出,高校学生对个体负责同样也是对社会负责的表现,社会责任包括个人责任的综合表现。个体责任与社会责任彼此促进,相辅相成。[①] 从认同的视角审视责任,个体的自我认同与社会认同相互关照,个体通过与社会的互动,形成自我认同,也形成对社会的认同。因此,个体责任的生成与社会责任具有必然的联系。个人责任是在自我认同形成的基础之上,形成对自身负责,只有形成对自身负责,才能进而对他人负责,才能够承担起更广阔意义上的对社会负责对国家负责的历史使命。高校学生的个人责任是在成长的过程中对于自我思想、言论和行为所产生的结果有清醒认识,并自觉负责的主观意识。高校学生承担个人责任,首先要热爱生命、珍惜生命,保持身心健康,确保身体与心理的和谐统一。

高校学生的个人责任首先是保证自己的身心健康责任,身心健康包括生理层面和社会层面,生理层面是指个人的自然属性,社会层面是指个人责任的社会属性。从社会层面看,高校学生对个人责任的认知,必须从社会对个人的要求出发,理性、客观地认识自己,理解个人价值和相应的责任。从生理层面看,高校学生对维持自身的身心健康具有责任,身心健康是一个生命体的必要条件,健康的体魄、心理以及健全的人格是为社会服务、为社会创造价值的基础。在社会责任教育中,首先要教育高校学生珍爱生命,保持身心健康,其次要提高内在修养,充实自我。高校学生对自我负责,是其承担家庭责任、社会责任的前提和基础。大学是人生的一个阶段,人生的路还很漫长,既有各种机遇也需要应对各类挑战,只有树立正确的生命观、价值观,对个人发展负责,树立远大理想,规划人生方案,用积极的心态正视自己和社会现实,实现自我认知、自我评价、自我调控的内在一致。其次,高校学生的个人责

---

① 段志光,高校学生社会责任感研究中的理论问题探讨[J].

任,还意味着学习责任,即通过努力学习掌握专业知识和文化内涵。学会生存是教育的首要任务,也是学生学习的首要任务。高校阶段是一个人学习专业知识和技能、未来用于社会建设的关键时期,也是个人实现知识技能社会化的重要阶段,是个体获得参与社会生活并实现经济能力的过程,学校教育是知识技能社会化的重要场域。对于高校学生而言,大学阶段是其迈向社会、迈向职场的最后一个完整的学习阶段,知识技能社会化是一个高校学生完成社会化的最主要内容和任务。虽然高等教育越来越具有通识教育的特征,终身学习也成为现代生活必不可少的知识技能社会化模式,但是大学阶段既然是目前教育体系能够提供的最主要的知识技能社会化环境。此外,高校学生应在自我、家庭、学校、社会多维环境下,将社会要求纳入学习过程,从而使得高校学生的学习过程和社会化过程相互影响、相互促进,通过积极融入社会培养实践能从个体与社会的关系出发,高校学生的责任还包括对家庭的责任。家庭责任是指个体所具有的在家庭生活中积极履行分内职责和道德义务。家庭是社会的基本单位,在家庭的氛围中,每个人承担着不同的家庭角色,体验亲情,维系情感,并成为社会组织的一个基本单元。高校学生作为成年人,应当具有承担家庭责任的意识,关爱家人、感恩父母、体贴照顾亲人,为父母分忧解难。高校学生应该继承优良文化传统,培养文明的家庭美德,这也是将中国传统文化融入社会责任教育的范畴。

第二,公众与集体责任教育。社会是个人生存和发展的基础。社会责任教育的立足点是社会。在实际生活中,对于个人而言,社会是一个抽象概念,个人通过与公众和集体紧密联系,相互需要、相互作用,形成对社会的体验,高校学生对社会的另一个而重要的体验场域,则是来自网络新媒体。因此,个人不能仅仅着眼于自身的生存与发展,还要承担起对公众和集体的责任。这是高校学生社会责任教育不可或缺的内容之一。对于高校学生而言,公众与集体责任包括公共道德责任、网络新媒体公德责任、未来从事职业的伦理责任、和对目前所在学校的集体责任。

遵守公共道德的责任,是每一个公民应有的道德水准。公共道德也称公德或社会公德。公德是公共生活规则。公共生活是最普遍、最基本的社会生活,具有广泛性、开放性、复杂性、多样性的特点。公共生活是社会运行的基础,公共道德在公共生活中的重要性越发凸显。推进社会公德建设是深入实施公民道德建设工程的要求。恪守公共道德是高校学生责任教育的重要内容。社会公德的前提是对他人的尊重。履行公众与集体责任,首先,要教育高校学生理解公共道德规范,明确社会公德规范的基本内涵和要求。其次,要教育养成履行社会公德的行为习惯。只有在日常生活中、在点点滴滴的日常小事中践行社会公德,才能提高践行公共道德的能力。网络媒介公德责任,在新媒体环境下,围绕高校学生新媒体生存,还需要促进高校学生的积极履行网络媒体公德责任。在现实世界和虚拟世界的社会交往中,从教育者的确定性、教育者的自主性的维度进行划分,社会化实际上可以分为真实社会化和虚拟社会化两大基本类型。风笑天指出,虚拟社会化是指由电子媒介所进行的社会化过程。传统的真实社会化情境侧重于讨论家庭、朋辈、学校、大众传媒的影响,而电子化媒介特别是新媒体环境下,教育者的真实性和确定性减弱,而虚拟性和不确定性逐渐增强;教育对象的被动性递减,自主性递增。社会责任教育是促进高校学生实现社会化的重要途径,虚拟社会化具有参与要素虚拟化、双向互动社会化、行为社会化与角色社会化脱节以及社会化内容自主性强的特征。前文中曾讨论虚拟认同的概念,虚拟认同简单地说就是认同虚拟生活的方式。从具体形式看,需要确认虚拟世界的主体价值观,而且这个价值观应当与现实世界有所勾连。虚拟社会化过程中,如果存在与现实社会的断裂,有可能形成文化冲突、更深意义的代沟以及内在的疏离感和孤独感,从而导致虚拟认同危机。

由于在新媒体生存境遇中现实世界公共道德外在约束力松弛,高校学生自由意识高涨,感受到没有束缚的虚拟世界的自由,从而沉迷网络,对现实生活失去兴趣,缺乏实践中的处理能力,这都是由于沉浸在虚拟世界中未完成虚拟社会化进而没能实现虚拟认同的表现。因此,社会责任教育应将网络媒介公德责任视为新兴拓展领域,网络媒介公德教育首先要求高校学生在网络新媒体环境下具有责任意识和自律性:恪守公共道德,尊重他人关爱他人,自觉维护网络文明规范,尊重他人隐私。同时,还要加强对网络违法行为的宣传教育,通过增加责任的他律性,促进高校学生认知、理解、实践网络媒介公德责任。

职业责任是个人与社会相连接的重要纽带。高校学生进入社会之后,通过职业工作体现个人价值,也实现个人价值,职业要求相应的责任担当。职业责任是对于自己所从事职业的认真负责态度以及完成分内职责的要求,既有义务的成分,也有道德的要求。职业责任的内涵包括:第一,爱岗敬业,通过自己的职业兢兢业业服务公众。第二,刻苦钻研、精益求精。第三,讲究职业操守和职业伦理规范,教师以立德树人贯穿教学过程,医生以救死扶伤为己任,消防队员是危机现场伟大的逆行者。这些都是不同职业赋予的不同职业伦理规范,也是职业责任的重要组成部分。新时代的高校学生未来将在各行各业为国家建设服务,为实现中国梦贡献自己的力量。因此,高校学生的职业责任教育将直接关系到他们将来对社会的贡献,也关系到其人生价值的实现。高校学生在学习专业技能知识的同时,还需要学习职业伦理、职业责任,职业责任教育也是高校学生社会责任教育的一个重要组成部分。

集体责任是指高校学生在所属集体生活中承担责任。集体责任包括:正确对待个人利益与集体利益间的关系,热爱学校、关爱同学、尊敬师长、遵守学校规章制度,为集体发展贡献自己力量的责任。集体责任对于高校学生而言更加具体,大学是高校学生最主要的生活学习环境,也是高校学生人际交往的主要场域。对于高校学生而言,集体责任就是对学校的责任,对所在院系、所在班级的责任,这是学习承担公众与集体责任的现实路径。集体是个人与社会接触的重要纽带,通过集体生活,个人与他人发生连接,彼此需要、彼此作用、彼此塑造。承担集体责任,首先要正确对待个人和集体的关系,承担集体责任首先来自集体归属感,这种归属感也是个人价值感的源泉,以集体为荣,以集体利益为重,是高校学生承担集体责任的前提。其次,承担集体责任还要求不能违反集体规则,完成集体要求的基本任务,从消极责任和积极责任的划分来看,遵守集体规则完成集体给予的分内工作仅仅是承担了消极性制度责任。而对于积极责任履行而言,集体责任指个体积极参与组织活动,为组织与集体主动奉献和付出。最后,在集体责任意味着服务集体、服务他人的责任,服务集体服务他人包括以下两个方面的内涵:一方面具有自愿服务主动服务的意蕴,包含愿意为他人义务付出的奉献精神。另一方面需要互助合作意识,承担集体责任需要分工协作,这就需要高校学生具备合作、互助的意识,承担集体责任。

第三,国家与民族责任教育。命运共同体是基于血缘、亲缘、地缘和文化传统所形成的人类集合体。在共同体内,人们具有共同价值观和文化传承,体现着成员的共同情感、共同信仰和集体意识,异质性的个体通过共同体意识,凝聚结合在一起。在人类共同体实践中,国家和民族是最重要的两个维度,是实现中华民族伟大复兴的中国梦,而中国梦的本质是国家富强、民族振兴、人民幸福。中国梦凝聚了中国人民的共识,将国家、民族和个人作为一个命运共同体,体现了中华民族的价值体认和价值追求。共同体意识让全体中国人命运相同、守望相助。新时代高校学生国家与民族责任,包括爱国主义责任、维护中华民族共同体责任、和传承文明的责任。

爱国主义责任是对国家的情感以及愿意服务国家、自觉维护国家利益,甘愿为国家利益而奉献的责任。黑格尔(Georg Wilhelm Friedrich Hegel)认为:"国家体现了更高的善,个人的自由只有通过国家才可能实现,国家成为自由的真正体现者"[①]责任从内在规定性考察,是自由意志的体现。爱国主义的认同基础,是以国家政治认同为核心、以民族文化认同为表现。我国政治体制是中国共产党领导下的社会主义国家,经过一个世纪的奋斗,中国共产党带领中国人民实现了国家富强、民族昌盛。对党的政治认同,对中华民族的文化认同,凝练成当代爱国主义责任。

维护民族团结的责任,是全体同胞基于对祖国、对人民、对家园的认同而生成的同呼吸共命运的责任。共同体意识最大程度地激发了全体国民民族意识、民族情感和民族认同。高校学生的中华民族共同体责任,是维护国家安定的责任、是维护领土安全和完整的责任、是维护民族团结的责任、是维护祖国统一的责任。这就需要新时代高校学生将维护和发展中华民族共同体的稳定、统一、发展作为义不容辞的责任。

传承文明的责任。文明,既包括灿烂的文明传统,也包括具有现代精神的时代文明。"没有文明的继承和发展,没有文化的弘扬和繁荣,就没有中国梦的实现。"[②]中华民族有五千年灿烂辉煌的文明,是人类社会重要的财富,成为激励中华民族奋勇向前、积极开拓的重要精神支柱。文明也是社会主义核心价值观的重要内容,在社会主义核心价值观中,"文明"体

---

① 转引自:王继全,黄兆林,论当代高校学生的社会责任意识教育[J].
② 习近平,在联合国教科文组织总部的演讲[N].

现为社会主义精神文明,是中国特色社会主义文化建设的奋斗目标与价值取向,是社会主义核心价值观的重要内容。继承优秀的传统文化,维护文化尊严,弘扬新时代有中国特色的现代文化,是当代高校学生的传承文明的责任。

国家的稳定发展,民族团结兴旺与高校学生个人价值的实现休戚相关。承担国家与民族责任,反映了高校学生正确处理与国家和民族的关系。作为社会群体中的一员,高校学生的爱国主义责任、维护民族团结的责任、和传承文明的责任具有高度崇高的历史使命。

第四,人类命运共同体责任教育。从历史、现实和未来的视角全面系统地阐释"人类命运共同体"的时代理念。构建人类命运共同体,是以共生为逻辑前提,以共享为动力目标,对人类命运共同体的责任成为高校学生责任教育不可或缺的重要内容。

人类命运共同体责任,是对全人类的社会责任,是珍爱世界和平、维护公平正义的责任。人类是一个共同的整体,你中有我,我中有你,维护人类的和平与发展是人类自身的共同责任,责无旁贷。人类命运相连、未来相依、安危与共的相互依赖,对共生关系的确认和对共享目标的追求是人类共同价值,随着改革开放不断深化,"一带一路"战略不断拓展延伸,越来越多的高校学生或走出国门交流、学习,或在"一带一路"沿线国家就业、发展,新时代高校学生必须具备人类命运共同体意识,才能更好地参与国际交流与合作,在融入全球化的过程中,促进并引领以合作共赢为核心的新型国际关系。人类命运共同体责任要求新时代高校学生树立互惠互利、共享共赢的全球化和国际化新观念,积极从人类长远发展的角度考虑问题,珍爱和平、自觉维护世界公平正义,在国际交往中自觉维护人类整体的可持续发展,这是新时代高校学生应当具有的国际视野和社会责任。

人类命运共同体责任,还包括保护生态、珍惜资源的责任,即要求新时代高校学生承担推进生态社会化的责任。生态社会化,就是将自然生态系统和人类社会系统相结合,协调控制二者平衡发展的过程。人靠自然界生活,在人类社会的发展历程先后经历了原始文明、农业文明、工业文明。在后工业文明,过度开发带来的环境破坏也带来了人类生存外在系统的生态危机。人类对自然界的征服和对物质利益的追逐,使人类从对自然界的依赖转变为对自然界的主宰。关爱自然、保护环境是人类不可推卸的应尽之责。高校学生要树立以建设社会主义生态文明己任,承担自觉维护生态环境、保护自然资源的责任,促进生态文明的社会传播和个人生态文明观的形成。生态文明教育作为人类命运共同体教育的一部分,是新时代对社会责任教育提出的新要求。

3.责任行动能力教育

大学阶段的社会责任教育主要有两项任务:一是在理论上帮助高校学生树立明确的社会责任思想;二是培养高校学生的责任践行能力,即高校学生面对各种责任问题时,能分清是非,产生合理的责任情感,做出正确的责任判断并能够付诸实际行为的能力。责任行动能力,具有双重意蕴,一是主观上愿意践行社会责任并付诸行动,二是具有一定的素养和技能能够承担和履行社会责任。

出于社会责任意识主动、积极履行社会责任,还需要正确的责任行动指南。马克思,韦伯的信念伦理和责任伦理理论,为构建责任行动能力教育提供了理论基础。韦伯指出,指导行为的准则如果是"信念伦理",意味着行为者只考虑履行社会责任的动机,至于履行责任给社会带来的后果则全然不顾;而"责任伦理"意味着履行社会责任时必须考虑并预测行为的可能后果并为此负责。人在履行社会责任时,一方面是基于责任认识、责任情感所催生的责任行动,另一方面必须正视自己责任行为的后果,力求抱着理性的态度、以正确的方法和方式履行社会责任。

从信念伦理出发,社会责任教育倡导高校学生以实际行动践行社会责任,在追求个人合法权益的同时关爱他人、回报社会。近年来,各种社会失范如"老人跌倒无人扶""被汽车撞伤者无人救助被再次碾压"等现象的发生。在新媒体环境下传播扩散,引起人们对道德滑坡的反思,同时也打击人们对道德生活的信心,人们疏离自己的社会责任,是由于原子化个人主义以及人际交往中的自我中心主义,以实践导向的社会责任教育就是通过树立积极行动的信念伦理,摒弃极端自私、缺乏对他者基本同情与关怀的行动方式。另一方面,突出社会责任教育的实践导向,将责任能力建设纳入教育内容,如何行之有效地践行社会责任,是提高教育实效性的关键。

通过分析社会责任教育内容核心要素可以发现:随着科技发展、思想意识的转变,个体越来越认识到人的社会属性这一本质,从而明确理解个体对社会所应承担的责任。社会责任也是一个不断发展的范畴,个体参与社会生活,促使社会联系深化扩大。同时,社会生产力的发展也推动个体提高责任认知和实践能力。社会责任成为个人对国家和民族、对全人类以及整个社会的发展进步自觉承担的使命。

(二)高校学生社会责任教育内容核心要素的内在联系

社会责任教育内容体系有着复杂的内部结构,这种结构的复杂性源自社会责任本身的复杂性。社会责任教育内容体系的结构,是各构成要素之间遵循某种关系、相互依存、相互联系、相互制约,组成稳定的内容体系。核心要素的内在联系是联系个人与他人之间、个人与社会之间的责任序列。社会责任教育核心要素的内在联系,受到社会的责任结构的影响和制约,前者是对社会责任自身构成要素的考察,后者是社会的责任结构的实然状态,以社会为载体,对责任的社会存在状况和责任水平状况做系统分析,通过两者整合使社会责任教育呈现出复杂多维的图景。

1. 铸牢核心:政治责任教育

社会责任教育的核心是政治责任教育,就是使高校学生明确自身所担负的历史使命,坚持理想信念,主动承担起对国家、集体以及他人的社会责任。明晰政治责任,是一个共同体形成的重要价值基础。政治责任教育需要引发高校学生的时代认同感和强烈的使命感。因此,作为社会责任教育中的政治责任教育,应突出当代中国发展成就和未来奋斗目标,促进高校学生树立远大的人生理想,不忘初心、牢记使命,这是当代高校学生的政治责任。

2.夯实基础:个人与家庭责任教育

社会责任教育促进高校学生提升自我价值,将自我价值与社会需要紧密联系,实现个人的全面发展。

社会责任教育是促进高校学生全面发展的基础。新媒体本身就是创新的产物,使人类社会进入到一个前所未有的新环境中。对一事物性质或状态的改变、超越、发展则是创新性,无论对于人的生存环境还是对于媒介传播环境而言,新媒体都是一种质的飞跃。同时,新媒体环境给予社会责任教育,乃至整个思想政治教育带来了教育理念的创新、教育方式的创新、和教育结构的创新。强烈的创新能力,需要对社会需求的深刻洞悉,并通过丰富的知识和才能来实现;人生追求则是将个人自身利益与社会利益紧密结合,在为社会发展做出自己的努力和贡献,从而实现个人价值,因此社会责任教育也是高校学生实现自我价值的要求。

家庭是个人成长最微观的环境,家庭具有特殊意义。随着我国改革开放的不断深化与发展,国民物质经济条件不断改善,随着年龄的增长,即将步入社会的高校学生应明确家庭责任。中国传统文化关注家庭道德建设,家庭伦理责任是其中重要的组成。家庭责任的内涵,不仅包括作为子女对父母的责任,也包括已经步入成年的高校学生,对生活伴侣的责任,对未来孩子的责任。家庭是一个人成长的重要环境,家庭责任也是社会责任的重要基石。

3.强化基石:公众与集体责任教育

大学在一个人的生命历程中,是整个学生时代的最后时期,也是为社会培养合格成员的关键时期,一名合格的高校学生,需要健康的体魄、完整的人格心理,以及知识文化和专业技能,更要具有适应社会需要和时代发展的道德品质,其中包括对社会的责任心和使命感。社会现实强烈呼唤公共道德责任教育,随着我国市场经济持续发展,经济体制改革不断深化,市场经济利益至上的特征,社会成员权利意识高涨的同时,社会责任意识却相应下降。价值多元化导致道德多元化乃至道德滑坡现象严重。加强社会责任教育,使高校学生理解,个人的行为受个体支配的同时也受到社会规制的约束。将权利与责任相结合,加强社会责任教育,积极履行社会责任,构建一个责任社会,有利于我国政治、经济、文化的持续进步与发展。

社会责任作为公共道德修养,是其他品格修养的基础。体现了个体与他人、与公众、与社会的联系。公众与集体责任,是高校学生社会责任内容体系的基石,强化对他人、对公众、对集体的责任,方能建构对社群、对民族、对国家的责任感。公众与集体责任教育在整个社会责任教育体系中,具有基础性地位。公众与集体责任教育也是促进高校学生成功融入社会的客观需要。履行责任是做人基本前提,高校学生在校期间融入群体、为集体负责,培养这种责任意识,是未来进入社会后实现社会交往的重要保证。社会责任缺失或淡薄,不利于个人的社会交往活动,进而无法在社会上生存,更遑论对社会发展的贡献。

职业道德与社会责任有着密切关系。17 岁的马克思在《青年在选择职业时的考虑》一文曾经指出:"在选择职业时,我们应该遵循的主要指针是人类的幸福和我们自身的完美。不应认为这两种利益是敌对的,互相冲突的。"①马克思的论述揭示了职业是连接个人价值和社会价值的重要纽带。职业道德是高校学生社会责任教育重要组成,社会责任常常通过兢兢业业的本职工作服务社会、回报社会,对社会形成一股凝聚力。中国传统文化提出的执业操守,现代社会强调的从业规范,中国特色社会主义事业落到日常实践中,就是每一个个体所从事的职业或事业,对于自己所从事的职业或事业的高度责任感,就是爱岗敬业的体现,就是在追求共同理想的过程中形成的社会责任。

随着信息技术的不断发展,新媒体环境造就了高校学生媒介化生存的现实图景,在整个虚拟社会中,传统社会规则和思想意识,在新媒体环境下的约束力松弛,社会责任在新媒体环境中表现出的作用更加弱化。虚拟环境下的侵权行为时有发生,蚕房效应使得高校学生为"小确幸"欣喜,沉醉于新媒体的娱乐情境中,忽视了新媒体环境的社会责任。高校学生需要建立网络新媒体公德,负责地在新媒体空间开展各种虚拟活动。

对高校学生开展公众与集体责任教育有利于增强社会凝聚力,推动道德建设的步伐。进而推动整个社会文明发展。

4. 升华精神:国家与民族责任教育

民族与国家,是构建共同体意识的重要因素。从认同的视角,民族常常以文化为依据,而国家以政治认同为核心架构。新媒体环境下,随着全球化狂飙突进,一方面是前文中卡斯特所说抗拒性认同的形成,使社群内部更加深刻地理解、甄别、接收本社群文化的独特性,作为文化的集合表征,民族意识不断加强。现代国家文化合法性的基础,以社会成员确认共同价值观为实现路径。民族意识、国家认同形成的过程,是对社群集体认知的升华。在中华民族伟大复兴的进程中,高校学生社会责任意识,还包括对国家承担的使命。"中国梦"蕴含着国家、民族、个体三者同构的深刻思想内涵,实现国家富强的目标,与民族兴盛、个人发展紧密结合,成为高校学生树立社会责任意识、践行社会责任的思想渊源和动力机制。

5. 扩展外延:人类命运共同体责任教育

我国传统文化思想一直具有"胸怀天下"的责任教育理念。在当代中华民族伟大复兴的进程中,中国人走出国门,探索世界的足迹不断扩大,人与人的交往已经突破国界。进入世界场域,人类成为人类命运共同体。"人类命运共同体"的核心要义,是在世界范围内,以人类命运相连为背景,在全球化时代,面临已知和未知的风险与危机。从人类共同利益出发,谋求同舟共济、安危与共、利益共享,政治彼此信任、经济互利共赢、文化相互包容,安全事务

---

① 马克思恩格斯全集(第 40 卷)[M].

通力合作。人类命运共同体的理念是从伦理的角度,超越了国家的局限,谋求全人类构建新型全球关系。这种关系以人类共同命运为出发点,包括国与国之间的行为准则,蕴涵着人与人、人与社会和人与自然之间关系的价值观念。这是全球化背景下构建新型国际关系、构建人与自然和谐相处的理论基点。人类命运共同体责任,要求高校学生从国际视野看待个人与社会、与国家乃至与世界的联系,这是在中华民族伟大复兴进程中的世界责任。

6.突出实践:责任行动能力教育

"责任"着重强调学生服务国家、服务社会、服务人民的社会责任。高校学生责任行动能力建设是提升社会责任教育有效性的重要保障,作为社会责任理论教育,常常面临知易行难的困境。责任行动能力建设,突出高校学生的主观能动性,以实践教育促进责任意识发展,以责任教育促进责任实践的深化。只有在实践中,高校学生才能更好地认识社会、理解社会,才能更深入地践行社会责任。

高校学生社会责任能力大体可分为五方面:积极进取的精神风貌、诚信为人的道德素养、关注公益的热忱知心、尊重他人的交往原则和对道德行为的清晰辨识。服务他人、服务社会是履行社会责任的表现,更是对责任能力的具体需求。

因此,责任行动能力教育,是指培养高校学生主动承担责任的担当意识、和对现实社会事务的参与能力。这是高校学生关心社会、融入社会的标志,责任行动能力教育是高校学生社会责任教育的重要内涵之一。社会事务往往具有社会性、广泛性等的特点,例如公共服务、突发社会事件等,都属于社会事务。作为具有社会责任的高校学生,面对公共服务以及突发社会事件时应积极配合社会、政府挺身而出,积极参与并正确履行社会责任。

面对新媒体环境下公共事务,高校学生应主动、理性、正确地履行社会责任,必须具有以下几个责任能力要素:第一,辨识能力。正确分析和发现客观世界的本质,是个人综合素养的主要组成,也是高校学生社会责任行动能力的重要前提。在公共事件发生时要具有明辨是非的能力和意识。对于新媒体传播的各种信息,应保持清醒头脑,发现和甄别信息的可靠性,不人云亦云,不扰乱视听,这是高校学生应具备的新媒体素养,也体现了高校学生理性的责任能力。第二,积极参与到公共事件管理中。在理性认知的前提下,需要迅速做出判断并采取理性行动。高校学生以力所能及的实际行动在大众面前做出表率,是其履行社会责任的重要表现。第三,既要具有担当精神,又要采用可行的责任行动方法和步骤。参与公共事件控制时,面临各种挑战和危机,高校学生应具有勇于担当的精神,但也要在实践中不断提高责任行动能力,不做无谓的牺牲。

(三)高校学生社会责任教育内容核心要素的圈层分布

思想政治教育工作视野下社会责任教育的核心要素呈圈层式分布,以政治责任教育为核心,社会责任教育围绕政治责任教育,以个体与家庭责任教育、公众与集体责任教育、国家与民族责任教育、人类命运共同体责任教育为主要内容,责任行动能力为整个圈层的外环,使整个社会责任教育体系与外部环境融为一体。

1. 内环核心

高校学生作为社会主义建设者和接班人,肩负中华民族伟大复兴的历史使命,必须具有高度的政治责任感。以政治责任教育为核心的社会责任教育,完善高校学生政治素养,对我国社会主义政治、经济、文化建设与发展,具有重要意义。高校学生的政治责任教育作为社会责任教育体系的核心和灵魂,其确立、建构和提升,将有益于高校学生自我人格完善,有助于政治文明与社会发展。

从历史维度看,以政治社会化为目标的政治责任教育,在不同的历史时代体现不同的时代主题。中国共产党是用共产主义理想信念凝聚起来的马克思主义政党,中国共产党人始终教育和引导青年学生肩负起时代赋予的使命责任,明确奋斗前行的政治目标,并以此作为承担社会责任的核心。通过加强理想信念教育一直是中国共产党政治责任教育永恒的主题。

从实践维度看,政治责任教育把人类长远理想与高校学生眼前的现实的理想结合起来,引导高校学生在实现个人理想的过程中追求共产主义远大理想;政治责任教育把中国共产党的理想信念和民族理想相结合,构筑"中国梦"理论思想,释放强大的号召力和感染力;政治责任教育力求把理想教育与社会实践结合,注重培训健全人格,夯实个体的道德基础,鼓励高校学生为实现共产主义远大理想而奋斗。

2. 支撑圈层:有机一体的社会责任教育体系

社会责任在整个社会责任教育内容体系中,起到支撑整体框架的作用,政治责任只有落实到各个社会责任中,才能转化为实践。只有明晰社会责任的具体内容和基本面向,才能践行相应的责任。因此,作为支撑圈层,社会责任教育是一个有机一体组成。

从中国传统文化出发,责任总是由此及彼、由己及人,中国文化差序格局的人格特征,使个人与家庭责任成为责任教育的起点。自由与责任之间的连接纽带,正是对个体以外、对他人的认知。在认同的建构过程中,个人总是先通过与自己联系最为紧密的家庭展开与社会的联系。对个人的责任,对自己负责是每一个高校学生社会化过程中自我认同的一部分。对家庭的责任,不仅是个人责任的延伸,家庭是社会最小的细胞,对家庭的责任就是对社会负责的开始。因此,在社会责任教育支撑圈层中,个人与家庭的责任教育是整个社会责任教育体系的起点。

人的社会属性和社会认同的形成过程,使人不再是独立的生物个体,而是社会关系的体现,公众与集体责任体现人超出个人与家庭的视野,与这个社会产生多重联结。涂尔干认为,个人通过机械团结或者有机团结构成社会这个共同体,机械团结主要是在同质化的"熟人"社会中。基于血缘、地缘等因素构建的群体认同,有机团结则是在现代社会分工发达后的"陌生人"社会,人与人之间我中有你、你中有我,谁也离不开谁,每一个人成为社会系统中不可替代的重要组成。此时人的责任不再局限于小的社群归属,而是更广阔的社会责任,公共道德责任,网络新媒体道德责任、职业责任、集体责任,不仅仅是人际交往的规范和原则,更是高校学生获得社会资格所应履行的责任。

对国家民族的责任,同样源自人的社会属性,被看作是最高层级的社群认同。社群认同,也为看做是共同体意识,现代国家和民族的构建基石已不仅是基于血缘和人种,而是作为文化、规范、价值观念的集合,构成人们生存和发展最重要的共同体。人们总是生活在具有一定文化传承、共同价值观念、遵循共同规范的社会环境之中,这个社会环境最高的社群属性就是国家与民族。钱穆先生提出中国文化具有"大我优先"[①]的特点,将国家与民族利益看做"大我",超越个体"小我"的存在,正是基于中国传统文化对国家、民族的理解。中华民族文明史证实,国家和民族的独立富强,是个人生存和发展的坚实基础,个人的生存和发展也推动着国家和民族的发展进步。个人与国家、民族之间的关系是血脉感情的归属、文化价值观的认同,还是对国家和民族的责任。

人类命运共同体责任,是由于不同国家不同民族的活动交往范围进一步扩大,社群认同向更广阔的世界范围扩展。人类命运共同体责任的指涉,包括全球场域、全球问题、全球治理和全球参与等四个方面,必须认识到全球范围内的生态问题、经济社会活动、政治文化运动都对人们的生存境遇产生直接或间接的影响。人类命运共同体责任,需要当代高校学生形成全局意识与思维方式,保持各自民族身份认同的同时,必须以人类社会成员的身份去思考人类共同命运。基于可持续发展的诉求,高校学生必须有危机意识与责任感,维持正常的国际政治经济秩序的责任,并将这种责任扩展到面向全人类和对下一代的社会责任。

3. 外环交互:责任行动能力教育

作为高校学生社会责任教育内容体系的外环,责任行动能力是在社会责任教育的具体内容落实在行动层面的关键一环。在社会责任教育圈层系统中,责任行动能力向内联结着社会责任教育的具体理论内容,向外与社会环境包括新媒体环境相交互,体现社会责任教育知行合一的客观要求。

首先,高校学生社会责任教育必须依托社会责任行动才能彰显其实效,在社会责任践行中体会责任的丰富内涵,并成为强化社会责任的实践手段,只有将社会责任的具体内容诉诸责任行动,社会责任教育的目标才算真正完成。

其次,高校学生践行社会责任,需要责任行动能力为保障。在高校学生的生活情境中,志愿服务责任是高校学生社会责任内涵中的重要部分。十九大报告中提出要推进志愿服务制度化,就是要求一方面培养学生主动承担志愿服务的意识,同时培养其承担志愿服务相应的专业能力,积极构建实践平台、活动渠道,以志愿服务为代表的责任行动能力培养是加强

---

① 钱穆,现代中国学术论衡[M].

思想道德建设、深化社会责任教育的重要手段。

第三节　网络社会中高校学生责任伦理的建构策略

梳理新媒体给社会责任教育带来的机遇及挑战、分析新媒体环境对高校学生社会责任教育的影响机制,为研究新媒体环境下加强高校学生社会教育的具体措施提供了充分的帮助和支持。本章提出优化高校学生社会责任教育,首先要转变新媒体育人理念,包括构建新媒体环境下社会责任教育的伦理向度、丰富新媒体素养的时代内涵及尊重新媒体环境下高校学生的主体意识。其次,提出新媒体环境下改进社会责任教育的基本思路,即重视教育整合性以应对新媒体碎片化情境、运用系统思维推进高校学生社会责任教育、运用新媒体"智慧教育"方法创新社会责任教育手段。最后,通过推进媒介整合打造全媒体传播平台、促进话语创新把握教育话语权、增进"理实统一"提高责任教育实效性一。

一、前提:转变社会责任教育育人理念

理念即意识,行动即实践,二者是辩证统一的关系。理念先行,行稳则致远;理念淹留,远近交困。正确的理念对实践具有指导意义,推动着实践的发展。应对新媒体环境下社会责任教育出现的新挑战,最重要的就是要转变教育工作理念,树立科学的社会责任教育育人理念。这是新媒体环境下进行社会责任教育工作的前提。新媒体环境下,社会责任教育需要树立全面发展的新媒体育人理念、培养思想政治教育队伍的新媒体育人理念、发挥新媒体的育人功能,尊重教育规律提高高校学生接受社会责任教育的自觉性。

（一）构建新媒体社会责任教育的伦理向度

在新媒体环境与社会转型交互影响的今天,依据时代的要求调整和优化社会责任教育的方法和手段以提升教育实效性,这是思想政治教育最基本的价值取向之一。新媒体环境下优化社会责任教育,首先要把握以下几方面:

责任与权利的统一。社会责任在某些层面体现为公民应尽的义务,高校学生在承担各种义务的同时,也具有相应的权利。权利与义务,或者说与责任二者具有一定的对应性。必须要教育高校学生,没有无责任或无义务的权利,同时,也要充分保护高校学生作为社会成员所应具有的权利。

责任与自由的统一。马克思认为:"一个人只有在他握有意志的完全自由去行动时,他才能对他的这些行动负完全的责任"[①],这不仅体现了自由与责任的内在关联,也说明了责任的大小在很大程度上取决于自由的程度,对自由的理解可具体化为自主、自愿和自觉。促进

---

① 马克思恩格斯选集(第4卷)[M].

高校学生主动、自觉、积极地承担社会责任,是社会责任教育的根本目标。

价值导向一元化和实现方式多元性相统一。施春梅、张澍军指出,传统思想政治教育模式,在教育内容上没能充分体现时代主题,过分强调社会价值,忽视个人价值。① 在新媒体环境下,肯定价值导向的一元性,但允许高校学生依据自身特点,采用多样性层次化的实践形式,实现特定的个体化价值追求,即价值导向一元化和价值实现方式上多元化相统一。构建"一元主导多元并存",运用各种教育方法、管理方式、评价机制提升高校学生履行社会责任的自觉性,发挥其在社会责任践行中的创造性,是新媒体时代应有的教育内涵。

(二)丰富新媒体素养的时代内涵

社会责任教育是全员性、系统性的教育,是显性教育和隐性教育的结合,是高校全员参与的教育过程。但在具体实践过程中,社会责任教育主体则由高校思想政治教育队伍和素质过硬的学生骨干队伍组成。传统观点认为,新媒体素养主要指新媒体技术素养,在当前时代背景下,培养思想政治教育队伍的新媒体素养包括新媒体政治素养、新媒体技术素养和新媒体文化素养。

新媒体政治素养。思想政治教育工作者自身必须要有过硬的思想政治素养。首先,教育者只有提高自身的政治敏锐度和思想鉴别力,才能在信息良莠不齐、真假难辨的新媒体网络环境中辨清哪些是媒介"拟态环境",哪些是客观现实。基于这个前提,教育者才能充分利用新媒体优势将自己的知识传递给高校学生。通过自身强大的理论解释力与清晰的思想逻辑,以理服人,增强高校学生对社会责任的接收与认同。在此基础上,高校学生才会将认同的社会责任付诸到实践中。同样,学生骨干作为思想政治教育工作队伍的重要组成也应具有足够的政治素养。学生骨干在工作、学习与生活中都表现出优于一般学生的先进性。由此,发挥学生骨干在高校学生群体中的模范带头作用对于优化新媒体环境下社会责任教育具有重要意义。尤其是学生骨干作为高校学生群体的一员,其榜样行为更容易激发其他学生的效仿。基于此,学生骨干要自觉加强自身的政治素养,加强自律意识,维护新媒体纯洁环境,传播校园正能量。

新媒体技术素养。提高新媒体技术素养是对高校思想政治教育工作者的时代要求。现实条件下,大部分思想政治工作教育者(特别是老教师)与高校学生之间由于对新媒体技术运用程度差异,存在明显的"数字鸿沟"。② 在社会信息化不断加快的背景下,高校思想政治教育工作者急需熟练运用新媒体,提升自身媒介技术素养。教育者要及时提高自身使用新媒体技术的能力,综合运用各种新媒体丰富对社会责任的阐释,增强高校学生对社会责任的理解以及对自身应有社会责任的认知。同时还要建立一支新媒体技术熟练、业务能力突出的新媒体学生骨干团队。高校学生新媒体内部环境的优化依赖于高校内部新媒体团队的管

---

① 施春梅,张澍军,构建思想政治教育认知心理模式提高高校学生思想政治教育实效性[J].

② 沈震,钱伟量,基于移动互联技术的思想政治理论课课堂教学改革[J].

理。新媒体学生团队掌握着高校内部新媒体技术和平台,充分应用前沿信息技术,如机器学习、数据挖掘、人工智能等方法,分析和发现高校学生信息偏好、内容偏好、和情感偏好,优化新媒体内容推荐算法,创建高校学生喜闻乐见的信息形式,引导高校学生形成对高校新媒体的阅读偏好、参与偏好。

新媒体文化素养。这是指熟悉新媒体环境下的行为规则、话语体系、交往取向,具有甄别信息的价值所在的基本素养。提升教育者新媒体文化素养,克服对新媒体文化的认知偏差而造成的"数字鸿沟",一般意义的数字鸿沟,是指由于数字技术的使用带来使用者和非使用者在信息获取权上的巨大差异,扩展意义下的数字鸿沟,还体现为一种文化隔离,例如对学生亚文化的不理解、漠视,甚至因为个别偏差性信息将亚文化载体视为洪水猛兽,例如二次元、弹幕、表情包,网络流行语等。掌握和理解新媒体文化特点、对于高校学生亚文化秉持包容心态,从中发现社会责任教育资源并加以改造利用是思想政治教育工作者应有的新媒体文化敏锐力。人民日报客户端借鉴青少年群体流行的 P 图软件,在八一建军节期间推出的"亮出我的军装照"H5 界面小游戏刷爆微信朋友圈,用户在 P 军装照的过程中,实现内容共融、情感共振,以共享、协作、互动的方式实现了隐性思想政治教育。提升教育者新媒体素养,深度分析高校学生亚文化的特点,从而实现利用新媒体传播机制优化社会责任教育的目标。

（三）尊重高校学生主体意识

新媒体所具有的平等教育的特点,教育者的权威话语权被消解,教育对象主体意识凸显,要求新媒体环境下社会责任教育必须尊重高校学生的主体意识,培养高校学生成为新媒体责任主体。尊重高校学生的主体意识,可以从以下两方面着手。

一方面,尊重高校学生的主体意识包括尊重高校学生的自主性、能动性及选择性。尊重高校学生的自主性,指高校思想政治教育工作者在明确只有自主学习才是高校学生提升效率的动力基础上,优化高校学生社会责任教育的内部及外部环境,改善高校学生责任意识生成的教育方式及手段,促使高校学生发挥自身的自主性,在实际学习工作生活中履行自己的责任。因此,从自主性出发,社会责任教育就是要帮助高校学生培养良好的行为习惯,主动思考自身的人生责任。塑造学生学习自主性有利于激发高校学生社会责任认知的思维创造力。尊重高校学生能动性,是在尊重高校学生成长规律的基础上,积极调动高校学生的主观能动性,使高校学生能够主动认识责任、履行责任。塑造学生学习的主动性有利于发挥高校学生社会责任思考的主观能动性。充分发挥团委、学生会、学生社团的凝聚力,培养骨干高校学生以及学生意见领袖,以同辈教育的方式,引领校园新媒体文化,带动高校学生网络协商能力、公共理性的提升,培养学生集体意识、整体利益意识,在网络交往中体现高校学生主体意识。尊重高校学生的选择性是指高校思想政治教育工作者明确高校学生个体差异的基础上,理解高校学生选择的多样性,并加以正确引导。年龄、性别、社会文化环境或家庭背景的不同,导致高校学生对个体价值如何与社会需要结合产生社会责任认知的差异,进而使高校学生采用不同的形式时履行社会责任。由此,教育者要充分尊重高校学生的选择权,而不是刻意、强制高校学生必须采用固定模式履行社会责任。通过因材施教,创造适合高校学生成长的氛围。

另一方面,尊重高校学生的主体意识还表现在要坚持服务学生的基本原则。新媒体环境是社会现实环境的延伸与拓展,同时又具有与传统社会现实不同的特征。新媒体环境下高校日常教学和管理要以服务学生成长为核心。坚持服务学生的原则,第一,高校必须牢固树立教育学生、服务学生于一体的责任意识。高校学生社会责任教育应融入校园日常管理之中,大学各机构的教职员工以身作则、爱岗敬业、全心全意为学生服务,立德树人,将责任意识落实到各个岗位,以实际行动教育引导学生。第二,实现平等互动,将高校学生看作新媒体传播中的主体,传统大众传播由于具有单向传播的特点,一般称传播对象为受众。在新媒体环境下,传播内容呈双向互动形式,传播受众向"用户"概念演进。师生之间构建平等关系,通过交流互动实时反馈,了解学生所思、所想、所需,及时提供相应的信息支持和资源支持。第三,高校新媒体应将更多的校园服务和教学管理采用新媒体人机交互形式,从而适应学生的媒介化生活的客观要求。高校新媒体具有服务功能会吸引高校学生使用、爱用、想用,才有可能将高校新媒体打造成服务平台的同时,成为社会责任教育宣传的传播平台。第四,要尊重学生的思想发展阶段性,及时掌握学生价值观念发展与变化,推动社会责任教育。新媒体建设要坚持为学生服务,在新媒体环境下开展社会责任教育的过程中,以高校学生的服务需要、思想需要、教育需要为主,社会责任教育内容时,应注意形式多样化,从新媒体思维出发,适应高校学生的接受模式,吸引高校学生主动参与新媒体社会责任教育的内容建设,增强社会责任教育的有效性。

二、核心：改进社会责任教育思路

新媒体多元开放的客观现实,以及高校学生碎片化思维模式的形成,要求高校思想政治教育工作者必须遵循社会责任教育的基本规律,以"立德树人"为目标,通过强化教育整合性、运用教育系统性和新媒体智慧教育手段,应对高校学生碎片化思维,推进高校学生社会责任教育,创新教育手段。

(一)强化教育整合性应对新媒体碎片化情境

新媒体碎片化从传播碎片化到阅读碎片化再到思维的碎片化,造成高校学生价值取向个体化、情感生成多元化,造成高校学生对社会责任认知的模糊或片面性理解,消解了高校学生社会责任担当意识,并最终阻碍高校学生社会责任的生成。整合性是相对于碎片化而言的。卢秀峰提出碎片化概念应从整合性出发,指整体被分离的过程和状态。[①] 其中,整合性包括精神世界的整合和实体世界的整合。精神世界的整合是指人的思维方式系统化;实

---

① 卢秀峰,李辉.基于新媒体背景下的青年高校学生碎片化思维及其整合[J].

体世界的整合强调现实的物理世界、人类社会与个人之间的互动联系。碎片化首先将人的思维方式分割细化,难以系统整体地看待世界。同时将人观察、认知的世界细分化、局部化,形成一叶障目、管中窥豹的认知结果。新媒体环境下"碎片化"的形成是伴随着新媒体信息技术发展,并对其现代性进行反思、断裂的渐进过程。"碎片化"正在以其独有的方式改变着今天的新媒体话语环境,进而影响到现实世界,对人们的社会生活产生着潜移默化的影响,其中内蕴着愈演愈烈的趋势。

高校学生社会责任教育新媒体碎片化思维情境的应对依赖于教育的整合性应对,这是高校学生社会责任教育的关键。高校学生对社会责任的科学认知是其履行社会责任的前提条件。因此,保证高校学生获取完整的信息内容,建立科学的责任认知体系是加强高校学生社会责任教育的重中之重。这就需要把高校学生当作一个系统要素,从教育要素的整合性和教育过程的整合性来把握。

从教育要素的整合性来看,教育者和教育对象,教育方法、手段、载体以及教育环境之间,需要整合性来统摄。这时,教育要素的整合性围绕着"立德树人"的目标展开。教育者要从提升个人政治素养、道德涵养、业务修养做起,本着"立德树人"的要求,采用各种教育手段和方法,通过各种教育途径,对教育对象施加影响,从而达到教育目标。在传统教育环境下,思想政治教育课普遍采用大班授课的模式。教育者教学任务繁重,在课堂上实践全员互动必然影响理论教学的进度。因此难以顾及每个学生、每个环节、每个阶段的意识活动和实践活动的整合性问题。对教学效果验证考核方式以结果评价为主,过程评价主要基于学生作业、课堂提问,参与讨论等形式来实现。传统教育模型受限于技术手段不足,难以真正做到因材施教,降低了教育对象的获得感,进而影响教学效果的提升。新媒体为实现教育整合性提供了技术手段。新媒体信息技术,不仅仅是传播技术,同时也是整合技术。通过大数据、云计算、物联网等底层技术的支持,实现感知—认知整体化。在新媒体商业应用中,机器学习技术通过抓取消费者对页面和商品的检索,分析消费者商品偏好,通过神经网络技术、蒙特卡洛树形搜索算法等计算消费者可能的购买行为,对潜在消费进行推介。这些基于感知—认知一体化的新媒体技术已经相当成熟。甚至在大选活动中用来分析选民的意识形态偏好,竞选团队采用一定的选举策略,通过人工智能技术预测特定信息对选民意识和行动可能形成的影响,并通过社交媒体自动推送信息影响选民的选举倾向。可见,运用新媒体信息技术,采用必要的策略和手段,用于整合影响人的认知—思维—行动是具有实践基础的。

从教育过程的整合性来看,社会责任教育包括教育者和教育对象双方意识活动过程以及实践过程。教育过程的整合性包括:教育者与教育对象的整合、教育过程中意识活动和实践的整合以及教育内化—外化—反馈全过程整合。教育者与教育对象的整合,要求把握其内在一致性,而不是将两者看做是对立的,这主要通过加强互动增进彼此理解来实现。意识活动和实践活动的整合,要求教学形式结合多种方法,促进学生在理论学习的同时生成行动,在实践中观照理论教学,在理论教学中回应学生实践中产生的问题和困惑。内化—外化—反馈全过程整合,是指三个阶段不是独立的,而是相互交融的过程。在价值观内化过程中,实现行为外化,在行为外化的过程中,促进价值观内化的实现,这就要求反馈检验不能只采用结果控制的方法,而应在教育中实现实时控制,以实现教育过程整合性要求。整合性教育有助于培养高校学生的社会责任综合能力,提升理解、认知并践行社会责任的综合素养。

基于高校学生碎片化思维的现实,可以考虑从以下两个教育行动策略结合新媒体技术加以整合:通过唯物史观教育促进高校学生理解历史与现实的整合性,通过课堂教学与实践的结合增进学生认知个人与社会的整合性。在此基础上,激发高校学生对国家、对社会、对他人的责任感和担当精神。

历史本身是不可分割的连续过程,与现实形成连续统一、不断发展的历程。唯物史观作为马克思主义主要的理论构成,对于培养学生整合性历史观具有重要的理论意义。整合性历史观助于学生构建对历史、对现实以及对未来的态度,形成个体生存发展的感悟。同时,通过整合性历史学习,可以促进学生深刻认知当代中国的发展历程具有历史必然性,对于提高高校学生历史文化素养、增强民族认同感和爱国热情,激发社会责任感,树立共产主义理想信念具有重要意义。现阶段思想政治教育课程有着丰富的历史教育内容,可以充分利用新媒体生动活泼富于表现力的形式开展历史整合性教育。在新媒体时代,众多历史文化遗迹和红色历史教育基地都开发了基于新媒体的信息展示手段。例如西安汉阳陵博物馆的三维历史呈现,重庆"红岩"红色文化基地的新媒体展示资源,可以充分利用这些信息资源整合打包,开发历史教育多维展示技术。通过线上线下的历史教育的有机结合,使高校学生更好地把握历史与现实的整体联系,促进其整合性思维的发展。

社会责任教育最终旨归,必然是落实在行动层面,因此社会责任教育本身就应基于社会实践。实践性应始终贯彻于社会责任教育的整体过程。在媒介化生存的现实境遇下,高校学生从新媒体环境中,通过虚拟实践体验现实社会。甚至有学生提出,"网络信息新媒体无所不包,没必要采用社会实践去实地感受"。由于媒介的拟态效应,媒介所反映的社会现实与真实的社会现实具有一定的差异性。因此,新媒体所呈现的现实社会往往给学生带来片面的感性认知,而信息选择效应又会强化这种认知,造成片面化、碎片化思维效应,沉浸在自我世界和虚拟世界中,甚至产生思维级化的趋势。这种对新媒体的过度依赖,造成人的主体性、自主性丧失,进而无法承担责任行为。因此,社会责任教育必须强化实践,通过实践培养高校学生团队合作,促进其认知社会,在实践中感悟、认知原有思维方式的不足与偏颇。通过实践不仅促进高校学生理解社会、修正碎片化思维、促进整合性理性思维的萌生,更有助于培养和增进社会责任意识,树立正确的理想信念。

(二)运用教育系统性推进高校学生社会责任教育

系统性是指一定装置内各个要素和各个组成部分之间的有机衔接,这些要素和组成部分彼此联系,相互连接,形成有机一体的格局。系统性与整合性具有一定的联系,又存在一定差异。在上一小节中对整合性进行了概念界定,提出现实世界整合以及观念整合的差异。系统性更多强调现实世界整体性特征,是现实世界本身运行的基本规律,是应然与实然状态的统一。教育系统性,是指在整个教育范畴内,存在着不同教育部门、教育学科、教育类别,这些部门、学科、类别具有相互联系、相互影响,统一一体又自行运转的特点。教育系统性的基本规律,包括目标一致性、机制协调性、循序渐进、动态演进性。缺少以上三点,则系统无法运行,或运行后总会由于这样那样的原因运转不顺,乃至系统失灵。

从社会责任教育的角度看,首先是教育系统目标一致性。社会责任教育是高等教育重要议题,也是整个教育系统的基本教育责任。从教育系统内部看,无论教书育人、服务育人、还是管理育人,都需要将责任教育落实在"育人"的深刻内涵中。从不同学科不同院系看,社会责任教育始终贯穿于教育各学科、各环节之中,因为责任不仅仅是思想理念,更需要行动体现。为实现社会责任教育目标一致性,在实践中要求教育系统全部教职员工以身作则、爱岗敬业,为学生做出责任表率。同时将社会责任教育落实在专业知识教育、专业实践教育中。

机制协调性,是指高等教育系统在运行过程中各要素、各部门彼此有机联系,实现内在平衡。在新媒体环境下,机制协调性比较突出地表现在学校教学和管理信息化实践中。通过构建各种教学和管理信息系统,促进学校内部各部门之间以流程驱动连接,以数据驱动管理。随着移动办公、移动学习的不断增长,教学与管理系统也在不断改进,更多的应用面向新媒体展开。新媒体移动终端与基于计算机终端具有一定的技术差异,前者由于内存容量等限制,要求界面设计更加简洁、服务模块集成度更高,链接服务满足移动通信要求。在新媒体环境下,机制协调还具有信息系统协调的意蕴。特别是数字化生存的高校学生,他们对系统协调的理解,更多就是基于移动终端使用的便利性,链接迅速数据访问服务稳定,界面设计一目了然,应用功能强大等要求。

教育系统的根本目标是围绕对学生的教育展开,教育系统的循序渐进、动态演进性,一方面体现为教育规律的系统性,另一方面体现为教育教学信息系统构建中的发展性。从教育规律出发,社会责任教育是循序渐进的过程,尽管社会责任教育有着总体目标的一致性,但落实到每一个学生,却存在具体目标的差异。这要求教育者要从实际出发,针对学生的特点,因材施教,保持社会责任教育的适度张力,在循序渐进中立德树人。从社会责任教育教学系统的开发建设上看,也存在循序渐进动态演进的特征。社会责任教育新媒体教学系统的开发建设不是一蹴而就的,必须针对高校学生社会责任现实特点,利用新媒体成熟技术加以开发应用,不断完善各个功能,以期达到效果增进的目标。社会责任教育新媒体教学系统的开发也是一个动态演进的过程,根据软件周期定理,任何软件的使用,都有一定使用时间限制,超过这个时间就需要开发升级。这主要是受到技术变化和应用变化两大因素的影响。信息技术的不断发展,可以将新的技术应用于系统中,丰富新媒体环境下社会责任教育方法和教育内容。另一方面,随着软件 APP 的深化应用,新的需求产生,原有系统无法满足就需要进行二次开发和模块升级。因此,教育系统需要循序渐进,动态演进,以满足社会责任教育不断发展的需要。

(三)采用新媒体"智慧教育"创新教育手段

当代新媒体技术在新一代信息技术如传感网络、物联网、移动通信、大数据、云计算以及人工智能技术的推动下,呈现被感知化、互联化、智能化的新特点。随着"智慧地球"概念的不断发展,智慧校园、智慧交通纷纷投入应用领域,"智慧教育"概念应运而生。所谓智慧教育的内涵包括五个层面:以学生为中心提供教学资源、通过多元呈现调动学生学习动机、没有时空限制的在线互动学习机会、丰富的可供分享的学习资源、以信息技术支持构建学习支撑环境。[①] 可见,智慧教育从技术层面解读,主要是指在教育教学过程中,以学生体验为中心,利用各种手段与方法创设具体情境和丰富的多维表现力,带动学生的情感体验,激发其学习兴趣,使学生迅速进入学习状态,并以互动方式提高教学中的学生参与度,从而达到教学目标。智慧教育的载体目前以移动终端为主,未来还将发展出多样化新媒体以支持智慧教育的技术支撑环境。

从学习环境建构论出发,学习环境的构建以"情境""协作""互动""意义建构"为要素。"情境"是以新媒体多维呈现及仿真技术搭建模拟现实的场景,引起学生场景代入感,激发情感共鸣,这是实现学生主体价值的基础;"协作"是共同合作完成具体的教学环节,这是以体验来表现学生的主体价值;"互动"是实现师生之间、生生之间的全员互动,这是实现学生主体价值的关键所在;"意义建构"是在以上环节实现的基础上完成教学目标,实现"入心入脑"的过程。社会责任教育采用新媒体"智慧教育"手段构建教学模式就是为了实现对这四大要素的高效利用。引入新媒体"智慧教育",其切入点是以教育对象为核心、以丰富的教学资源为内容、以新媒体信息技术为支撑、以多元呈现为导向的"情景"教学引起学生情感共鸣实现理论引导力、价值传播力。以交互技术实现师生之间、生生之间,利用先进信息技术实现多维表达带动学生社会责任认知,让生动形象的情境场景唤起学生积极的社会责任情感体验,利用情感的共鸣来加速社会责任意识的内化速度,为行为外化过程奠定基础。可以说,"智慧教育"的学习者在具体的教学情境下通过相互协作和有效互动进行意义建构的过程。

社会责任教育结合新媒体技术的特征,尤其是生活化情境、角色情境、互动情境、激励情境的创设能使学生更好地融入社会责任认知建构、社会责任情感带入以及社会责任行为激发过程。无论是学生高效参与的思想政治课堂,还是在课外实践教学环节,充分展现教育对象的主体性。

这里以推动教育对象主体性为核心,以智慧教育过程的教学要素为线索,在课内与课外两个教学环境的基础之上,将社会责任新媒体智慧教育的教学模式分为以下五类:多维情境式新媒体智慧教育,是指利用新媒体多样化表现力,充分展示生活场景,对于面向实践的社会责任教育具有重要的意义。真实世界教学情境的完整搭建对于高校思想政治教育而言存在诸多现实制约,在搭建教学情境方面受限于物理世界时间和空间,走出校门、走向社会难以成为普遍的日常化教育手段。在这样的背景下,借助新媒体智慧教育技术手段,以仿真的形式展现和模拟具体教育情境,并充分运用新媒体共享协作的机制、全员互动的模式以虚拟实践的方法促进社会责任教育意义建构的实现。可见,应用新媒体智慧教育丰富社会责任

---

① 张奕华,智慧教育与智慧学校理念[J].

教育手段,是马克思主义实践导向的教育理论在信息技术条件下的有力拓展。多维情境式新媒体智慧教育,还可以作为新媒体网络教育资源,供学生课后学习、跨校学习。在多维情境教学资源的建设中,还应特别注意新媒体的快速发展,例如:很多基于浏览器模式的多维互动型教学如何改进为用户友好型移动学习系统;开发手机、平板电脑等 APP 模式供学生学习应用,甚至还要考虑到手机 APP 平台开发基础。开发原则主要是适应新媒体平台的飞速发展。

问题启发式新媒体智慧教育。这与案例探究教学有相似之处。即教师根据教学需要,以问题来启发学生,诱导学生思维活动不断向前推移。所不同的是,案例探究以热点事件或公共道德事件为对象,而问题启发式可以是虚构的、非独立场景式议题。采用问题启发式叙事结构,先把学生引入日常生活的道德判断境地,真正唤起学生的道德热情和投入,不仅能撼动学生的道德良心,也促使人们沉潜反思日常生活中的道德认知、道德情感与道德实践问题。传统教学情境下,问题启发式教学难以实现全员互动,另外,还要求教师掌握良好的提问艺术以及及时反馈时说理的逻辑,这对教师的个人理论素养、表达素养都有较高的要求,因此在传统教学环境下,设问常流于形式,忽视学生的主体地位。新媒体智慧教育的应用,一方面将启发讨论置于新媒体智慧教育平台,突破时空界限,创设虚拟教学新媒体环境,促进学生长久的思考与互动。另一方面,可以借鉴议程设置的方法,运用大数据集成技术,将学生对问题的深入思考做聚类分析,并通过大数据平台集成教师反馈,优化不同问题的不同反馈方式,甚至可以在此基础上,开发自动应答系统,实现以智慧技术驱动的社会责任教育深化。

合作探究式新媒体智慧教育。也称为合作学习法,在此教学情境中既要体现教师的引导作用,又要突出学生的主体地位。一般由教师提出需要学生协作完成的教学任务,分配小组后,由学生自拟主题,合作分工,共同探究完成学习任务,并提交学习成果。在社会责任教育实践中,引入合作探究式教学策略,对于培养学生的合作精神、合作能力以及综合思维能力具有现实意义。协作精神对高校学生社会责任意识有着重要的推动作用,在合作中的责任心是学生协作成功的必要条件,如何提高合作学习的实效性是此种教学模式的关键。在新媒体环境下,学生的合作学习可以跨越时空限制,通过新媒体社交平台,设置发展跨专业、院级、校际的合作学习,对渴望增加朋辈交流的高校学生而言,具有很大的吸引力。在合作实践中,新媒体一样发挥重要的沟通桥梁作用,推动合作实践过程的顺利进行。在具体措施上,教师要提供必要资源以促进学生合作能力,通过新媒体技术分享团队管理知识、案例,这也是社会责任教育所倡导的责任行动能力培养;最后,过程评价与结果评价相结合,教师可以运用新媒体平台实时掌控学生合作学习、合作实践过程,及时回应学生在合作学习中存在的疑问。另外,对于促进合作学习型的新媒体集成应用,还需要思想政治工作者结合网络技术积极开发。

服务学习型新媒体智慧教育。社会实践是思想政治教育常用教学方法,强调课外实践活动情境的重要性。社会实践又分为感受型社会实践、参与型社会实践和服务型社会实践。

感受型社会实践主要通过参观访问认知社会情境，参与型社会实践通过参与社会活动以期在个人情感上进一步理解社会情境，而服务学习是实践情境教学模式的典型操作方法。它强调课程理论学习与社会服务活动或实践活动的有机结合，通过志愿服务等方式，运用角色扮演的手段，以角色扮演的各种基本技巧为依托，在实践中体会社会行为价值规范，培养学生合作意识、责任意识，以及在履行社会责任中所需要的各种社会能力和专业技术能力。在社会实践性教学活动中让学生以协作的方式参与体验、并在充分互动的过程中实现教育目标的意义建构，这是每一个教育对象期待的实践性情境教学。实践活动、对真实的、有价值的教育情境的重要性是不言而喻的。然而，传统社会实践活动受到诸多条件的制约，一方面教育管理规律中管理幅度的要求锁定了实践教学中的师生比，带队教师数量短缺，另一方面有关社会责任的社会实践（例如志愿者服务）具有专业化技能化的特点，社会机构的容纳度有限，在分散学习的条件下，带队教师难以顾及和实时指导每个学生面临的实践问题。新媒体智慧教育的感知网络技术、实时交互工具支持跨时空互动教学的特点，将教学融汇于日常生活、志愿服务等各种真实世界教学情境中。教师可以通过新媒体服务学习支持平台，及时给予学生提供服务社区服务社会实践过程中所需要的各种支持，包括服务涉及到基本知识与技能、服务学习过程中职业伦理与道德困境的引导，以及学习过程中的生活指导及情感支持。此种教学模式社会责任教育的重要教学手段，是让学生同时获得社会责任认知，培养社会责任情感，并直接转化为社会责任行动的有效方式。在现实世界环境下，师生通过新媒体智慧教育技术平台，交流在具体场景中面临的实际问题，通过技能、方法的实时指导，在实践中提升学习者的责任行动能力，这是培养学习者在践行社会责任的过程中提升实践技能、进一步巩固社会责任意志的关键。高校学生是志愿服务重要组成，在高校践行社会责任教育的实施过程中，新媒体智慧教育可以搭建以实践教学为基本模式的辅助学习平台。运用多媒体智慧教育技术，深化高校学生社会责任意识，培养践行责任能力，同时也有效地推动志愿服务在高校道德教育事业不断发展、开创新的局面。

社会责任教育采用新媒体"智慧教育"手段构建教学模式的核心在于学习者在具体的教学情境下通过相互协作和有效互动进行意义建构。社会责任教育结合新媒体技术的特征，尤其是生活化情境、角色情境、互动情境、激励情境的创设能使学生更好地融入社会责任认知建构、社会责任情感带入以及社会责任行为激发过程，充分展现教育对象的主体意识。通过新媒体智慧教育手段，一方面是教学过程与生活情境相联系，另一方面，直接将责任教育融汇于社会责任实践之中。新媒体智慧教育是实现社会责任教育从理论向实践转向的重要媒介。

社会责任教育"立德"的结果是教育学生如何做人，要将社会责任最终落实到行动层面。通过新媒体智慧教育手段，一方面是教学过程与生活情境相联系，另一方面，直接将责任教育融汇于社会责任实践之中。新媒体智慧教育是实现社会责任教育从理论向实践转向的重要媒介。目前智慧教育在社会责任教育乃至在整个思想政治教育中的应用才刚刚开始。在智慧教育系统开发过程中，需要教育者具有良好的新媒体素养和丰富的教学经验，从教学模块、教学流程等实践的角度提出系统设计需求,新媒体智慧教育将是整个思想政治教育发展方向。

三、保障:重组社会责任教育合力

在新媒体环境下加强社会责任教育,需要找准着力点。可以通过推进媒介融合、促进新媒体话语、创新增进"理实统一",来打造全媒体传播平台、把握教育主体话语权、提高责任教育实效性,进而实现社会责任教育合力重组。

(一)推进媒介融合,打造全媒体传播平台

媒介融合,即在媒介化生存的时代,各种媒介会相互交融,打破不同传播载体边界,以视觉、听觉统合,文字、图片、视频整合为特征。在新媒体强势发展的今天,所谓媒介融合,是指传统媒体与新兴媒体的融合。在市场经济的推动下,商业传媒集团通过媒介融合增创优势。常见媒介融合的形式主要有:一是传统媒体向新媒体迁移;二是门户网站向新媒体延伸;三是新兴多媒体平台向传统媒体形式延伸业务。

高校新媒体媒介融合发展,是时代的客观要求。与商业传媒公司不同,各大高校新媒体或者因为无经费之忧,或因为缺乏商业动力,因此在寻求媒介融合的创新改变上,远远落后于商业市场的步伐。同时,在传统传播手段向新媒体迁移的过程中,由于缺少新媒体思维,很多高校新媒体无非将传统宣传手段和教育手段发布在新媒体平台,是披着新媒体外衣的传统传播模式。无论内容还是表达手法缺乏足够的吸引力,不能满足高校学生个性化需求。缺乏媒介融合,不仅使社会责任教育的实效性下降,也削弱了思想政治教育的引导力。因此,高校媒介融合是优化新媒体环境下社会责任教育有效性的重要保障。高校媒介融合无论从本质还是形式上看,与商业化传媒公司相比,具有独特性,具体体现在以下几方面:

从传播载体论看,媒介融合是高校传统传播工具与新媒体的融合。无论是传统教学载体的使用,还是高校各类思想宣传阵地,都需要将教育信息化、宣传信息化向新媒体推进,都需要媒介融合打通教育载体边界。

从媒介应用看,在数字化生存的背景下,高校实现媒介融合是网上网下、网内网外的融合。高校教学工作和学生思想教育实践工作必然现实世界为依托,以新媒体为信息媒介,信息到达、信息接收和信息交互方面,媒介融合提供了开放式信息系统,优化了教学和宣传效果。

从传播主体看,媒介融合是师生共同参与的信息融合。与传统媒体相比,新媒体最大的优势就是信息交互性强。师生共同参与的信息融合,是在媒介交流互通中实现。通过媒介融合,推广新媒体可以通过传统媒体链接实现,传统媒体宣传效果可以通过新媒体回馈。

促进高校媒介融合,必须坚持马克思主义新闻观,坚持转变新媒体思维。马克思主义新闻观的基本原则包括党性、人民性、真实性原则。"高举旗帜、引领导向,围绕中心、服务大

局,团结人民、鼓舞士气,成风化人、凝心聚力,澄清谬误、明辨是非,联接中外、沟通世界。"①在当前信息技术迅速发展的时代背景下,坚持马克思主义新闻观是促进新媒体发展的必然要求。坚持马克思主义新闻观,才能确保营造清朗的网络空间。通过新媒体优化社会责任教育,首先需要坚持马克思主义新闻观基本原则。具体来看,需要提升思想政治教育工作者的新媒体素养,提升高校新媒体管理队伍的媒介素质。只有这样才能引导高校学生加强理论学习、树立理想信念、促进新媒体网络道德的养成,提升辨识新媒体文化的能力。新媒体思维,是在充分认知新媒体的性质、特点、运作规律的基础上,以用户为基点,以增加传播实效性为目标的思维模式。在坚持马克思主义新闻观的基础上,一方面,运用传统媒体的"精"与"专",另一方面结合新媒体的快与活。发挥媒介融合的载体优势,以内容为王,对高校学生形成吸引力,才能进一步通过全媒体推进社会责任教育。

(二)促进话语创新,把握教育话语权

新媒体的传播功能与传统媒体相比,其优势主要体现在平等对话机制的构建。新媒体环境下,教育者要主动设置议题,充分运用靶向效应和新媒体涵化功能,把握思想政治教育话语权,通过全媒体平台传播实现社会责任教育的目标。

传统媒体对传播信息具有"把关"权,可以过滤与主流价值观不相符的信息。传统的思想政治教育是教育工作者对学生的讲授,教育工作者是主动,学生是被动接受结合学生的学习生活状态,采取相应的教育方式和手段。遵循学生的思维方式,引导学生积极面对问题,及时加以解决。如早期传播理论所说的靶向效应是指在确定目标群体特征后,采用针对性传播策略和传播方法,将特定的信息传递给受众,达到传播效果。随着传播研究的不断深化,研究发现受众并不是信息的被动接受者。因此,需要将受众进一步细化,充分理解受众社会心理和个性心理的差异,才能提高信息传播的有效性。靶向效应目前在传播学中有很大的争议。

在新媒体环境下,由于新媒体互动性较强,针对特定群体的靶向效应因对话、质疑、争议过程,可能出现消解。但是,在争议中的意见分化过程中,常常会使一部分目标受众更为坚定地理解了传播者意图和主张。因此,对于思想政治教育者而言,靶向效应的理论启发在于并没有恒定的传播效果。因此,在传播过程中必须坚持研究和理解教育对象的群体特征和个体特征,不断动态调整传播策略,才能实现思想政治教育传播的有效性。

由此,传播内容生产机制呈现多元化裂变发展态势。以往思想政治教育主要采用"堵"(控网)和"导"(用网)的机制,控网依托于高校思想政治教育工作力量的充足性,用网基于平台的不可替代功能。在人们生存境遇媒介化的今天,单纯堵和导都无法抗衡新媒体迅速发展的巨大力量。如何在新媒体发展过程中顺势而为,加强对高校学生的社会责任教育引导,

---

① 人民网评:"48字"是新时代新闻舆论工作的"航标".

提高社会责任教育的实效性,就必须创新思想政治教育话语。新媒体的涵化功能是因为受众长期浸染在新媒体环境下,对特定新媒体平台、应用系统产生用户黏性,其意识形态受到影响,从而使新媒体完成了对受众的社会化过程。由于新媒体环境多元文化的境遇存在,因而其涵化功能可能会促进受众形成多元文化价值观,思想政治教育需要进入新媒体环境,运用高校学生受众所接受的传播方式,才有可能产生对高校学生思想意识的涵化功能。

越来越多的思想政治课教师,在课堂教学之余,充分运用新媒体平台,展开与学生的虚拟对话,共同构建师生之间的虚拟认同。在新媒体网络互动的过程中,作为教育者要注意理解和把握学生所思所想,通过新媒体生活情境构建,拉近师生之间的心理距离。同时还要注意在生活情境下的思想政治隐性教育,及时把握学生思想脉络、掌握青年亚群体流行动向,促进话语创新,以青年学生喜闻乐见的方式与其交流。在自媒体时代,不仅仅是思想政治教育工作者,包括其他高校教育工作者在内,应积极弘扬服务他人、服务社会的理念,倡导社会责任意识,引领关于社会责任的讨论,把握新媒体话语权,促进社会责任教育生活化。

(三)增进"理实统一",增强责任教育实效性

所谓"理实统一",是指社会责任理论教育和实践教育的统一。理论教育依赖于各种教学手段,让社会责任意识入脑入心。实践教育是推进高校学生通过参与社会,以支教、志愿者工作等服务学习的形式,切实将社会责任落实在行动层面的教育。

要运用新媒体新技术使工作活起来,推动思想政治工作传统优势同信息技术高度融合,增强时代感和吸引力。当代新媒体技术已经突破传播平台的基本功能,基于传感技术和物联网技术以及人工智能的技术演化推进,新媒体在与现实社会的结合方面,有着突飞猛进的发展。高校思想政治教育工作者在"理实统一"教学体系建设中,应充分发挥新媒体技术优势,促进社会责任教育实效性的提升。

在新媒体环境下实现"理实统一",需要从四方面着手:以新媒体技术优化理论教学模式、加强校园新媒体文化建设、以新媒体技术推进实践教学改革、以新媒体技术创建实践培养管理、评价机制。

其一,运用新媒体技术优化理论教学模式。在前文中通过对外显认同过程的研究可以发现,理论教学对于高校学生明确社会责任内涵、外延,培育其社会责任意识,推动履行社会责任具有不可或缺的作用。理论教学对于高校学生形成正确的价值取向具有重要的意义。关于社会责任理论教学,新媒体以智慧教育各种形式、方法和手段,构建以学生为核心的教学体系,强化了教学效果,使社会责任认知、社会责任意识入脑入心。当今技术手段可以实现的新媒体智慧教育分为课外教育与课堂教育两大类。无论是以慕课、翻转课堂、视频公开课为代表的课外教育,还是基于全员互动教学、以"回归课堂"为导向的"智慧课堂"系统,都要建立在学生界面友好这一前提条件下。开发多元化、整合性教学平台,以资源共享为依托,构建社会责任新媒体教育平台。思想政治教育要"用好课堂教学这个主渠道,思想政治

理论课要坚持在改进中加强,提升思想政治教育亲和力和针对性,满足学生成长发展需求和期待,其他各门课都要守好一段渠、种好责任田,使各类课程与思想政治理论课同向同行,形成协同效应。"[习近平.把思想政治工作贯穿教育教学全过程开创我国高等教育事业发展新局面[N].]社会责任教育是高等教育将思想政治贯穿教育教学全过程的重要内容。其教学内容不仅是思政课的主题,职业责任专业伦理也是社会责任重要的内容与基础,这就要求高校专业课教师、人文与社会科学教师与思想政治理论共同探索,运用新媒体信息技术,建立社会责任教育的衔接机制,并把社会责任教学内容在各课程和专业分布中统和贯通,形成协同效应,共同为社会责任教育培养建立广泛的贯通机制。

其二,加强校园新媒体文化建设促进社会责任教育深化。校园文化是高校学生生活的基本场域,校园新媒体建设以隐性教育的形式,促进社会责任教育的不断深化。围绕生活化情境,校园文化建设应大力倡导和弘扬志愿者文化的发育和形成。通过叙事方式的视觉冲击造成情绪震撼、虚拟在场效应的临场感调动受众情绪以及基于新媒体交互功能的情绪表达机制,共同促进了社会责任情感的生成。随着人工智能技术的不断发展,和校园新媒体的不断整合,高校还可以基于信息分析技术、个体化识别技术,通过分析高校学生信息检索和信息访问特征,判断高校学生信息获取偏好、网络行为特点以及思想价值倾向,有的放矢地进行信息推送,以潜移默化的方式,促进其社会责任意识的不断提升。

其三、以新媒体技术推进实践教学改革。关于社会责任实践教学,有两方面教学资源亟待开发:社会责任能力教育系统和社会责任实践实时指导系统。志愿者服务是高校学生履行社会责任的重要实践形式,推进志愿者服务制度化,有利于深化社会责任教育有效性。对于志愿者服务本身的效果而言,责任行动能力建设是关键。包括志愿服务所需要的各种专业知识、社会交往技能、志愿者服务意识等。在开发社会责任行动能力培养课程,开展相关服务技能培训的同时,还应理论联系实践,推进服务学习理念。需要组建社会责任教育培养专业队伍,开发基于新媒体技术的社会责任实践实时指导系统,为学生在参与实践服务中提供专业、实用、有效的指导。高校学生广泛参与社会责任服务活动的过程中,可以运用新媒体技术手段,将服务过程、技术指导和服务互动,运用新媒体手段加以统合,及时进行循证分析,不断优化服务学习的实践方法,建立知行统一、理实一体的融合机制。

第三,以新媒体技术创建实践培养管理、评价机制。社会责任教育要通过新媒体环境的创建高校学生社会责任教育实践培养的有效管理体制,确保该项工作顺利进行并取得良好效果。学校要积极主动与社会有关部门加强联系,共同建立健全学生社会责任教育培养的长效机制,营造有利于学生社会责任教育培养的社会大环境。新媒体技术手段可以有效构建学校、社会的移动平台联动机制,实现协同教育。同时开发社会责任实践评估系统。评价在社会责任生成与转化机制中具有重要的影响,是社会责任教育实效性的反馈机制,同时也促进高校学生社会责任意识的生成,强化其履行社会责任的积极性。传统教学评价机制,由于缺少必要的技术手段,往往重视教育结果评价,忽视或难以进行过程评价,学生在学习中面临的问题,特别是走向社会的"服务学习"过程中,由于缺乏足够的信息通道,难以实时反馈学习实践中面临的技能瓶颈。在社会责任教育评价机制的构建中,应注意充分应用新媒体技术,以过程评估代替结果评估,以实时反馈代替结果反馈,使社会责任教学与实践活动真正落实到履行社会责任的行动中。基于新媒体环境下社会责任教育管理系统的构建,将有助于进一步完善思想政治教育培育的管理平台,为推进思想政治教育有效性服务。

加强高校学生社会责任教育培养是立德树人的有效手段,是高等教育将思想政治贯穿教育教学全过程的重要内容。加强高校学生社会责任教育理论研究,为高校学生社会责任教育提供科学指导。通过在新媒体环境下推进高校学生社会责任教育,有助于促进学生个性化发展、推进教学内容时代化,新媒体技术提升教学方法艺术性,也推动教学过程智慧化,最终提高思想政治教育的实效性。

第五章　人工智能视域下高校学生网络信息伦理教育研究

第一节　信息伦理教育的概念与理论

一、信息伦理与信息伦理教育

(一)信息伦理

1.信息伦理的含义

如何对信息伦理进行界定,学术界有多种概述。国内学者吕耀怀认为"所谓信息伦理,是指涉及信息开发、信息传播、信息的管理和利用等方面的伦理要求、伦理准则、伦理规约,以及在此基础上形成的新型的伦理关系。"[①]蔡连玉博士认为,"信息伦理,指的是以善为目标,以非强制力为手段,调整在信息生产、传播、利用和管理等信息活动中人与人之间关系的规范和准则。"[②]沙勇忠认为,"信息伦理就是信息活动中以善恶为标准,依靠人们的内心信念和特殊社会手段维系的,调整人与人之间以及个人与社会之间信息关系的原则规范、心理意识和行为活动的总和。"[③]各位学者对信息伦理的定义各有侧重,并针对信息伦理不同方面进行了阐述,但不管对信息伦理概念做出何种表述,都离不开计算机网络技术的发展背景,将关注点明确为信息伦理,因此也是对计算机伦理的突破和发展。

2.信息伦理的发展过程

计算机网络发展大致经历了四个阶段:计算机通信网阶段;资源共享的计算机网络阶段;计算机网络国际化阶段;计算机网络智能化、互联化阶段。在计算机网络发展的第三、第四阶段,计算机伦理和网络伦理相继提出,并最后演变成更为全面和完善的信息伦理。

计算机伦理。计算机技术的使用改变了人们的生活方式,产生了一系列的伦理问题,出现了新的价值观念。西方学者最早开展了对计算机伦理的研究,主要以计算机技术性质的研究和计算机技术带来的影响等方面为基础。澳大利亚计算机伦理学家福雷斯特著有的《计算机伦理学》指出,计算机伦理学是对计算机从业人员职业道德进行规范的学科。随着

---

① 吕耀怀,信息伦理学[M].
② 蔡连玉,信息伦理教育研究:一种"理想型"构建的尝试[M].
③ 沙勇忠,信息伦理学[M].

计算机技术的不断发展,计算机伦理研究也呈动态的变动,人们也在不断完善与计算机伦理相关的研究。

网络伦理。社会发展进入网络信息时代后,由于相关的网络法律法规不完善,网络结构本身存在着一定的缺陷,在经济利益驱动下出现了一系列的网络问题,网络不规范行为大肆蔓延,自由主义盛行,现实生活中的道德规范机制在网络空间中失灵。网络伦理的产生就是为了解决一系列网络伦理问题。受网络技术发展的影响,网络伦理研究的内容比计算机伦理更为广泛,因而网络伦理是以计算机伦理为基础的,涵盖了计算机伦理。我国对网络伦理的研究是伴随着网络技术在我国兴起而开始的,"王学川认为网络伦理是指人们在互联网空间中的行为(即网络信息活动)应该遵守的道德准则和规范,"①是本论文对网络伦理研究比较认可的概念解释。

信息伦理。信息技术的飞速发展挑战了人们日常生活中所遵循的道德准则,信息伦理问题大量出现,信息伦理因此而产生。信息技术的发展是以计算机为载体,计算机技术的发展一定程度上了为信息技术的发展提供了基础,因此信息伦理来源于计算机伦理和网络伦理,但其内容又不局限于这两个方面。信息技术的发展使得它涵盖的范围和内容不断扩大,在原来计算技术的基础上不断的智能化和互联化,致使信息伦理研究的内容不仅仅局限于计算机技术带来的伦理问题,也包含着数字化等其他新技术带来的问题,研究的问题和内容更为复杂多变。

(二)信息伦理教育

对教育的概念,黄济教授认为,"教育就是培养人的一种社会活动,就是个体的社会化过程。"②从这个概念中不难看出,教育是一种广泛的社会活动,我们平常所认为的学校教育只是教育的一小部分。因而从广义的方面来讲,教育是指根据社会发展的需要,结合受教育者的自身情况,通过一定的手段,有目的有针对性地使受教育者获得自身发展的一种活动。我们日常所称的学校教育则是狭义的教育概念,在这个概念范围内,实施教育的主体是有组织的专门的教育机构,但其目的也是为了陶冶受教育者思想品德,发展受教育者的智力等,为受教育者的个人发展提供基础。"把信息伦理教育局限在狭义的学校教育的范围内,在理论上虽然是可以成立的,但不利于其实践和发展。"③狭义的教育概念中,实施教育的主体性质决定了受教育者的范围是固定而狭窄的,但信息伦理教育是面对利用网络技术的社会大众,因此,在实践操作中,必须把信息伦理教育放在广义的范围内,才能有效提升全民的信息伦理意识,从而达到规范信息社会秩序的目的。"对信息伦理教育必须做广义的理解,一方面要利用法律等外部因素来规范网络行为,另一方面学校信息伦理教育要主动地引导学生正

---

① 王学川,现代科技伦理学[M].
② 黄济,教育哲学通论[M].
③ 蔡连玉,信息伦理教育:内涵与定位[J].

确面对信息社会的不良影响,使信息伦理教育更有针对性、更有实效。"①对信息伦理教育的研究虽然从广义的教育范围内更为合理和有效,但本研究是站在高校学生的立场上,从信息伦理教育中的一个视角,即从高校信息伦理教育视角来探讨,如何提高高校学生这个特殊群体的信息伦理意识,这里所提出的具体做法也只是针对高校学生的信息伦理教育。对于信息伦理教育,国内代表性的观点是蔡连玉对信息伦理教育所作的诠释,"所谓信息伦理教育,是一种为培养作为信息活动主体的青少年,能够在信息活动中以善为标准的道德素养而施加影响的个体社会化过程。"[②在此理论的基础上,本研究认为信息技术的应用带来了伦理问题,因此信息伦理主体是利用信息技术的信息伦理活动实施者,目的是规范人们利用信息技术的行为活动,构建信息社会良好、规范的秩序,使信息技术在最大程度上造福于人类。

二、信息伦理教育的兴起背景与理论基础

(一)信息伦理教育的兴起背景

1.信息技术的飞速发展

在信息技术发展不够完善的时期,信息的传递还是单纯的通过信件、电话等媒介,媒介途径比较单一和固定,信息的传播和传递在狭窄的范围内开展,影响力较弱,与现实社会的伦理、道德未造成冲突,信息伦理没有产生,更不谈上信息伦理教育的发展。20世纪中后期,计算机技术的发展和信息技术的应用,使得西方发达国家领先进入信息社会。21世纪,互联网成为人们获取知识和社交的主要渠道,互联网媒体取代了报刊、电视、广播等媒介,社会发展也进入了以互联网为主的网络时代。在21世纪的信息社会,网络发展迅速地融入现实社会,和现实社会交织在一起,信息技术带来的智能化媒介,改变了信息传播方式,加深了对现实生活中人的影响。网络时代在给人们的生活带来便捷的同时,因为它具有一定的虚拟性、全球性、双重性,也给人们带来了社会道德和生活中的难题,网络侵犯、黑客、网络成瘾等信息不规范行为问题凸显,并且随着信息技术的快速发展,人们越来越感受到信息技术使用给日常生活带来的困扰。

2.信息伦理问题亟需解决

信息技术的应用带来了一系列的伦理道德问题,信息社会的虚拟性,限制了现实社会道德规范对这些问题的解决和制约,西方学术界率先提出了信息伦理学,并且这门新的应用伦理学逐渐被人们所重视。随着信息技术在全世界的广泛应用,信息犯罪也随之大量出现,信息社会的不稳定会极大影响现实社会的生活秩序,因此信息伦理问题亟需解决。为建立虚拟网络社会的道德秩序,人们不断地探索如何解决信息技术带来的伦理问题,信息社会相关

---

① 蔡连玉,信息伦理教育:内涵与定位[J].
② 蔡连玉,信息伦理教育研究:一种"理想型"构建的尝试[M].

的道德准则开始不断地建立和完善,个别国家甚至制定了相关法规制度,强制解决信息伦理问题。但无论是制定道德准则还是法律法规,都只是注重于问题发生后的解决,对于发生信息伦理问题造成损失不可避免。建立信息社会良好秩序必须重在预防,从问题的苗头状态进行遏制,避免造成更大的损失和不良影响,因此需要通过教育的手段得到受教育者的认可,教育是最基础的工作,信息伦理教育承载着为信息社会建立新的有益的道德秩序,也越来越得到人们的重视。

3.我国网民中的学生群体规模广大

学生群体在网民中占比较大,这是因为学生对信息技术应用率比较高,也和学生对新事物好奇,追究新鲜刺激的心理分不开,学生群体也是最容易接受新事物的群体。相比于其他群体而言,学生群体也是对信息分辨能力最低的群体。学生处于世界观、人生观、价值观的形成时期,对于是非分辨比较模糊,他们的信息伦理水平对网民整体水平的影响最大,而且加强学生群体的信息伦理教育对于构建和谐的网络社会秩序意义重大。

(二)信息伦理教育的理论基础

信息技术的产生和不断发展,最终目的都是为了更好地服务于人类社会,虽然信息技术的应用带来了新的伦理问题,挑战了现实生活的伦理,但人们始终追求的是"科学向善论",因此信息伦理教育以此为目的开展,并以义务论、人性论为理论基础,关注信息社会中,信息行为实施者所应承担的义务,保障虚拟网络空间中人们之间相互有利,利益共存。

1.信息伦理教育义务论的理论基础

"义务论是指以责任和义务为行为依据的伦理学理论。"[①]义务论有行为义务论和规则义务论两种。义务论认为,人们的直觉能发现正确的道德规则,还可以去应用正确的道德规则。认为道德规则是自明的,也是多元的,即由多个因素的道德规则集中在一起,它们当中没有最高的道德规则。道德规则不具有绝对性,罗斯将规则分为初定义务和终定义务,初定义务主要包括:信守承诺、忠诚、感恩、正义、自我提升、行善等内容,罗斯认为道德规则之所以不具有绝对性,是因为人们在履行初定义务时,如果出现别的情况的初定义务,压倒正在履行的初定义务,人们可以放弃原来义务的履行,这种行为不算是违背道德规则。而最终人要在多种初定义务中选择哪一种为终定义务,则依靠人的直觉。根据罗斯的义务论,信息伦理教育是教授高校学生明白在享受网络空间的自由的同时,也要履行义务,遵守最基本的道德规范。要在面临信息社会中复杂的问题时,分辨出是非善恶,从而坚持做出正确的选择。

2.信息伦理教育人性论的理论基础

"所谓人性,是人之所以为人所应当具备的基本属性的总称。"[②]人性论所研究的是人的共同的本质,抛开人所在的社会、所处的阶级,探讨人为人最本质的东西。我国三字经所讲

---

① 龚群,当代西方道义论与功利主义研究[M].
② 邹顺康,道德:是在压抑人性,还是在提升人性[J].

述的"人之初,性本善"就是人性论的一种学说,与之相反的还有性本恶的学说。人作为大自然中的一种生物,具有同其他生物一样的原始属性,但又有不同于其他生物的精神属性,社会生活中的人居于原始属性和精神属性之间。精神属性是由人所居住的社会环境造成的,人在不同的社会环境中追求审美、自由、文化等精神方面的属性,因此在人后天的社会生活中,精神属性可以通过教育的手段来实现,教育引导人们感知美、文化,引导人们遵守社会生活规范。信息伦理教育包含在广义的教育范围内,加强信息伦理教育,引导受教育者了解信息伦理知识,遵守信息社会中的准则和规范,从而达到调节信息社会的各种关系的目的。

三、信息伦理教育的特征、功能与价值

(一)信息伦理教育的特征

信息伦理教育包含在广义的教育范围内,信息伦理教育也是伦理教育的一种体现,反映了伦理教育的特征。根据美国哲学教育家杜威对伦理教育思想特征的研究,结合信息伦理教育的内涵,本研究认为信息伦理教育也具有实践性、人本性和科学性三个特征。

1. 信息伦理教育的实践性特征

信息伦理教育的实践性特征,"是指信息伦理教育渗透在受教育者的信息伦理行为里,提高受教育者信息伦理素质,进而外化到受教育者的伦理行为中。信息伦理教育的最终目的是外化到信息行为主体的行动中,信息行为主体的信息行为是检验信息伦理教育的是否有效的有效手段。信息伦理教育只有提高受教育者的信息伦理素质,规范受教育者的伦理行为,才能符合信息社会发展的需要。因此实践性是信息伦理教育最重要的价值,体现了信息伦理教育塑造受教育者信息伦理品格的育人目的,否则就是空洞的说教。"[①

2. 信息伦理教育的人本性特征

信息伦理教育的人本性特征,体现了以人为本的基本教学原则,信息伦理教育围绕信息行为主体而开展,"信息伦理教育的本质在于规范行为主体的信息行为,良好的信息伦理教育必须合乎行为主体的人本性,不仅教育模式要符合人本性。教育的手段也要符合人本性,促进受教育者的伦理品格和伦理精神的自然生长。"②信息伦理人本性的特征使得信息伦理教育具有人性化,能够向网络空间注入人性化特点,增加对信息行为主体的人文关怀,防止网络空间的符号化和黑化。

3. 信息伦理教育的科学性特征

信息伦理教育的科学性特征,体现在为了塑造人的良好品格所使用的方法和手段是否科学,"信息伦理教育的人本性特征,决定了信息伦理教育不同于其他的教育方式,具有一定的特殊性。它给予人的更多是一种价值意义的引导和规范,使得教育活动具有人文性质,当

---

① 章建敏,杜威伦理教育思想的基本特征[J].
② 章建敏,杜威伦理教育思想的基本特征[J].

然信息伦理教育的效果,在客观上仍要遵循教育的一般规律,无论是教育内容还是教育形式都要讲求科学性。"①

(二)信息伦理教育的功能

1.信息伦理教育具有引导性

信息伦理教育能够通过教育的方式引导受教育者遵循被广为接受的社会准则规范,信息伦理教育又不同于普通的教育,因为信息伦理提倡教育的互动性。信息伦理教育具有引导性表现在"信息伦理教育着重强调行为主体的自律性,重视行为主体对信息社会带来的改观,鼓励行为主体积极的探索和传播先进的信息伦理思想。"②针对高校学生群体开展信息伦理教育,能够引导高校学生树立正确的价值观念,高校学生处于世界观、人生观、价值观不稳定的形成时期,开展信息伦理教育为高校学生解决信息社会问题提供方法,有助于高校学生形成正确而稳定的价值观念,从而提升高校学生的信息素养。

2.信息伦理教育具有自律性功能

信息伦理虽然产生于网络信息飞速发展的时代,但是同我国传统伦理主流思想提倡的慎独精神是相吻合的,信息伦理的精神实质和特征是与我国传统伦理相契合,文化底蕴对高校学生的影响是深远的。贯穿高校学生整个受教育过程始终的思想道德教育,会使高校学生在本能上对信息伦理有自身有认知的内在需求。针对高校学生开展信息伦理教育,进一步增强了高校学生的自律意识,充分发挥高校学生以往所接受的思想道德教育的作用,激发高校学生的真善美意识,利用正确的道德价值观念和潜在的文化素养指导自己正确的利用信息技术,树立自身的信息伦理价值观,对虚拟空间中的行为哪些是对的哪些是错的有分辨能力,能够用信息伦理规范来指导自己的行为。增强在网络空间中的担当意识,虽然信息技术提供的网络空间相对于现实生活中是自由的,但高校学生要意识到这种自由是限制在一定的范围和空间内的,网络空间的自由并不意味着为所欲为和无拘无束。信息技术的最大特点是具有共享性,但和现实社会一样,权利和义务是对等的,高校学生要深刻认识到拥有使用信息技术的权利就要承担合法合规使用的义务,在保护好自己隐私的同时,也不能侵犯他人隐私,自觉遵守使用信息技术的法律法规,不利用信息技术从事违法犯罪活动,自觉遵守网络礼仪和维护网络秩序。

(三)信息伦理教育的价值

信息技术的飞速发展在给人们生活带来便利的同时,也带来了一系列的伦理问题,信息伦理教育作为教育的重要组成部分,对解决信息技术发展带来的问题具有重要的价值。

1.信息伦理教育有利于提升高校学生信息素养水平

高校学生信息素养表现在其信息技术的使用能力,以及是否按照有关规定进行使用,是

---

① 章建敏,杜威伦理教育思想的基本特征[J].
② 沙勇忠,信息伦理学[M].

高校学生信息技术使用质量的一个重要体现。高校学生的信息素养不仅仅包括信息技术的使用能力,还包括使用信息技术的行为是否符合道德规范要求,明确了信息素养包括信息伦理,因此高校学生信息伦理水平的高低直接影响了高校学生信息素养。加强高校学生信息伦理教育,引导高校学生正确利用信息技术,为高校学生在网络检索信息提供正确的理论指导,使得高校学生具有自我控制意识,在浏览网络信息和利用网络资源时,避免做出侵犯别人隐私、侵犯版权信息等不规范行为,也使得高校学生具有自我保护意识,远离不良信息和有害信息,免受侵害,因此加强高校学生信息伦理教育间接提升了高校学生的信息素养水平。

2.信息伦理教育有利于维护信息社会良好秩序

开展高校学生信息伦理教育,不断规范高校学生的信息伦理行为,能够为维护信息社会良好秩序提供保障。信息技术发展带来的伦理问题,极大地干扰了信息社会的良好发展,扰乱了信息社会的正常秩序,加强信息伦理教育是一个系统性的教育工作,因为信息伦理教育需要社会和家庭的共同参与,社会的加入能够不断健全完善信息伦理相关法律法规,提供良好的社会环境,家长的加入并且能够增强家长的信息伦理知识,家长以身作则为学生树立榜样,同样能规范家长的信息伦理行为,为维护信息社会的良好秩序提供支持和保障。同时开展信息伦理教育,也能够改善信息社会参与者的信息素养,在前面我们已经提到了加强信息伦理教育能够提升高校学生信息素养水平,高校学生作为信息社会的参与者,规范高校学生的信息行为,对保证信息社会的良好秩序具有极大的推动作用。

四、高校学生信息伦理的内涵与特征

(一)高校学生信息伦理的内涵

高校学生是信息社会的参与者之一,依据前面所提到的对信息伦理的定义,这里认为高校学生信息伦理这一概念,更加明确地将信息伦理的对象定义为高校学生。高校学生信息伦理适用于信息社会的模式之下,以一定的经济发展程度为基础,对高校学生的信息行为做出道德评价,引导高校学生实施正确的信息行为。

(二)高校学生信息伦理的特征

信息伦理作为伦理内容的新发展,具有传统伦理所不具备的新特征,这和它的产生基础信息社会是密不可分的。信息伦理的特征具体包括三个方面:"①自主性,即与现实社会的道德相比,'信息社会'的道德呈现出一种更少依赖性、更多自主性的特点与趋势;②开放性,即与现实社会的道德相比,'信息社会'的道德呈现出一种不同的道德意识、道德观念和道德行为之间经常性的冲突、碰撞和融合的特点与趋势;③多元性,即与传统社会的道德相比,'信息社会'的道德呈现出一种多元化、多层次化的特点与趋势。"①高校学生信息伦理属于信

---

① 宋庆,关于"网络社会"的道德思考[J].

息伦理范畴的一部分,因此也具备了自主性、开放性、多元性的特征,加强高校学生信息伦理教育要充分紧密结合高校学生信息伦理的特征,并以此指导教育模式等方面的改革。

第二节　信息伦理教育的基本原则

信息伦理教育原则是信息伦理教育活动在不同范围、不同层次、不同方面必须遵循的基本准则。它是在信息伦理教育的实践活动中形成的,并在信息伦理教育实践中不断丰富和发展,对信息伦理教育活动具有重要的指导作用。为了提高高校的信息伦理教育实践效果,当前高校在信息伦理教育过程中应该遵循以下原则:

一、自律教育和他律教育相结合

在信息化时代,由于网络等信息技术具有匿名性等特点,人们的信息实践活动不再时刻受到他人的监督,所以和谐顺畅的信息伦理秩序,不仅要依靠法律法规来维护,更要依靠每个信息活动主体的道德自觉性。宋希仁教授认为,"道德是自律与他律的统一,讲个体道德时强调自律性,但不应忘记这种自律是以承认他律为前提。"[①]可见,道德的自律和他律是统一的。因此在进行信息伦理教育的过程中,高校应把自律教育和他律教育相结合,从而取得良好的效果。

(一)加强高校学生的自律教育

信息化社会特别是信息网络环境中人的"数字化""虚拟化",从客观上,要求其信息主体加强道德自律。自律是不受外界的约束、不为情感所支配,根据自己的良心,为追求道德本身的目的而制定的伦理原则。我国古代非常重视个人的道德自律,孔子就提出了"慎独"的思想,"慎独"精神可以强化信息活动主体的内在道德自觉性,从而减少当今信息社会中的人们的信息伦理失范行为。例如,由于网上行为具有匿名性、隐蔽性的特点,因此,有时候人们很难判断甚至无法判断某些网上行为究竟是由什么人做出的。因为难以确定真正的行为主体,所以,社会舆论对某些恶劣的网上行为缺乏监督。而如果我们在信息伦理教育中强调"慎独"精神,一方面学生可以通过"慎独",提高自身思想觉悟,正确认识与他人的关系,确立传播与获取信息的正确目的;另一方面,可以帮助他们逐步树立积极、健康、正确的价值取向和整体价值观念。这样,就可以提高高校学生的内在道德自觉性,使其即使在无人知道他是谁的情况下也能谨慎有德,就可以极大地减少那些法律也难以管制的恶劣行为。从伦理的意义上说,自律是道德规范深化为主体的内心信念,以自觉的道德意识对自己的行为进行自我限制、自我约束和自我控制的活动。在信息伦理教育中,要重视启发学生运用"省察克治"的修养之道,提高自身的信息伦理水平。省察,就是对照信息伦理道德规范,通过反复检查

---

① 宋希仁,"道德的基础是人类精神的自律"释义[J].

以发现和找出自己思想中的不良念头和习惯。克治,便是克服和整治,即去掉所发现的那些不良念头和习惯。省察克治构成了伦理道德修养的认识前提,它是伦理道德主体自觉弃恶从善的一种愿望和冲动,离开了这个愿望和冲动,伦理道德修养是不可能实现的。马克思曾经说过,道德的基础是人类精神的自律。把信息伦理内化为高校学生内在自律的德性,是道德教育发挥调控功能的必由之路。其实信息的自由传播本身并不造成任何损害和罪恶,只有通过人,它才能产生效用。从这个意义上讲,高校学生的道德责任感和判断善恶的能力是至关重要的。在信息法律、法规还不是很健全的情况下,高校学生自觉的伦理道德约束就显得尤为重要。因此,高校学生只有提高自身的道德自律能力才能在复杂的信息空间中做出合理的选择。在道德自律能力形成的过程中,信息伦理教育的主要任务是引导高校学生掌握一定社会的思想观点和信息伦理规范,发展他们分辨善恶的能力以解决信息伦理价值观问题。如果一个学生只有某种道德规范的认识,而无这种道德上的需要,没有感到这种道德的价值,缺乏积极的态度和情感,那么就不可能用这种规范来调节他个人的行为。因此,信息伦理道德教育目标不能停止在一般的道德认知上,它应当着重去解决学生的道德价值观,即引导学生把一定的信息伦理道德规范内化为自身的需要,通过自觉地运用信息伦理道德规范去识别善恶、是非、美丑、荣辱,正确进行信息伦理评价,坚定履行信息伦理义务,从而把它内化自己的思想意识,并外化为行为实践。

（二）加强对高校学生的他律教育

与传统伦理相比较,信息伦理更为注重以"慎独"为特征的道德自律。然而,道德自律是有条件的,它还需要他律的配合,需要制度的伦理关怀。因为人的道德自律精神不是与生俱来的,而是在后天的社会过程中形成的,在道德社会化过程中,如果没有一定的制度力量作为他律进行控制和调节,单靠个体的良知是很难遏制自然本性的无限膨胀的。"他律的意义,一方面表现为通过制度的合理安排即制度的道德性,使高校学生的道德自觉和自律得到制度的支持和激励,保证其道德行为能够获得物质和精神上的满足;另一方面,通过制度的强制和制裁功能,使那些不道德的行为得到惩处和付出代价,从而促使他们遵守道德规范,进而追求和践履道德自律。"①因此,只有在教育过程中鼓励学生将道德自律与他律相结合,信息伦理教育才能获得坚实的实践基础。团中央、教育部等单位已经制定出了信息伦理方面规章制度,高校要善于把握时机对高校学生进行有关信息伦理方面的法律法规及规章制度的教育。

二、高校学生的认知和行为相统一

"知德行善"是对人们在道德上的基本要求,道德问题上的知行不一,就会形成社会上的"两面"人,解决道德问题上的知行矛盾,是道德教育的基本出发点。同样,在高校中,重点解

---

① 彭亚宁,高校学生信息素养教育中信息伦理的养成研究[D].

决高校学生信息伦理的知行矛盾是高校进行信息伦理教育的主要目的。高校学生掌握了信息伦理方面的知识并不一定就会转化为相应的信息伦理行为,这个过程中涉及个体品德形成之中的知、情、信、意、行等各要素的协调统一的问题。从我们的访谈中了解到,当前大部分高校学生都能掌握关于信息伦理的各种"知",但一部分学生不能积极有效地落实为符合信息伦理要求的各种"行",例如高校学生认识到在课堂上或自习室里,手机铃声响起是一种不好的行为,会影响老师的正常上课或学生的学习,但在课堂上或自习室里,自己手机的铃声仍会经常响起,这种"知"和"行"之间就是脱节的。再如高校学生能够认识到自身群体信息伦理素养状况不是很好,需要进一步提高的现状,但是对信息伦理方面的教育不重视,不愿意从自身做起,来提高高校学生群体的信息伦理,这种反差也是高校学生信息伦理知行分离的主要表现,高校学生认识到自身信息伦理不高的状况就是所谓的"知",而不重视这方面的教育,也不愿意从行动上提高自己的信息伦理的做法就是一种"行",在此"知"和"行"表现出了矛盾和对立。在调查问卷和访谈中,结果都表明高校学生信息伦理上的知行分离已经成为一种普遍现象。要解决这个问题就要注意由"知"向"行"转变过程中的"意"即意志的环节。有了意志,才能实现道德知识向道德行为的转化。如果没有意志这个环节,道德只能停留在主体自身的认知层面上,而不能转变为积极的行为。只有有了意志这个环节的推动,道德才能从主体的认知出发并最后转化为符合信息伦理要求的行为,或者约束自己不做不符合信息伦理要求的不良行为。可见,在信息伦理教育过程中,培养信息伦理方面的意志是非常关键的一个环节,是当前信息伦理教育要深入挖掘和密切关注的地方。

三、加强学校、家庭及社会的互动

高校学生信息伦理教育不只是高校范围的工作,要站在更宏观的视野下,即在整个社会范围之内开展,加强学校、家庭及社会的良性互动。当今随着网络、手机等各种信息媒介的发展,家庭、社会对高校学生价值观的形成起着越来越大的作用。因此,对信息伦理教育来说,构建学校、家庭、社会横向贯通的教育支持系统,把课堂信息伦理教育与课外信息伦理教育结合起来,把网上的信息伦理教育与网下的信息伦理教育结合起来,有利于优化整个社会的信息伦理教育的系统环境,使高校学生的信息伦理水平在这种良性合力的推动下不断得到提升。

要充分发挥家庭教育的作用,营造良好的家庭信息伦理环境。家庭承担着道德示范和潜移默化教育的作用,因而在高校学生的信息伦理教育中也负有重大责任。家长作为高校学生的教育者,其道德人格不仅反映了自身的素质,而且通过家庭生活中潜移默化的作用直接影响高校学生的道德人格的养成。所以家长要以身作则,严格规范自己的信息行为,以自己的行动来感染教育子女,使子女在无意识中接受信息伦理知识,养成良好的信息行为,并形成良好的习惯。

要积极发动全社会的共同关注和参与,营造良好的社会信息环境。通过正确的舆论导向,营造良好的信息伦理氛围,加强信息文明行为规范,维护文明的信息秩序。

要进一步加强信息立法的力度,健全相关的法律法规。要采取有效的措施加强网络信息的管理,应用技术、行政、法律手段加强对我国所有骨干网、局域网和校园网的管理,规范运作,控制信息源头,防止有害信息的侵入,打击信息犯罪活动,以达到正本清源的目的。要加强对"网吧"的监管力度,通过严格有效的管理与引导,使"网吧"业主遵循应有的规范,并引导他们积极、健康、文明地发展,为广高校学生提供健康文明的网络信息环境。还有,要进一步完善相应的法律法规,逐步建立适合信息化时代特点的信息法律法规体系,通过法律法规来规范我国信息服务活动,促进互联网信息服务健康有序的发展,为高校学生提供一个良好的社会网络环境,促进高校学生信息伦理的养成。

综上所述,信息伦理教育不只是学校教育的任务,家庭、社会对高校学生的信息伦理教育也具有不可推卸的责任。学校道德教育是高校学生信息伦理教育的主渠道,但随着信息技术的迅速发展,使信息技术已经深入到社会、家庭生活的各个领域,所以在进行信息伦理教育时,必须整合各方面的力量,充分发挥学校、家庭及社会各自的教育功能,实现学校、家庭及社会三者的良好互动。

第三节　人工智能视域下加强高校学生信息伦理教育的对策研究

一、重视高校学生信息伦理教育,培养高校学生正确的信息伦理意识

(一)把信息伦理教育作为维护网络社会秩序的重要手段

信息技术开创的网络空间,已经成为人们生活的重要组成部分,触及人们日常生活、工作、学习等各个方面,同现实社会交织在一起,难以分离。信息技术在人们生活中扮演的重要角色,使得规范信息行为,维护网络社会的良好秩序尤其重要,信息伦理教育作为实现这一切的手段越来越受到重视。实际上维护网络社会的良好秩序,信息伦理教育是最基础、最根本的手段,它的受教育者众多,且能够将受教育者的信息伦理作为其自身信息素养的一部分,贯穿于信息行为始终,因而重视高校学生信息伦理教育,就要将信息伦理教育作为维护网络社会秩序的重要手段。

(二)将信息伦理教育纳入教育体系之内

重视高校学生的信息伦理教育,在顶层设计上,将信息伦理教育纳入教育体系,建立并完善信息伦理教育的相关政策和标准,在具体实施上要建立健全与信息伦理教育相关的职能部门,"其主要职责是:制定和执行信息伦理教育相关政策;处理有关信息服务提供者违反信息伦理的行为;处理信息使用者违反行为规范事件的申诉、调查、仲裁与惩戒等事宜;组织

开展各项信息伦理教育活动等。"①这些部门辅助高校学生的信息伦理教育,帮高校学生树立正确的信息伦理意识,营造全社会重视信息伦理教育的良好氛围,加强对不规范信息行为危害性的宣传,加强对信息伦理知识的宣传力度,弘扬全社会文明上网,使高校学生在信息生活中也能够感受到信息伦理的约束。

二、明确高校学生信息伦理教育目标,制定高校学生信息伦理教育标准

(一)明确高校学生信息伦理教育的目标

明确高校学生信息伦理教育的目标,对信息伦理教育具有指导性意义,为高校学生信息伦理教育开展指明了方向。高校学生信息伦理教育目标的提出必须紧密结合时代特点和高校学生自身实际。鉴于我国目前的教育体制,高校学生信息伦理教育目标必须由国家相关教育部门进行明确。在信息伦理教育目标的设计中可以分层次进行,包括对信息伦理的认知、信息伦理使用、对待信息伦理的态度等几个方面细化规定。首先在信息伦理认知方面,目标在于充实高校学生相关的信息伦理知识,熟知信息伦理相关的道德准则、法律规范等,使高校学生在实施信息行为之前拥有一定的理论基础;其次在信息伦理使用方面,为高校学生提供信息伦理使用的方法或技巧,让高校学生初步具备信息伦理使用能力,能够明辨是非对错,抵制错误行为;再次在高校学生对待信息伦理的态度方面,着重将高校学生在前两个阶段拥有的理论知识和能力转化自身对信息伦理的精神追求,即将信息伦理内化为自身的伦理道德规范。高校学生信息伦理教育目标的确定要和其他学习阶段的目标做好衔接,力争将信息伦理教育涵盖学生的大学、中学、小学全部阶段,构成一个有层次、分阶段的系统的教育目标体系。

(二)制定高校学生信息伦理教育的标准

高校学生信息伦理教育目标为高校学生信息伦理教育的开展指明了方向,而开展高校学生信息伦理教育究竟要达到怎样的水平,则就需要制定高校学生信息伦理教育的标准。国家相关教育部门可针对高校开展信息伦理教育,制定专门的《高等院校信息伦理教育标准》,总体上提出开展高校学生信息伦理教育的方向和应达到的标准,再结合高校学生信息伦理教育的目标,具体进行分类,分阶段依次实现。

三、构建学校、家庭、社会"三位一体"的合力教育支持模式

(一)学校突出使命:加强信息伦理教育

随着网络社会的发展,高校学生与对虚拟社交工具的依赖,由于对信息伦理的无知,而导致的非正当信息行为和信息犯罪越来越多。加强高校学生信息伦理教育,则可以为虚拟网络空间提供稳定的信息使用秩序,网络社会亟需信息伦理教育。高校是信息伦理教育中

---

① 刘剑虹,王雯,高校学生信息伦理教育现状与对策研究[J].

的重要承载者,也是学生接受信息伦理教育的重要场所。首先高校要增强对信息伦理教育的重视,信息伦理教育要有独立的教学体系和教学课程,不能仅仅作为其他学科的一部分来开展,把高校学生的信息伦理教育作为德育教育的重要部分。加强高校学生信息伦理教育,确保高校学生在虚拟社交空间能够有一定信息伦理认知和判断。其次是加强对信息伦理学科的研究。通过开设信息伦理专业、举办信息伦理研讨会等多种形式,各大高校之间加强信息伦理研究的沟通,加强对信息伦理的研究,推动信息伦理学的发展。

在网络时代,高校学生获取信息的渠道多种多样,报纸、电视、网络、课堂等各种渠道,并且网络已经成为高校学生获取信息的主导渠道。课堂上的思想灌输对高校学生来讲受教育效果甚微,因此高校应结合社会发展实际,结合网络时代信息传播的特点,对高校学生开展多种形式的信息伦理教育。在对高校学生开展信息伦理教育要密切结合学生需求。例如,微信、微博、QQ是目前高校学生的主要社交工具,高校可以在微信、微博等社交媒体上开设专栏或公众号,对实际生活中有关信息伦理教育的案例进行分享,或者对信息伦理教育内容进行宣传和解读分析,对非正当信息行为甚至是信息犯罪行为进行通报以达到警示的效果,从而满足高校学生对信息伦理相关知识的需求。

(二)社会强化职责:完善网络行为控制与管理

1.健全完善网络规范

随着社会的发展和信息技术变革,信息活动逐渐频繁,社会要强化职责,制定和完善网络规范,加强对网络行为的控制和管理。网络规范和法律相辅相成,网络规范的制定,在一定程度上为法律实施提供了保障,因为网络规范有广泛并坚实的道德习俗、社会心理基础,为法律的制定和实施提供了强有力的支持,网络规范中的公平正义、诚实信用、和谐平等、遵守善良风俗等普遍遵守的内容,也是信息法律原则的重要组成部分。法律能够发挥作用离不开网络规范的支持。法律的实施依赖于网络规范的保障,网络规范支撑着信息法律制度的建立,维系着人们对信息法律制度的普遍认同感,网络规范在一定条件下会实现法律化。但法律和网络规范又是独立存在的,是两个独立的实体,因此要同时完善健全网络规范和法律强制规定。人们重视法律一方面是因为法律中的一些条文规定和人们普遍认同的伦理准则相符合,另一方面是因为法律的强制性,违反法律会受到处罚,因此制定网络准则,加强法制教育,对控制和管理网络行为具有保障作用。除了相关的政府教育部门、学校和家庭外,社会上的民间组织也可以充分发挥规范网络行为的作用。

2.修订完善规范

网络行为相关的法律法规不断完善和修订法律法规,确保将网络行为纳入法律管辖的范围之内,网络不是法外之地,有规矩才能成方圆,法律必须成为网络信息安全的最高保障。从网络安全的支持和促进、网络运行安全、网络信息安全、监测预警与应急处置等方面,为我国信息安全构建基础框架,同时对网络行为进行法律约束,为我国网络空间的正常信息交流秩序提供法律保障。

现在的人们不止生活在现实的社会中,而且也生活在虚拟的网络社会中,网络社会越来越融入和占据人们的生活,同现实社会的道德伦理约束一样,网络社会同样需要信息伦理来约束人们的信息行为,法律是阻止信息失范和信息犯罪等非正当信息行为的必然选择,必要时要以法律的形式,制定强制法律准则,约束非正当信息行为。

(三)家庭承当重担:强化教育引导

家庭是高校学生的第一人生课堂,在高校学生信息伦理教育中扮演着重要角色。家庭是社会的一个个体,一个家庭的教育水平也会对整个社会产生影响。我国可以借鉴其他国家的先进经验,发挥家庭在信息伦理教育中的作用。家庭为孩子提供了人生最初的德育环境,家长在家庭生活中,要多关注孩子的日常生活,多和孩子沟通,为孩子信息伦理行为提供指导,引导孩子遵循信息伦理道德准则。高校学生除了校园环境外,很大一部分时间是在家庭里,家长要注重自身信息伦理知识的学习,同时也要配合学校,和学校及时沟通,关注高校学生的信息行为,在发现高校学生有网络不规范行为时候,及时教育和引导,预防高校学生网络成瘾和网络犯罪等。

四、完善构建系统化、基础化的信息伦理教育内容

(一)加强信息伦理理论研究,提高信息伦理教育水平

信息伦理理论是开展信息伦理教育的理论基础,加强信息伦理理论研究,可以为信息伦理教育的开展提供指导。受信息技术起步时间和发展水平的限制,我国对于信息伦理理论研究还有待进一步深入,至今还未形成统一的理论系统。对信息伦理理论研究得不成熟也是制约我国信息伦理教育深入开展的重要因素,因此要提高高校学生信息伦理教育水平,前提是必须加强对信息伦理理论的研究。

高校学生信息伦理教育的开展是一个系统化的过程,高校学生信息伦理教育顺利开展、有效实施需要加强基础理论研究、建立健全信息伦理教育专门机构、净化媒介环境、建立教育评估机制等提供保障,其中加强信息伦理理论研究是信息伦理教育开展的基础。加强信息伦理理论研究,通过设置专门的研究机构、高校多组织信息伦理方面的课题,研究信息应用伦理学内容,深入探讨、具体分析,并由国家教育部门牵头,加强各机构或者各高校之间对研究内容的沟通交流,积极学习国外研究方面的先进经验,取长补短促进发展。建立专门的科研团队或科研组织,将国内对于计算机伦理、网络伦理、信息伦理等方面的相关研究系统梳理和结合起来,形成系统的完整的理论体系,为开展信息伦理教育指明方向。

(二)培育践行核心价值观,培养高校学生正确的道德判断能力

价值观对人的影响是潜移默化和深远的,加强高校学生信息伦理教育,要培育信息伦理核心价值观,培养高校学生正确的道德判断能力,指导其信息伦理行为。培育践行核心价值观,要寻找高校学生信息伦理认知与核心价值观之间的契合点。核心价值观的形成除了教育引导,也离不开良好信息伦理环境的熏陶,因此要为高校学生营造良好的信息伦理文化氛

围,特别是高校,要建立良好的校园环境,体现出学校整体的精神风貌,间接熏陶高校学生的信息伦理素养,改变高校学生精神面貌,使得高校学生在虚拟网络空间保持文明行为。高校学生之所以沉溺于虚拟网络空间,最主要的原因是核心价值观的缺失和扭曲,他们认为在现实社会中的行为会受到各种约束,不仅要遵守道德准则,更要遵守法律,不正当的行为不仅会受到道德谴责,如果违法还会承担法律的责任,主观行为会受到更多的客观现实的限制。在虚拟网络空间中,主观行为的约束较少,发挥更为自由,特别是在虚拟游戏空间,高校学生体会虚拟的快感,以为就是生活的追求,因此沉迷于网络游戏。对此,高校积极形塑出兼具公正、关爱、厚德、自律等精神的高校信息伦理文化氛围,培养高校学生积极、健康的核心价值观,进而端正信息伦理态度,规范信息伦理行为,使高校学生在使用网络技术的同时,具有正确的道德判断能力,选取合理的信息技术媒介,能够在虚拟社会空间保持合理的信息伦理行为,免受非规范信息行为的侵害,抵制各种非规范信息行为,杜绝信息犯罪。

（三）开发信息素养通识教育课程平台,实施课程渗透教育

1.开发信息素养通识教育课程

信息素养是人们在网络文化活动中通过后天学习和实践,由信息意识、信息情感、信息道德、信息评价分析和利用能力等多种基本要素有机融合,而逐渐形成的稳定的品质和内在涵养。信息素养包含了信息道德等多种因素,信息素养是对信息社会适应的能力。这种能力具有综合性,信息素养涉及各方面的知识,和多个学科具有紧密的联系,是一种特殊的、涵盖面很广的能力。学生要融入信息社会,必须具备一定的信息素养,通过开发信息素养课程平台,在课程中对高校学生信息伦理教育进行渗透,在培养高校学生信息素养的同时,提高高校学生的信息伦理水平。信息素养的特点决定了开设信息素养教育课程和开设专业教育课程不同。信息素养和太多的学科紧密相关,专业教育课程对于专业的硬性划分,会使信息素养知识被撕裂,不能作为一个整体传达给受教育者,需要高校要研究开设信息素养通识教育课程平台,为高校学生提供自由、多元化的选择,通过这种人文的教育模式,培养高校学生独立思考能力和独立人格。在此基础上将信息伦理教育渗透其中,使高校学生兼具人文素养和科学素养。

在具体操作中,可将信息素养课程增设为高校公共基础课程,纳入高校学生高校生涯中的必修课程,公共基础课是高校实施教育教学的重要载体,它面向全校学生。高校可以同时对学分、学时做好指标规定,运用灵活教学方式,分笔试和实践两种方式来考核学生的信息伦理课程,使高校学生在课堂接受理论学习,同时又能付诸实践,将笔试和社会实践分值各占50%,考核结果纳入毕业考核,考核合格才能毕业。高校学生信息伦理素质的形成不是一朝一夕的事情,要通过多方面、分阶段的渗透使高校学生明白需要遵循的道德规范。

2.明确信息素养教育课程实施阶段

明确信息素养课程的实施阶段,高校开发信息素养通识教育平台最终目的是让高校学生掌握科学知识的同时兼具人文素养。因此,高校信息素养课程可以分为三个阶段:第一阶

段为学习信息技术,掌握一定的信息伦理基础知识,同时了解我国优秀伦理学知识;第二阶段为正确使用信息技术,掌握网络道德规范,并引导高校学生自觉遵守网络道德规范;第三阶段为实践教育,注重现实情境教育,以网络中非正当信息行为和信息犯罪为例,激发高校学生自觉抵制不正当信息行为和信息犯罪,切实将正确的信息伦理价值观外化于行。

信息素养通识教育课程和其他学科存在交集,高校要注重将信息伦理教育同其他学科的交集点提供给高校学生,供他们自由的选择,高校学生可以根据自身的需求,深入学习其他学科中相关的内容,通过多学科的衬托,拓宽掌握信息伦理知识的宽度和厚度,拓宽视野,最终达到育人的目的。

(四)普及信息法规教育,规范学生行为

法律意识的淡薄和法制观念的缺失,是高校学生参与信息犯罪的主要原因。学校开设的专门的相关的思想道德教育课程,只向学生传授相关道德规则。思想道德培育是我国教育培育的重要方面,思想道德教育课程几乎贯穿了学生学习的整个生涯。高校学生通过在高校接受思想政治教育,也加强了对道德规则的学习。相对于思想道德教育,相关法律法规方面的知识在高校学生中普及程度远远跟不上,法律法规作为独立的学科在高校开设,但只是针对法律专业的学生,高校并没有法律法规方面的公共课程,用来普及高校学生的法律知识。

高校对高校学生进行法律普及,一方面可以将相关法律法规知识纳入信息伦理教育内容。换句话说,高校开展信息伦理教育,既要向高校学生传授信息伦理相关知识,也要将相关法律法规内容传授给学生,使得学生不仅树立信息伦理意识,更要有法律意识和法制观念,即高校学生在接受信息伦理教育过程中,要增加对有关信息法律法规内容的学习。另一方面高校可以开设法律法规的公共课,其他专业的学生都可以选修。在教学内容上,应该加强高校学生对与信息技术相关的文化、伦理及社会方面知识的学习,通过课堂学习了解现代社会信息技术的发展情况,以及对日常生活和社会发展带来的影响,正确了解信息技术的优缺点;向高校学生传授与信息活动有关的法律法规,如尊重隐私权、尊重知识产权、预防计算机犯罪、负责任地使用信息等。"通过教育,来培养高校学生遵纪守法的观念,养成在信息活动中遵纪守法的意识与行为习惯。"①

(五)引入现代媒介教育,提升学生信息技术素养

1.充分利用信息技术,引入现代媒介教育

随着信息技术的飞速发展,网络与个人密不可分。4G、5G 及 WiFi 的普遍应用,带动了自媒体时代的到来,自媒体主要通过手机,制造和传播信息,手机成了每个人必不可少的新闻获取工具,手机微信、QQ 等 APP 软件的开发,更使海量信息随时随地都能获取。手机为高校学生提供了虚拟的网络社交平台。针对这一实际情况,高校可以将高校学生普遍使用

---

① 张国泉,数字化生存中高校信息伦理教育探析[J].

的微信公众平台、QQ等网络载体作为媒介,开展信息伦理教育,构建具有既符合课程需要、又符合高校学生心理需求的网络教育平台,例如可以建立微信公众平台、论坛等,吸引高校学生的关注和参与,以利于信息伦理教育的开展。

2.加强现代媒介教育宣传

利用现代媒介教育,应先做好媒介的宣传工作。通过多种手段向高校学生开展宣传,强调媒介教育的重要意义,号召高校学生积极参与。积极配合教学课程,要求高校学生负责人及时报送信息伦理信息和班级信息伦理教育情况反馈,负责信息伦理教育的老师和辅导员做好监督工作。学校可组织学生成立信息伦理公众号或论坛维护办公室,号召高校学生积极参与,公众号和网站的日常维护工作,以及信息报送工作,信息伦理课程授课老师和班级辅导员要及时监督和指导现代媒介教育的开展情况等。

3.加强媒介教育效果反馈

注重媒介教育效果或实施效果的反馈。通过建立定期反馈机制,让授课教师和学生反馈现代媒介开展信息伦理教育的效果和建议,及时纠正问题,使现代媒介教育的效果能够真正深入人心,培养高校学生的信息伦理价值体系。

五、采取多元化信息伦理教育推动策略

(一)加强领导,建立齐抓共管的良好运行机制

"在教育学中,花盆效应尤其显著。花盆效应,即局部生存环境效应,花盆作为一个半人工、半自然的小生存环境,首先,它在空间上有很大的局限性;其次,花盆这个适宜的小生存环境是人为地创造出的,因此这个生存环境的时间内,作物和花卉可以长得很好,但一离开适宜的生存环境,离开人的精心照料,便经不起温度的变化和风吹雨打。"[①]在我国的教育环境中,花盆效应表现得非常明显,为学生提供教育环境的学校就像为花儿提供生长环境的花盆,学校在为学生提供教育的同时,一定程度上也隔绝了学生同现实社会的联系。学生长期在教室内接受教育,感受不到现实生活中的经历。教学方法和教学内容也是一成不变,甚至陈旧落后,从书本到书本,变成了封锁式的小循环。高校学生的信息伦理教育本身就和社会生活息息相关,因此加强高校学生的信息伦理教育就要改变以往固定的教育环境,将学校、学生、社会紧密结合起来,打破封锁式的小循环,实现三者之间的互动,达到信息伦理教育育人的真正目的。

建立高伦理教育齐抓共管的良好运行机制,就要使高校、学生、社会相互衔接、有机结合,充分发挥各自作用,摆脱教学环境中的花盆效应。首先要发挥高校的领导作用,高校学生的信息伦理教育离不开高校的带头领导,只有高校才能为高校学生量身打造教育模式,提供教育队伍,最重要的是信息伦理教育的决策也由高校制定,因此要重视高校在信息伦理教

---

①　罗晓妮,梁成艾.生态学视域职业院校项目主题式教学模式研究[J].

育中的领导作用,使高校为推动高校学生信息伦理教育开展提供基础支持。其次充分发挥社会的保障作用,高校开展信息伦理教育离不开社会环境提供的各项保障,社会为高校信息伦理教育开展提供了家庭的配合、理论的引导和政府的支持等,将家庭参与到信息伦理教育中,可以使高校了解到高校学生在学校外的行为活动,将政府参与到信息伦理教育中,不仅可以提供法律保障与约束,更可以协助高校信息伦理教育的开展,当然推动信息伦理教育开展的其他社会因素不止这些方面。再次要充分发挥学生在信息伦理教育中的主体作用。信息伦理教育虽然称之为教育,但换个角度来讲,也是在为学生提供信息伦理服务,由高校、家庭、社会各种影响因素所组成的围绕高校学生为主体开展的服务,高校学生也要改变被动接受的状态,要积极地反馈意见,并将接收到的信息伦理规范正确地运用到信息行为中去,至此信息伦理教育取得成效。高校、学生、社会相互衔接、加强沟通才能形成一种立体的、协调的教育模式,同时也能建立信息伦理教育良好的运行机制。

(二)重视信息伦理课程建设,形成信息应用伦理学科体系

由于我国信息伦理学研究起步较晚,因此没有形成独立的信息伦理研究学科体系,缺乏理论学科体系的指导,也使得信息伦理教育没有大范围统一开展。将信息伦理教育纳入高校的学科范围是开展信息伦理教育的重要保障,能够促使信息伦理教育学科体系实施具有规范性和有效性。

信息伦理课程建设包括多个方面,是一个完整的体系,具体有信息伦理教育内容、信息伦理教育目标、信息伦理教学计划及信息伦理教学大纲等多个方面。建设信息伦理课程,要明确细化到课程所涉及的各个部分,同时也要紧密结合网络时代的实际,和高校学生的需求,确保课程取得效果,形成信息应用伦理学科体系。信息伦理课程可以突破原来授课局限在教室授课的模式,发挥信息伦理课程开放性的特点,讲授课场所不仅仅在教室,在网络上、在图书馆、校园活动中都可以实施教育。在授课内容上,既要依靠教材,但又不能局限于教材,教材为学生提供了最完善和正确的信息伦理理论知识,但过于呆板,会使学生失去学习的兴趣。不局限于教材,可以采用多媒体等多种方式,随着教学场所的改变而改变,在保证高校学生领会理论知识的同时,又保持学习的兴趣。

(三)建立有影响、有特色的红色德育网站,开辟伦理教育主阵地

网络给社会带来的负面影响是多方面的,例如垃圾信息泛滥,占用网络资源的同时,影响用户的正常使用;网上侵权严重,网络书刊随意复制,窃取专利,侵犯他人知识产权;进行网络攻击和破坏,私自穿越网络防火墙,侵入网络计算机系统进行破坏活动,在网上制造和传播病毒,高校学生玩网络游戏成瘾,对他们的身心健康造成严重影响。加强高校网站建设,建立信息伦理教育的主要阵地。

网络的出现拓宽了信息伦理教育的渠道,为信息伦理教育提供了丰富的理论资源,重视并充分利用好网络技术这一手段,开发网络资源,建立有影响、有特色的红色德育网站成为宣传信息伦理知识的主要阵地。网站内容方面增加红色革命教育内容,体现不忘初心、砥砺

前进的正面精神,采取道德宣传为主、法律监督为辅的手段,充分利用网络是这一新时期思想道德教育工作的新渠道,让高校学生在浏览网站,使用网络技术的同时,接受信息伦理知识和先进的思想道德规范以及相关的法律规范,帮助高校学生树立信息伦理价值观,正确使用网络技术,抵制违法犯罪行为。在网站中,设置专门的宣传信息伦理知识的网页,网页版面设计要新颖有创意,能够吸引高校学生的关注,网页宣传内容上避免一味强调古板的制度规范,要结合现实生活中的小案例加以分析和讲解,更容易得到高校学生的理解和认可。校园网络属于局域网络,其优点在于可控性,高校要针对网络中散播的垃圾信息,加强网站的维护工作,创新计算机技术,加强信息过滤,拦截垃圾信息向高校学生的传输。

加强对校园附近的网吧管理,积极向私营网吧工作人员宣传关于文明上网的相关法律法规,督促网吧工作人员严格按照《中国互联网行业自律公约》的规定依法经营,自觉维护网络的纯洁性,为高校学生提供一个健康、文明的网络环境。

(四)开展特色主题活动,提升高校学生信息伦理认知能力

组织开展主题鲜明的特色活动,要充分考虑到高校学生参与的积极性,要最大程度上调动高校学生的参与性。可以结合高校学生实际创建一些学生喜闻乐见、寓教于乐互动式的活动,吸引高校学生参与其中,在获得乐趣的同时,潜移默化地接受了主流思想和正确的社会准则与价值观念,防止出现思想"灌输式"教育活动模式,加强向"渗透式"的活动转变,以免引起学生的抵触心理。校园是高校学生交流互动的主要场所,可以结合网络时代本校高校学生心理需求和学习需要,着重在校园内多开展信息伦理为主题的活动,优化活动内容,并辅助举办信息伦理知识答辩活动或者相关的网络知识竞赛,弘扬健康、积极向上的信息伦理规范,吸引学生的参与,使高校学生在参与活动的同时明白如何正确合理地使用网络。

发动高校学生参与以信息伦理教育为主题的网络活动,通过参与微信公众平台、论坛等,最大程度发挥手机新媒体的重要作用。微信公众平台和论坛要积极宣传我国优秀伦理文化,结合网络时代实际,随时随地的发表信息伦理教育信息,以及反面案例,呼吁高校学生们积极关注和并参与互动,分享自己的网络信息使用经验,参与到信息伦理教育话题的沟通交流中等等;鼓励学生积极发表信息伦理学方面的文章,调动高校学生在信息伦理教育中的主动性和积极性。

(五)加强图书馆信息化建设,服务高校学生信息伦理教育

图书馆在培育高校学生信息伦理方面具有较大优势,图书馆是高校学生汲取知识,查阅信息的重要来源,加强图书馆信息化建设,将信息伦理教育放在图书馆工作的重要方面,提高高校学生的信息输出能力、信息应对能力、信息判断能力,使其掌握网络时代的信息伦理行为准则。

1.丰富充实馆藏资源,为高校学生选择信息提供基础

图书馆的馆藏资源要以本校开设的课程和专业为基础,结合高校学生的兴趣爱好及需求,紧跟信息社会发展的步伐,来充实馆藏资源。图书馆资源要真正能满足高校学生的需

要,才能使图书馆成为高校学生选取信息资源时的首要选择,才能充分地发挥影响高校学生信息伦理能力的作用,并且能利用信息潜移默化地影响高校学生的个性养成、价值取向和行为准则,进而引导高校学生从信息伦理的角度正确使用信息技术,正确分辨网络信息资源。另外,图书馆要确保提供正确的信息内容,确保信息内容安全有效,净化高校学生接收信息的环境,及时制定完善突发事件的应急措施,一旦发生不良信息侵害事情,能够及时应对。

2. 提高图书馆信息技术水平,为高校学生提供更先进的信息利用工具

信息检索是图书馆独立的服务项目,再加上较高的信息技术水平,实现了技能优先、理论相助的课程结构,使得图书馆在为高校学生提供信息选择时,具有充分的技术优势。作为图书馆对高校学生进行信息伦理教育的主要课堂,信息检索课程要重视并增加信息伦理教育方面的内容,特别是在计算机使用安全方面,对培育高校学生信息伦理教育具有指导意义。随着网络时代的发展,图书馆的信息检索课程的内容需要不断地完善,增加信息伦理道德方面的内容,从信息的需求、获取、利用、评价等多方面向高校学生渗透信息伦理道德规范,进而达到规范高校学生信息伦理行为的目的。另外,图书馆应不断发展信息技术,丰富信息资源,丰富学术资源和学术信息,吸引高校学生通过信息检索选取信息,提高高校学生通过信息检索接受信息伦理道德规范的几率。丰富的图书馆网络主页也可以吸引高校学生利用信息检索浏览图书馆数据资料,丰富的主页内容可以成为读者检索信息的有益工具。例如可以在图书馆主页设置一些有益网站的链接,可以在满足高校学生知识需求的基础上,潜移默化地影响高校学生的价值观、道德品质、文化品味。

3. 加强图书馆管理员的培训,指导高校学生正确使用网络技术

图书馆管理员在高校学生信息选取过程中扮演着指导角色,图书馆管理员的素质是高校学生信息伦理教育的保障。要想充分发挥图书馆对高校学生的信息伦理影响作用,必须要先加强对图书馆管理员的信息伦理教育培训,达到网络时代图书馆应具备的要求。加强图书管理员的培训,可以通过有目的有计划地组织培训活动,增强图书管理员的信息伦理意识,提高他们的信息伦理素养;加强对图书管理员的教育,通过继续教育和在职再教育,使图书管理员获得丰富的信息伦理知识,扩充知识面,并结合自身的职业特点,融入日常管理工作中,使信息伦理教育的开展能够更具有针对性、更便捷、更直接有效。培养一支高素质、高水平的图书管理员对于开展高校学生信息伦理教育的助推作用是不可忽视的,很多图书管理员在日常工作中,通过培训和学习,积累了丰富的工作经验,具有较高水平的专业信息技能和信息素养,能够针对高校学生读者的需求,提供不同层次的信息伦理服务,对加强高校学生信息伦理教育和提升高校学生信息伦理水准提供了强有力的支持。

4. 优化人文环境,为高校学生选择信息提供更好的服务

目前,我国各大高校都非常重视图书馆的建设,图书馆大多建设在校园的核心地段,建筑设计美观大气,基础设施配套齐全,不仅为高校学生选取信息提供了便利,更为大学开展课外活动提供了场所。大学有别于其他教育组织,在大学里,高校学生一方面是通过施教者

的施教被动接受教育,另一方面,自身主观独立自主地探索研究知识,并在此过程中不断开发自己潜在的智力和能力。高校图书馆为高校学生提供了独立自主学习的场所。另外,高校图书馆同时也具备为高校学生开展各种社团活动、知识竞赛等文化活动的设施,吸引了高校学生积极参与并获得知识。

(六)优化校园网络文化环境,营造校园信息伦理文化氛围

自古以来,校园是先进思想、新文化的发源地,校园文化引领着社会文化的发展,高校学生是校园文化的创造者,同时也是校园文化的受益者。优化校园网络文化环境,构建和谐的校园文化环境,对于提高高校学生的信息伦理意识具有重要意义。高校是高校学生主要的生活和学习场所,营造良好的校园文化氛围,可以在增强高校学生的信息伦理意识的同时,规范高校学生的信息伦理行为,促进净化校园网络文化环境。

高校学生是网民中不可忽视的比例。针对高校学生的上网习惯,制定校园网络文明上网的条例,在高校学习生活开始阶段甚至在开始前,就要向学生传达文明上网和校园网络文化条例,加强安全网络文化的宣传工作,让高校学生有了文明上网的心理基础和意识。在高校学生的整个高校求学生涯中,学校要重视网络文化的建设工作,着重保障校园网络安全,防止垃圾信息的传播。要以多种形式组织高校学生开展网络文化活动,号召学生参与其中;加强对高校学生上网的监管,号召校园网实名制登录,净化校内网络环境。

加强网络文化的建设与宣传工作,可以采取以课堂思想教育为主,增设网络文化讲堂为辅,同时组织开展与网络文化相关的校园文化活动,加强校园内法律知识宣传等多种途径,多措并举,树立高校学生在网络信息利用过程中的自我保护意识,提高他们利用网络信息的法制观念和责任意识,增强他们在虚拟空间的法律和道德规范约束,使他们自觉地在合法合规的网络行为界限内活动,最终实现他们的网络行为自律。

六、提高教师的信息伦理素养

(一)教师队伍是开展信息伦理教育的重要保障

高校教师队伍是高校开展信息伦理教育的主要团队,高校教师服务的主体是高校学生,高校学生是伟大中国梦的实现者和中华民族复兴的接班人,课堂作为高校学生获取知识的第一途径,直接影响了他们人生观、世界观、价值观的形成。"正如伟大的哲学家培根所说:历史让人聪明,诗歌使人富于想象,数学使人精确,自然哲学使人深刻,伦理学使人庄重,逻辑学和修辞学使人善辩。"[1]总之,读书能陶冶人的个性,教师队伍的授课首先为高校学生传授了学习的技能,使高校学生学会学习,培养了高校学生的个性习惯、价值取向,规范高校学生行为;再次教师队伍的授课为高校学生提供了丰厚的、源源不断的知识与精神滋养,使高校学生善于学习,增强了高校学生创新意识和创新能力,从而提高了学习质量;最后教师队

---

[1]　宿磊.影响小学生成长的66个人物[M].

伍的授课使高校学生学会了终身学习,不断完善知识结构,为高校学生终身的行为提供了指导。加强信息伦理教育师资队伍建设,是高校开展信息伦理教育的重要保障。

(二)多措并举提高教师队伍信息伦理素养

加强高校的教师队伍建设。要提高对信息伦理教育的重视,就要增加教育投资,例如,增加信息伦理教育科研经费投入,组织成立科研小组深入研究信息伦理理论知识,进而探索适合高校实际的信息伦理教育模式,为教师开展信息伦理教育方面的授课指明方向。健全完善信息伦理研究方面的设施设备,加强与其他高校等教育机构的学术交流,形成高素质的思想教育团队。加强对教师队伍的培训,提高教师队伍的信息伦理专业素质,确保老师能够利用专业知识,站在专业的角度指导高校学生正确对待网络信息,正确利用计算机技术,指导高校学生利用自身信息伦理知识,辨别信息的优劣,进而抵制有害的信息,杜绝非规范信息伦理行为,以帮助高校学生树立正确的世界观、人生观、价值观,树立健康向上的生活态度。

第六章 微时代高校网络伦理教育创新研究

第一节 微时代高校网络伦理教育的理论基础与思想借鉴

马克思主义人学理论,中国传统文化中的"慎独"思想,西方思想史上"道德自律"的思想,都是"微时代"高校学生网络道德教育的理论基础和思想借鉴之源。

一、马克思主义人学理论:高校学生网络道德教育的理论基础

马克思、恩格斯生活在十九世纪,虽然他们所处的年代或他们的一生中没有互联网、自媒体或微媒体等的使用或论述,但他们对人类发展和人性本质等的深入思考却永载史册。马克思和恩格斯关于人性本质等的深入思考,集中体现为马克思主义人学理论。马克思主义人学理论"以'现实的人'为思想起点,以人的本质为思想核心,以人的全面自由发展为思想归宿"①。其人学理论也能为微时代高校学生网络道德教育提供理论基础和思想指导。

(一)道德的基础观:高校学生网络道德教育研究的出发点

道德与人类精神自律的关系是马克思主义关于道德自律的基本观点。"道德的基础是人类精神的自律"也是马克思主义关于道德的基础观的根本要点。他坚持理性,他是认同"道德是独立的"②,强调道德理性,突出道德的理性本质,坚持以人类理性作为道德的首要原则。康德、费希特和斯宾诺莎等人都把理性的道德奉为理性的"世界原则"和"绝对命令"。马克思却是历史和辩证地分析"道德的基础",从而成为此论述和哲学观点的集大成与发展者。

关于道德是独立的和人类理性对道德的重要意义,还可从马克思和恩格斯在他们著述中强调的实际生活和社会实践对于个人意识产生的重要性中得到印证。马克思和恩格斯曾指出,"人们是自己的观念、思想等的生产者,他们受自己的生产力所制约。人们的存在就是他们的现实生活过程"③。这样,马克思和恩格斯就非常明确论述和阐明了人们的思想观念等与人的物质活动、交往等紧密相关。这些表述明确说明理性的道德与实践过程之紧密关系。

---

① 钟明华,李萍等.人学视域中的现代人生问题[M].
② 宋希仁.论马克思恩格斯的自律他律思想[M].
③ 马克思,恩格斯.马克思恩格斯选集(第1卷)[M].

马克思主义基本观点认为,道德与社会生活密切相关。恩格斯也曾非常明确地指出,人们总是"从他们进行生产和交换的经济关系中,获得自己的伦理观念"①。这说明,作为上层建筑重要内容或表征的意识形态也会受经济关系的影响,甚至是决定性的作用。正确认识利益与道德的特殊关系,即理解正确利益是客观基础,这与道德并不矛盾,我们就应按照全人类的利益来谋求和权衡他人的利益,即"正确利益的道德"必须符合人类社会发展规律。马克思也曾指出,人的本质"是一切社会关系的总和"②,这一论述也是关于人的本质理论的经典表述。因此,道德主体要促进自我完善和社会进步,就应根据对客观规律的正确认识,认同和遵循道德规范,适时调整个人与社会的关系。

早在互联网诞生前的一个世纪,马克思和恩格斯就曾强调实际生活和实践过程对于个人意识产生的重要性,另一方面也折射出个人意识对于个人行动的反作用。正是基于此,"道德的基础是人类精神的自律"是网络道德教育的基石,是探究自律之于虚拟空间中人们道德基础的出发点。

(二)人的本质论:高校学生网络道德教育研究的理论基石

马克思主义在其人性观的表述中,明确地表明,人有两种属性,即自然属性和社会属性。并进一步说明,人的存在,或说人类之所以是人类,是因人拥有社会属性而不是自然属性的原因,人性(或说人的本质)是由人的社会属性决定的。马克思主义关于人的本质理论,可概括为以下三个方面。

1. 人的劳动是人区别于动物的一般本质

马克思在《资本论》中对人的本质作了一般论述,其中指出,人的本质有两个不同的层次,其一是一切人所共有的本性或"人的一般本性";其二是不同的历史时期,甚至同一时期但在不同社会阶层,人们都具有特殊性或"每个时代历史地发生了变化的人的本性"[③],即人的具体本质。在人的本质的两个层次中,最基本的是人的一般本性。在人的一般本性或人的共有本性中,人区别于动物的或高于动物的关键是人比动物有更为丰富的生命活动内容和生命活动意义,其中人的劳动是决定性因素。马克思曾说"人的类特性恰恰就是自由的自觉的活动"④。从而指出人之所以具有特殊性,就在于其社会实践(即劳动)的程度,也就明确说明劳动是人的本质。后来恩格斯也明确说到,"人类社会区别于猿群的根本特征在我们看来又是什么呢? 是劳动。"⑤由此更进一步明确地说明,人的劳动是人区别于动物的一般本质。

① 马克思,恩格斯.马克思恩格斯选集(第3卷)[M].
② 马克思,恩格斯.马克思恩格斯选集(第1卷)[M].
③ 马克思恩格斯马克思恩格斯全集(第44卷)[M].
④ 马克思,恩格斯.马克思恩格斯全集(第42卷)[M].
⑤ 马克思,恩格斯.马克思恩格斯选集(第4卷)[M].

2. 社会关系的特殊性促成人的具体差异

由前述可知,劳动是人与动物的主要区别,是人的本质。既然人的劳动是人区别于动物的一般本质,那人与人为何有差异而且有的还非常之大,何以至此? 其实,马克思在《关于费尔巴哈的提纲》中就曾说过,人是现实社会生产中各种社会关系的集合体,即"人的本质是一切社会关系的总和"[①]。这可以从以下几个方面去理解。

"社会关系"或"人的本质"是相对具体的。这也说明人所在时代、阶级等"社会关系"都有其特殊性,都对人的本质有影响。为什么会得出有如此结论或观点? 我们可以从马克思曾对费尔巴哈关于人的本质的批判中可见一斑。费尔巴哈认为"人的本质"是抽象的,认为人的本质在于其"类本质",即抽象的、共同的、同一性。马克思综观和辩证地考察不同历史时期和不同社会阶级或社会阶层对人成长发展的影响后,从而形成人的本质是"一切社会关系的总和"这一经典论述。人的本质即是由特定社会关系所决定的,其真实意义是由不同时代、社会、阶级决定的,从而也决定他的特殊性。

人的本质在于其社会关系的广泛性。人的社会关系是由后天获得而不是先天的。每个人,当他来到世界,就转向一定的社会关系。一个人从出生起,就处于一定的家庭关系中。随着年龄的增长,他与社会的接触面增大,其社会关系既有血缘关系,又有地缘关系、政治关系等。社会关系的广泛和多样,都会在人的本质特征上打下烙印。

人的本质处于不断发展之中,即人的本质具有发展性。人从出生时就处于一定的家庭关系中,随着年龄的增长和不断成长,其社会关系又会有政治关系、法律关系等。由此可见,人的社会关系会随着其成长而不断发展和增多,这也说明人的社会关系不是固定不变的。相应的,人的本质会随着人的社会关系的丰富而不断丰富和发展,人的本质处于发展中,具有历史性。[②]

3. 社会在发展,人的需要在发展

人有需要是人的本质,满足人的需要是体现对人的本质关照的高级形式。这一界定也说明该表述具有深刻内涵和广泛外延,是相对于此前两个界定的较高层级而言的。正因为人有需要,应该满足人的需要,这就在一定程度上要求或决定了人的使命,那就是要尽量或务必去达成这一任务。马克思和恩格斯非常明确地指出,作为一个确定的人,真正的人,应有一个使命或说有一个任务,那就是"这个任务是由于你的需要及与其现存世界的联系而产生的",这不会因为你不知道或说没有意识到而改变这一客观事实。

其次,需要或说满足人的需要就成为人类劳动或实践创造的内驱动力。马克思、恩格斯认为,正因为人有需要,才有人类的物质生产、社会实践和交往活动。正是因为人有对服装、食品、住房、交通、交往等需要,为解决这些问题,为满足这些需要,人类才不断劳动或社会实

---

① 马克思,恩格斯.马克思恩格斯选集(第1卷)[M].
② 马克思,恩格斯.马克思恩格斯全集(第3卷)[M].

践。这也成为推动人类不断向前发展的不竭动力和力量源泉。因此，人的需求是通过劳动创造而得以达成或得以解决。这也说明人的需要会随着人类社会实践的发展而不断发展。这也是维系人类不断发展和发生彼此联系的重要原因。在《德意志意识形态》中，两位伟大的革命先驱认为，正是由于人类有需要才把他们相互联系起来，"由于他们的需要即他们的本性，以及他们求得满足的方式，把他们联系起来（两性关系、交换、分工），所以他们必然要发生相互关系"①。这也再次说明，"正是个人相互间的这种私人的个人的关系，他们作为个人的相互关系，创立了——并且每天都在重新创立着——现存的关系。"②这也进一步说明人的需要是人一切社会实践活动和社会关系存在的基础。

马克思主义关于人的本质理论对微时代（即新网络空间）的高校学生网络道德教育有重要的指导意义。只有准确理解或体会人的本质论的深层内涵，受教育者才能从具体和历史的人的角度去准确理解和把握各种社会现象和历史事件，而不被某些表象迷惑或困住。微博、微信等微媒体活动能够满足高校学生人际交往、情感交流等多方面需要，有利于其"全面占有自己的本质"。高校学生是网络道德教育的主要对象，对于高校德育工作者而言，学习、研究和正确理解人的本质，将有助于客观分析和理解高校学生的思想发展、行为表现的内在规律，将帮助教育者有针对性地引导和规范高校学生网络道德实践。只有始终坚持和客观把握马克思主义的人的本质论，教育者才能科学把握和正确理解受教育者的思想特征和行为表现，才能有助于教育者科学引导和有效帮助高校学生世界观和人生观等的正确形成和良性发展。

（三）全面发展观：高校学生网络道德教育研究的归宿

马克思和恩格斯在他们的不同著述中认为，人类社会发展的理想目标就是人的全面发展。他们认为，资本主义的确存在异化劳动，只有共产主义才有助于"一个完整的人，占有自己全面的本质"③。在《共产党宣言》中，两位伟大的革命先驱马克思和恩格斯认为，"每个人的自由发展是一切人的自由发展的条件"④。从马克思关于人的全面发展的经典论述，再结合现代学者的理解，我们可以认为，人的全面发展是个人"在社会关系、能力、素质、个性等诸方面所获得的普遍提高和协调发展"⑤。因此，此处关于人的素质、能力等所有方面的综合而全面的发展，有相对于人的片面和畸形发展而言之意。在马克思和恩格斯的论述中，我们还可以推出，人的全面发展还包括全体社会成员的充分发展。当然，全体社会成员的充分发展是相较于个别人或少数人的发展而言，全体社会成员的充分发展也区别于部分人的发展。由此，我们更加敬佩马克思、恩格斯早在一百多年前对人的全面发展理论的贡献，其内涵意

---

① 马克思,恩格斯.马克思恩格斯全集(第3卷)[M].
② 马克思,恩格斯.马克思恩格斯全集(第3卷)[M].
③ 马克思,恩格斯.马克思恩格斯全集(第42卷)[M].
④ 马克思,恩格斯.马克思恩格斯选集(第1卷)[M].
⑤ 王双桥.人学概论[M].

义还可概括如下：

首先，人的全面发展是人的智力、体力等的全面而充分的发展。人的发展是"作为目的本身的人类能力的发展"①。马克思在此处特别指出，人的能力的全面发展，即发展人的体力和智力等。在实践活动中发挥他的全部才能和力量，也就是说只有全面发展的人，才能够适应科学技术基础的不断变革和劳动变换。恩格斯在《反杜林论》中认为，在共产主义社会，劳动是对异化劳动的否定。生产劳动即社会物质生产"给每一个人提供全面发展和表现自己全部的即体力的和脑力的能力的机会"②，是扬弃了异化的自主性活动。在《政治经济学批判》中，马克思指出，人们通过劳动就可以把沉睡于体内的体力和智力的能力充分而自由地发挥出来，生产劳动是被看做个人自己提出的目的，因而被看做自我实现，也就是实在的自由，即"他使自身的自然中沉睡的潜力发挥出来，并且使这种力的活动受他自己控制。"③

其次，人的全面发展也包括人们所在社会关系的充分而健康的发展。社会关系，是个人与个人、个人与群体、群体与群体等相互之间在物质生产劳动过程中所结成的各种关系的总称，也包括经济关系、政治关系等。马克思指出，人的发展与社会关系的发展密切相关，社会关系的发展程度影响或决定着人的发展，也就是马克思所说"社会关系实际上决定着一个人能够发展到什么程度"④。马克思和恩格斯在《共产党宣言》中，更加明确地强调，人的意识会随着"生活条件""社会关系"和"社会存在的改变而改变"，并且反问道"这难道需要经过深思才能了解吗"⑤。最后得出，在未来的社会主义高级阶段，即在共产主义社会中，也只有在共产主义社会中，"每个人的自由发展"才能"是一切人的自由发展的条件"⑥。这就是说，在共产主义社会里，克服了个人和社会的对抗，社会的发展不再以牺牲个人的发展为条件，而正是以保证个人的充分发展为条件，以保证个性发展的丰富性来实现社会的共性的丰富性。强调个人的发展是受社会制约的，是离不开集体的。这种观点也可以在他们合著的《德意志意识形态》中得到证实。两位先驱认为，"只有在集体中，个人才能获得全面发展其才能的手段，也就是说，只有在集体中才可能有个人自由。"⑦

再次，人的全面发展是人类需要（也包括实现需要的过程）的全面发展。这就意味着，人的全面发展会随着人类生存和公民成长等需要体系的发展而不断发展。两位伟大的先驱也非常明确地指出，人的"需要即他们的本性"⑧，意即全体人类或每个公民个体的合理需要不

---

① 马克思,恩格斯.马克思恩格斯全集(第 25 卷)[M].
② 马克思,恩格斯.马克思恩格斯选集(第 3 卷)[M].
③ 马克思,恩格斯.马克思恩格斯全集(第 23 卷)[M].
④ 马克思,恩格斯.马克思恩格斯全集(第 3 卷)[M].
⑤ 马克思,恩格斯.马克思恩格斯选集(第 1 卷)[M].
⑥ 马克思,恩格斯.马克思恩格斯选集(第 1 卷)[M].
⑦ 马克思,恩格斯.马克思恩格斯全集(第 3 卷)[M].
⑧ 马克思,恩格斯.马克思恩格斯全集(第 3 卷)[M]

仅正常而客观,也是应该得到理解和支持的,这也是人类或公民的正当权利。人的需要有多样性,人的需要得到满足后,又会产生新的需要,也就是马克思他们所说的"已经得到满足的第一个需要又引起新的需要"①。所以,需要就成为人类一切活动的动力,即一个需要的获得或满足后,人又会产生新的需要。正因为人的需要的不断获得和新的需要的产生,才使得人类社会不断更新,促使人去不断发展自己。这也印证人的全面发展是人的需要的全面发展。

马克思主义关于人的全面发展理论对高校学生网络道德教育具有重要的指导意义。创造条件帮助或促成每个公民的全面发展是马克思主义全面发展观的最高价值追求。马克思关于人的全面发展学说是我国教育实践和教育研究的理论基石。我国思想政治教育学界泰斗张耀灿先生等认为,马克思主义全面发展学说"是我们确定教育方针、教育目的和思想政治教育任务、目标的重要理论根据"②。因而它对微时代高校学生网络道德教育具有重要的指导意义。

首先,促进人的全面发展是我国教育目标,帮助高校学生实现全面发展也是高校进行高校学生网络道德教育的目标与最终归宿。微时代高校学生网络道德教育的主要任务是利用微博、微信等"微"阵地,做好高校学生的思想道德教育、引导和教化,帮助高校学生发挥主动性、自主性和创造性,实现他们的德、智、体、美等的全面发展,帮助他们形成正确的道德观、价值观和审美观等。因此,微时代高校学生网络道德教育的发展必须以促进高校学生的全面发展为目标。高校学生网络道德教育应丰富、发展和尊重他们在虚拟空间和现实生活的社会关系,要有助于拓宽他们的视野,满足他们的需求。高校学生网络道德教育应尊重和发挥高校学生的主体性、主动性和创造性,实现他们的全面发展,帮助他们成为合格建设者和可靠接班人,最终实现社会主义国家的教育目标。

其次,人的全面发展的理论有助于指导和促成虚拟空间人的全面发展。人的全面发展应该包括人在虚拟环境中的全面发展,而不仅仅只要求人在现实社会中的全面发展。也可以说,人的全面发展应包括现实社会德智体美等的全面发展,也应包括虚拟社会中德育智育等的全面发展。微时代以其广阔的空间和丰富的资源,恰恰有助于高校学生形成内涵丰富的自我,促进高校学生的心理健康更好地实现自我发展等。高校和社会应正视微媒体的发展态势,看到它的积极作用,主动地推动和引导,更好地帮助学生成长成才,促进学生的全面发展。

二、"慎独":中国文化传统的崇德修身观及其启示

"继承和发扬中华优秀传统文化和传统美德,积极引导人们讲道德、尊道德、守道德"③。

---

① 马克思,恩格斯.马克思恩格斯选集(第1卷)[M].
② 陈万柏,张耀灿.思想政治教育学原理[M].
③ 习近平.把培育和弘扬社会主义核心价值观作为凝魂聚气强基固本的基础工程[N].

党和国家领导人关于中华优秀传统文化与传统美德的精确论述,指明教育者要注重从我国优秀的传统文化中发掘思想道德教育资源,这不仅能丰富高校思想道德教育内容,也能夯实高校今天的思想道德教育根基。中华优秀传统文化认为道德的价值至高无上,尤其强调崇德弘毅及正己修身,其中以"慎独"为代表。

(一)中国传统文化中"慎独"修身思想的道德内涵

"慎",从字的结构上看,"慎"为左右结构,左边为"心",右边为"真",有从"心"、从"真"之意,即"心真",保其真心。据《说文解字》,"慎,谨也。"意为谨慎、慎重。另据《尔雅·释诂》,"慎,诚也。"《中庸》中写道,"诚者,天之道也;诚之者,人之道也。"意为,实实在在,真实而无虚假是自然规律,真诚无妄是做人原则,因此不可自欺,不可欺人。"独",《广雅·释诂》中说到"特,独也",亦指"未发",既指时间和空间上的单独、独处,又指精神或个性的特质。

我国是一个传统文化深厚的国家,作为儒家思想影响深远的国度,"慎独"有着丰富的道德内涵。我国历史上不同时期许多重要的儒家经典曾多次出现"慎独"。

春秋时期的"慎独"思想萌芽。孔子作为儒家思想的创始人,他一生倡导"克己复礼"。人应该成为"君子",也要追求成"圣"成"贤"。在日常或社会生活中应以自身为本,要修己、诚信和尽心。人若想成为"君子",就要不违仁道。其弟子曾子也有每天要"三省吾身"之说。孟子也强调"反身而诚,乐莫大焉",认为道德修炼主要是要自省。"慎独"思想的正式提出当属西汉时期编撰的《礼记》,其中有对"慎独"的明确表达,该书也被认为是"慎独"思想明确提出的最早文集。《礼记·中庸》提出:"天命之谓性,率性之谓道,修道之谓教。道也者,不可须臾离也。可离,非道也。是故君子戒慎乎其所不睹,恐惧乎其所不闻。莫见乎隐,莫显乎微,故君子慎其独也。"强调的是个人在没有外在监督的环境下,要坚持自己的道德意志,谨慎而不放纵。《大学》更是认为:"所谓诚其意者,毋自欺也。如恶恶臭,如好好色,此之谓自谦。故君子必慎其独也。"[①]此处的"慎其独也",即"慎独",指独自面对自己的内心,意即扪心自问,真诚面对自己。

"慎独"在正式提出后,在我国历史上曾出现许多仁人志士,他们既有精湛的文学才华,又有"修身""齐家"和"治国"等的社会理想。他们对崇德修身思想中的"慎独"思想论述也极为丰富。曹植曾提出"抵畏神明,敬惟慎独"(《卞太后诔》)。南宋的叶适也曾说,"慎独为入德之方"(《习学记言序目》)。宋朝的范浚也论述到,"知善之可为而勿为,是自欺;知不善之可恶而姑为之,是自欺。……未能欺而先自欺,几何不陷于大恶邪?……是以古之学者必慎独。"(《香溪文集·慎独斋记》)。也就是说,只有注重自身的道德修养,不放纵、蒙蔽和欺骗自己,注意尊重和不欺骗他人,才可以做到"慎独"。只有谨慎、诚信和为善,不放纵自我,才能做到不会犯思想和行为上的大错误,即不会陷于大的罪恶。宋代理学大师朱熹等人更是

---

① 《礼记·大学》.

提出"存天理，灭人欲"，成为他"慎独"思想的精髓。"存天理，灭人欲"思想强调要灭绝一切欲望，独善其身。明代王阳明更是明确提出"慎独"精神应是知行合一、诚意正心，磨练意志，克制行为，才能真正地做到"慎独"。

总之，"慎独"的蕴意，总结起来可概括为个人要磨炼自己的意志，克制和约束自己的行为，尤其是当他独处或无人监督时，仍要自我约束和控制，坚持自己的道德意志，谨慎而不放纵，做到律己、诚己和完己。律己强调的是无人监督时仍能按照社会要求去做，诚己强调要做真实的自己，完己强调个体要不断地完善自我。

（二）"慎独"对于高校学生网络道德教育的思想借鉴

"慎独"是我国传统文化崇德修身思想中一个非常重要的、加强自我修养的方法，也是实现崇高道德境界所需的自身素养，是一种"理性的自律"。培养高校学生的自律意识，教育引导高校学生道德自律，是新时空境遇下高校学生网络道德教育的重要目的之一。"慎独"作为我国传统文化中崇德修身思想中的重要修身方法，它的内涵对网络道德教育有着其现代价值和重要作用。

体用"慎独"，促进受教育者自我约束和教育。微时代，信息随时都可发布，瞬时被人获悉。信息的扩散是典型的多级传播。在如此背景下，网络主体更要做到自觉用自己的道德意志控制自己的行为，言行中坚持道德原则和道德规范。"道也者，不可须臾离也"，道德德性获得是要后天的实践并通过习惯而逐步养成。道德需要"学"，同时也需要"习"。网络虚拟空间高校学生的"慎独"自律意识的培育，既要高校学生的自我约束和感悟，也需要外在的养成教育的引导。

我们要培养受教育者的道德自我约束力，要培养他们用自觉的道德行为在微时代的时空场域中对接。微时代的思想政治教育工作者，应加大对受教育者的"慎独"精神宣传和教育，充分利用微媒介的便捷传播条件，对受教育者进行"慎独"教化，让受教育者掌握"慎独"常识，由接受"慎独"精神到践行"慎独"行为。

促进"慎省"，健全受教育者自我约束的监督机制。个体在充分享受自己的自由的同时，更容易忘记道德义务和责任。"慎省"要求网络主体在行为前认真考虑和思量，行为中对于不当行为或失范行为要及时调整和纠正，敢于承认错误。

实现"慎独"，还需要道德监督和法律约束。虚拟空间中，一定的道德规范是制约微民利用微媒体传播和获取信息的行为标准，同时又能为虚拟空间中微民的相关行为进行判断和评价提供标准。有人存在的地方就需要有道德规范的约束和评判。因而，网络新样态的微空间中，面对海量的信息和便捷的传播条件，人人都应坚持"慎独"，每个微民的内心都需要坚守内心的道德规范。法律是道德规范的基准。现实社会的法律法规，应对网络社会的新样态做出应有的回应，尽可能制定和完善有针对性的相应条文，实现社会调控手段在虚拟空间的应有功能，帮助微民做到"慎独"。因而，针对微时代的特殊性，虚拟空间的道德规范和法律标准还应与时俱进,不断发展,以适应微民"慎独"和虚拟社会良性发展的需要。同时,针对虚拟空间的特殊性和青年高校学生人生观与世界观等处于形成和定型的关键期的实际,还应加强青年高校学生网络法律法规的教育和引导。

三、西方思想中"道德自律"的代表观点及其启迪

(一)西方思想中"道德自律"的代表观点分析

西方对道德自律的讨论较早,代表性人物和观点较多,也比较系统。"自律"和"他律",作为重要的哲学概念和伦理学范畴,相关论述较多。关于西方道德自律的思想,主要从功利主义的伦理道德思想、义务论伦理道德思想和权利论伦理道德思想的典型代表中做出分析。

1.功利主义伦理道德思想简介

功利主义是近代资本主义大工业和商品经济的产物,产生于18世纪末19世纪初,当时的社会文化奉行个人主义的道德精神,强调民主和自由,也希望社会公正。功利主义是当时众多伦理学说中最有影响的学说之一,它强调以行为的目的、行为结果或行为效果来考量和确定行为的价值。这些学说被统称为"目的论"(从希腊语的"telos"一词派生而来,"telos"的意思是"目的"),或者称为"效果论"。①

功利主义思想认为,追求幸福是人类行为的本质,追求幸福就是人类行为的内生动力。另一方面,规避苦难也是人类行为的自然天性。由此也可以推导出,人类的正当行为可以带来幸福和快乐,不当行为就会产生苦难和不幸福。人们为避免不幸福,就应该采用正当行为而避免不当行为带来的麻烦。米尔(John Stuart Mill)认为,"承认功用为道德基础的信条,换言之,主张行为的是与它增进幸福的倾向为比例;行为的非与它产生不幸福的倾向为比例。"②功利主义思想认为,预测人们行为的目的可以归结如下:人们之所以行为是为追求幸福和快乐,人们之所以行动为寻求那些能够带来幸福或导致幸福的东西。米尔同时认为,精神享乐比肉体的物质的享乐更高尚。功利主义的道德原则之一应是为了最大多数人的最大幸福。米尔认为,利他行为可以带来幸福,行为产生幸福与否的评判标准是行为对于他人而非仅是给个体自身的幸福。人类幸福与否需要个体的利他精神,而个体的利他精神需要培育。他认为"行为上是非标准的幸福并不是行为者一己的幸福……待人像期望人待你一样……做到这两件,那就是功用主义道德做到理论的完备了"③。此外,关于自我幸福和他人幸福的关系,以及如何采取行为才能做到自我幸福与他人幸福的完美统一,米尔认为,人们的最大幸福应该既有利于自己同时也有利于他人,给自己带来幸福也不损害他人的利益或破坏他人

---

① [美]汤姆.L.彼彻姆.哲学的伦理学—道德哲学引论[M],雷克勤等译.
② [英]约翰·米尔.功利主义[M].
③ [英]约翰·米尔.功利主义[M].

的幸福的行为才是最恰当的行为。边沁(Jeremy Bentham)也认为,"社会利益是组成社会之所有单个成员的利益之总和。"①按照功利主义,个体在道德选择时都要考量自己行为所带来的可能后果,不仅要考量当事人利益的影响,而且还要考量某行为对所有影响者的利益。

2.义务论伦理道德思想简介

义务论伦理道德思想的代表人物是德国的康德和英国的罗斯。

伊曼努尔·康德(Immanuel Kant),德国乃至世界著名的思想家和哲学家,他的代表性著作有《实践理性批判》和《道德形而上学原理》等。康德的义务论伦理思想主要在这两部著作中得到系统的阐述。

自律与他律是康德论述较为典型的一对哲学和伦理学范畴,他认为,意志的自律是一切道德法则所依据的唯一原理。在目的的国度中,人就是目的本身。人作为理智世界的成员,只服从理性规律。由此认为,道德是自律的。理性"作为实践能力,它的使命不是去完成其他意图的工具,而是去产生在其自身就是善良的意志"②。同时他主张,"人作为感性世界的成员,服从自然规律,是他律的"③。除了道德原则的意志,即自律,同时也存在此外的道德约束,即他律。康德的道德哲学强调使用道德责任和规则来约束自己,即道德自律。如果通过外在约束而起决定或受影响的道德行为,就是属于道德他律。这种思想或观点,也正是康德道德哲学和伦理思想的核心。

善良意志是康德伦理思想的核心概念,也是他关于义务论伦理思想的重要命题。康德认为,人们要有理性和道德,就必须要有道德行为和善良意志。在康德看来,意志本身的善才可以称为善良意志,也就是现存世界中没有附加条件的善,即来自意志本身的善才是善良意志。如果没有善良意志控制人的思想和行为,人的品行就可能变得非常恶毒和有害。如果没有善良意志去指引人们正确理解他人的思想和行为等外界事物,那本来正常的权力、财富、健康等外界的客观存在,也可以让人变得傲慢,反倒导致或成为邪恶的事情。康德认为,义务的概念含有善良意志,只有义务的行为和善良的行为才是道德的行为。总之,康德义务论伦理思想的核心观点认为,只有切实履行他自身的职责,即完全出于义务,才可以是出于善良意志的行为,才是道德的行为。

康德认为义务非常简单,只要做到出于善良意志和遵守道德准则就行。康德认为,人们(包括他自己),不应该采取行动,除非是出于有善良意志和遵守道德准则。因此,真正道德责任的考验就在于我们的行为准则是否具有普遍性。人生来就有良心,我们必须服从自己的良心。康德认为,道德法则对所有理性的生物都有着无条件的约束力。善良意志和遵守道德准则也是"绝对命令",这也是检验和考察某行为对与错的"道德引导"标准。某行为如

---

① [英]杰里米·边沁.道德与立法原理[M].
② [德]康德.实践理性批判[M],邓晓芒译.
③ [德]康德.道德形而上学原理[M],苗力田译.

果通不过"普遍性"的检验，那它就是不道德的行为，人们就有义务停止或避免发生这个行为，故而绝对命令能告诉我们的行为在什么时候是道德的和如何采取道德的行为。康德认为，不管你自己还是别人，都应该把他人当成行为的目的，也就是在尊重和重视他人的存在后才采取行动。简而言之，人们发起的行动或采取的行为不能牺牲别人的利益，不能超越他人的价值存在。康德认为，这个原则可以概括为"尊重"。尊重他人，也是尊重我们自己。客观世界之所以存在，就是因为人们之间有尊重和理性，因为现存世界的所有人都像我们一样有理性和自由。

戴维·罗斯（David Ross）是英国著名伦理学家。罗斯以义务为基础的伦理学思想，是一种对于自明的义务充分阐明的义务论，可以看做对康德义务论思想的发展。罗斯义务论伦理思想的代表作是《正当与善》。

罗斯既坚持了非功利主义的义务论立场，又发展康德义务论伦理思想。罗斯提出了"不言而喻的义务"，即"自明义务"。具有自明义务特征的行为才是"恰当义务"。"恰当义务"的行为能代表某一类行为特征，是独立于个人看法（即客观）的义务，还没有其他的自明义务和它冲突。罗斯列举了七类自明义务，包括：①忠诚——如果我们对他人有所承诺，就有遵守诺言的自明义务。②补偿——如果我们曾经伤害过别人，就会产生补偿他人的自明义务。③感恩——如他人曾经对我们有所帮助，因此我们对施恩者具有感恩的自明义务。④正义——我们有自明义务要实践正义。⑤慈善——如果对我们的损失不是很大，在道德上我们有自明义务应该助人，这个自明义务表明，道德要求每一个人都要有起码的慈善表现。⑥自我改善——每一个人都可以借由自己的德行和智力改善自我条件的事实。⑦不伤害别人——由于我们不希望自己被别人伤害，所以也会有不应该去伤害别人的自明义务。罗斯还认为，在这七类自明义务发生冲突时，某些义务有优先权，如"不伤害他人"这个自明义务比"慈善"或"帮助他人"的自明义务更为严格，即当⑤和⑦发生冲突时，⑦应优先。

3. 权利论伦理道德思想简介

以权利为基础的伦理学理论关注人的个人权利，重视道德原则。代表人物是罗尔斯。约翰·罗尔斯（John Bordley Rawls）是美国政治哲学家、伦理学家。罗尔斯继承了霍布斯和洛克等人的思想，关注个人权利，强调权利是道德的基础。他认为合法行为应是与尊重人的权利和自由相一致的行为。罗尔斯强调公平正义，他认为公平正义是最重要的社会品德。罗尔斯认为，"正义是社会制度的首要美德"[①]。他甚至说，"每个人都拥有以正义为基础的不可侵犯性"[②]。罗尔斯的正义观认为，为谋求自我的最大利益而损害他人利益与自由的行为是不当的。在公正的社会中，平等公民自由被认为是不可改变的权利。

罗尔斯提出，人拥有"平等自由"的权利，也拥有"机会均等"的权利。"平等自由"与"机

---

① ［美］约翰·罗尔斯.正义论［M］，何怀宏等译.

② ［美］约翰·罗尔斯.正义论［M］，何怀宏等译.

会均等"是罗尔斯提出的两项最核心的正义原则。他认为的"平等自由"权利原则是指"每个人都有一个最广泛和平等的自由基本权利",而"机会均等"的权利原则是"依系于在机会公平平等的条件下,职务和地位向所有人开放"①。

对应于两个正义原则,有两个优先规则。第一优先规则为自由的优先性。自由的优先性的核心思想是任何人都有基本自由权,这种基本自由权不能以社会利益或集体利益为由而被剥夺。"尊重人就是承认人们有一种基于正义基础之上的不可侵犯性"②。第二优先规则为正义对效率和福利的优先性,即正义优先于效率和福利。就效率或功利自身来说,是非自足和不充分的。任何一种社会或制度,若要维持和提高其效率,都是与某种最低限度追求的正义价值分不开的。

(二)西方"道德自律"思想对网络道德教育的启迪

第一,功利主义伦理道德思想启示我们在对各方利益的考量中应选择最优方案。比如,严格的知识产权保护,一方面可以保护知识产权所有者的积极性,激励他们进一步进行知识与技术的创新;另一方面也可以调动他们进行创新的积极性。因此,知识产权的强保护方案就必然会导致有益于社会进步的结果。再比如,功利主义强调趋乐避苦是人的天性,由此显示:青年学生追求自由、通过网络或其他微媒体扩大交流交际面,适度的使用有助于他们进行身心调节,能增加他们交流和表达诉求的机会,作为教育者,要顺应时代发展,正视新媒体对青年学生的影响,利用新的媒介开展教育,占领新的平台,同时也要注意网络空间的净化,加强网络社会管理,传递正能量。

第二,应当使每个网络道德主体懂得尊重。康德认为,"心中的道德律"和"头上的星空"一样,"越是经常持久地凝神思索"而愈易让人"内心充满常新而日增的惊奇和敬畏"③在康德看来,人作为一种理性的存在物,其行为只有在道德律令下行动,才能成为自由的人,真正的人。每一个网络道德主体都应该意识和做到对道德或道德规范的追求和尊重。对道德或道德规范的尊重是我们在网络社会中获得真正自由的唯一途径,也是使虚拟空间成为有序空间的根本要求。康德的伦理思想提出要懂得尊重别人和社会。康德的"绝对命令"的普遍性要求我们每一个网络道德主体应考虑并反思自己的网络活动,要求我们每一个微媒体的使用者,都应从与他人或社会的关系中来考虑个体的行为。尊重他人,尊重他人的人格、权利与利益,是每一个网络道德主体在网络行为选择时必须思考的问题。

第三,微空间或虚拟空间中所有的个体都应该清楚地意识到自己的道德责任,做到如罗斯所提出"自明义务论"中的七项基本道德表现。所有微民都应当懂得感恩与仁慈、正义与守信。作为一般的网民,应避免利用计算机或网络侵害他人,这也是每一个网络道德主体自

---

① [美]约翰·罗尔斯.正义论[M],何怀宏等译.
② [美]约翰·罗尔斯.正义论[M],何怀宏等译.
③ 康德.实践理性批判[M],邓晓芒译.

明的基本道德责任。在微媒介构筑的虚拟时空中,我们不希望被别人伤害,我们也不应该去伤害别人,尤其是在便捷传播和迅捷传播的场域中,我们传播和分享的内容一定要做到不带有伤害性或不真实,要符合道德规范。

第四,每个网民个体都应尊重和保护自身和他人的隐私。每个人应该有基本的隐私,隐私对于自主权至关重要。这就要求我们每个网民或微民,应将个人信息视为机密信息,任何人不得在未经许可的情况下在互联上传播或泄露他人的个人隐私,更不得为了个人私利而进行他人信息的商业售卖。人们有权对他人信息的准确性与安全性负责,任何个人或组织不应随意篡改或传播他人信息。罗尔斯的正义论体现着对人们权利的尊重以及对弱势群体的伦理关怀,所有重要的自由和权利问题都是道义上的,而且实现不仅取决于公正的社会结构,而且更多取决于所有社会成员的道德素质,这就启迪我们还必须注重网络道德教育与教化。

马克思主义人学理论中的道德基础观、人的本质论和全面发展观,中国传统文化中的"慎独"思想,以及西方思想史上"道德自律"的思想,都能很好地为微时代高校学生网络道德教育研究提供理论基础和思想借鉴,既是本研究的理论基石和出发点,也是微时代高校学生网络道德教育的目的和旨归。

第二节　微时代高校网络伦理教育主体建设

一、微时代高校学生网络道德教育主客体关系审视

主体与客体历来都是不同学科中的一对重要范畴,本节拟进行哲学视阈的主客体关系审视,教育学视阈的主客体关系辨析,从而促进对微时代高校学生网络道德教育主体的内涵与特征的明晰。

（一）哲学视阈中的主客体关系审视

在哲学视阈中,主体和客体（即对象）是人类实践活动的重要范畴。《中国大百科全书》（哲学 2）认为,主体与客体都是相对存在的,"主体是实践活动和认识活动的承担者;客体是主体实践活动和认识活动指向的对象。"[①]相对于客体而言,主体起着主动、指导的作用;相对于主体而言,客体则是被动和从属的,一般起追随的作用。简而言之,主体与客体之间相互依存,离开了主体就没有客体,离开了客体也就不存在主体。

回溯西方哲学发展史,从古希腊哲学到现代哲学,可以发现不同时期的哲人对主体与客体关系的认识呈现演进性。

---

① 《中国大百科全书》总编委会中国大百科全书（哲学 2）[M].

古希腊哲学家最早开始了对主客体关系的追问。古希腊哲学主要是从人与自然的关系来认识主体与客体及其相互关系。约到公元前 5 世纪,古希腊哲学的研究重点开始由研究自然转移到研究人。当时古希腊的思想家和哲学家、智者派的主要代表人物普罗泰戈拉(Protagoras)认为,"人是万物的尺度。"①这标志着哲学家们从追问世界的本原到追问人怎样才能认识本原,说明哲人们开始注意到主体在认识客体的过程中起着主导性作用。

西方哲学进入中世纪后,对于主客体关系的认识,可以概括为三个方面。一是从价值意义上界定人的主体地位,把人作为主体与客体对象性关系认识的核心,如德国古典哲学的创始人康德把人的主体性问题突出出来,强调人格的尊严与崇高,提出"人是目的"等观点。二是从认识意义上肯定人的能动作用,从认识论的角度揭示了主体意识的觉醒,强调人的能动性和创造性,如 17 世纪欧洲哲学界巨匠笛卡尔(Rene Descartes)提出的"我思故我在"等观点。三是从实践活动的角度揭示人的主体性,如德国 19 世纪唯心论哲学的代表黑格尔认为,实践是人的意志的外在表现。

现代西方哲学关于主体与客体关系的认识,主要从人与人的关系即交互主体性方面以强调。交互主体性学说认为,作为传统主体的人,在一定条件下,可以是积极的、也可能是消极的,可以是能动的主导、也可能是被动的追随,并且在适当条件下还可能相互转换,交互发展和变化。20 世纪法国存在主义哲学家让·保罗·萨特(Jean Paul Sartre)认为,真实主体只能在主体间相互承认与尊重对方时的交往中才得以形成,也就是说人的主体性和人际的相互作用是一致的。德国哲学家、20 世纪现象学派创始人胡塞尔(Edmund Husserl)认为,交互主体性是世界与真理客观性的保证。德国哲学家、20 世纪存在主义哲学的创始人和主要代表之一的马丁·海德格尔(Martin Heidegger)认为,交互主体性源于人"在世界上存在",是"与他人共存"的本质规定。这些观点标志着哲学上关于主体与客体关系的阐述,已经发展到对主体间相互关系的追问,如积极与消极、主导与追随等,主体与客体在一定条件下还可能交互发展和变化。

马克思主义哲学开启了对主客体关系的科学认识新阶段。十九世纪,作为"千年第一思想家"、马克思主义哲学创始人之一的马克思,批判地继承了哲学史上关于主体与客体的思想,将科学的实践观引入认识论,从而形成对主客体关系的科学认识。在马克思主义哲学的经典名篇《关于费尔巴哈的提纲》中,马克思就非常明确地指出,旧唯物主义的主要缺点是"只是从客体的或者直观的形式去理解",问题在于"不是把它们当作人的感性活动,当作实践去理解,不是从主体方面去理解"②。因为旧唯物主义不懂得实践的重要作用和意义,他们就不能从实践的角度去理解和认识客观世界,因而未能理解人的主观能动性。马克思认为,作为主体的人,不仅是自然存在物,而且是社会存在物,人的全部认识活动是在实践活动基

---

① 北京大学哲学系外国哲学史教研室编译.古罗马哲学[M].
② 马克思,恩格斯.马克思恩格斯选集(第 1 卷)[M].

础上形成和发展起来的,他认为:"人的思维是否具有客观的真理性,这并不是一个理论的问题,而是一个实践的问题。"①人是在社会实践中获得理性,在主体与客体的实践活动中,通过发挥主体性,主体才获得其存在的现实性,因为"社会生活在本质上是实践的。凡是……都能在人的实践中以及对这个实践的理解中得到合理的解决"②。

(二)教育学视阈的主客体关系辨析

在教育学中,教育有广义和狭义之分,狭义的教育是"教育者按照一定的社会要求,向受教育者的身心施加有目的、有计划、有组织的影响,以使受教育者发生预期变化的活动"③。从教育的狭义定义中,我们也能非常清楚地发现教育者、受教育者和教育影响等是教育过程的基本要素。其中关于教育者与受教育的主次地位的不同认识,即教育者与受教育者谁应是主导、谁应是中心的不同观点,构成了教育学中对主体与客体关系问题的核心。教育学中对主体与客体关系论述的代表性观点有"单主体"说、"双主体"说、"三主体"说和"多主体"说等。

"单主体"说,顾名思义,即教育过程中应该或者只有一个主体。一种观点认为教育过程中应该以教育者为主导,以教育者为中心,从而形成教育者主体说,或施教者主体说,这也是传统教育中的主客体关系论的代表。另一种观点认为,受教育者应是教育的中心,教育者起辅助和服务作用,从而形成受教育者主体说。这也被认为是 20 世纪 80 年代以来主导教育改革的基本观点,也成为一段时间以来教育理论界的前沿热点话题。除前两类观点外,也有国家中心说或政治集团主体说。教育者中心说强调教育者在教育诸要素中起主导和决定性作用,但易导致过分强调教育者的中心作用和绝对权威,易把施教者的主体作用绝对化。受教育者主体说强调受教育者的重要地位,但往往过分强调其中心和地位,否定教育者的主导作用,容易走向另一个极端。

"双主体"说,顾名思义,教育过程中有两个主体,即教育者和受教育者可以同时为主体或互为主体。在教育过程中,"从施教方来看,教育者是施教过程的主体";"从受教方来看,受教育者才是接受教育的主体";"施教方和受教育方的影响是双向的"④。教育学中这种"双主体"说的积极意义在于它承认教育者的主体和主导作用,同时承认受教育者在教育过程中的主动作用,特别是一定条件下主体作用的发挥。由于教育是人与人之间交互作用的特殊影响过程,教育过程中对于教育者主体与受教育者主体的特殊性很难准确把握,有专家就明确指出,如果把教育过程变成施教主体和受教主体,即教育过程中有"两个主体",这就难以避免"二元论"之嫌。⑤

①　马克思,恩格斯.马克思恩格斯选集(第 1 卷)[M].
②　马克思,恩格斯马克思恩格斯选集(第 1 卷)[M].
③　南京师范大学教育学系.教育学[M].
④　陈秉公.思想政治教育原理[M].
⑤　骆郁廷.论思想政治教育主体、客体及其相互关系[J].

"三主体"说,即在教育过程中,有本体性主体(国家)、实践性主体(教育者)和自我教育主体(受教育者)共三个主体。"三主体"说的主要贡献在于,它强调教育过程或教育的诸要素中,应该突出国家的意志和地位,同时也强教育者和受教育者的作用。这种观点旨在克服教育者唯一主体的片面观点,也是为了防止对自我教育问题的单方面观点(即受教育者中心),而且还要强调国家在教育目标或教育影响中的作用。这种观点看似完美,但在理论研究或实践过程中,透过现象会发现,"三主体"说其本质是教育者的主体、受教育的主体和国家主体的"三个主体"的简单观点。①

"多主体"说,该观点强调思想政治教育中客体、介体、环体都有着重要作用,它认为在教育过程中(主要是思想政治教育过程中),应该有多个主体。"多主体"说认为教育过程中除了教育者是主体外,教育过程中的客体、介体、环体也能成为主体,也是教育过程中的主体。该论断认为凡是教育过程中的因素都能成为主体,实际上是主体泛化论,即"泛主体论"或"无主体论",其实质是忽视了主体与客体、介体、环体的区别与联系,贬低了教育过程中真正的主体应有的主导作用。

"主体际"说,该观点认为,在教育过程中,在教育者和受教育者的互动交往过程中,教育者和受教育者可以相互转化。也就是说,教育过程中的教育者和受教育者在适当的情况或环境下,两者可以相互转化,即"主体—客体"或"客体—主体"。在教育者与受教育者互动交往的相互转换过程中,他们形成互为主体的关系。该观点一定程度上弥补了"双主体"说的不足,注意到了教育者与受教育者的互动关系和相互转化的可能,但一定程度上未能脱离"双主体"说的藩篱。

综上所述,教育学界关于主体与客体的不同论述,体现了专家学者们对主体与客体关系的重视和关注。随着现代思想政治教育理论研究和实践考量的深入,有学者提出以下观点,并且此种观点也得到大量赞同:一是思想政治教育过程中教与学的对象性关系和格局并未根本改变,因为主要承担者、发动者和实施者依然是教育者,其教育行为的直接作用者依然是受教育者;二是主客体的内涵和地位发生了巨大的变化,教育者在教育过程中应该发挥主导作用,但失去了绝对的主体地位;三是教育者与受教育者是正确引导与适时灌输有机结合的平等、互动、开放、民主的教育模式;四是主体与客体可以相互转化。②

(三)微时代教育主客体关系的嬗变

1.教育者"主体弱化"突显

微时代是以微博、微信等微媒体为典型媒介的新媒体时代。高校教育者即高校思想道德教育的策划者、组织者和实施者是传统意义上的教育主体,他们主要包括高校各级党政管理者、辅导员和班导师、思想政治理论课教师、高校新媒体营运人员等。广义的高校教育者

---

① 徐建军.高校学生网络思想政治教育理论与方法[M].
② 徐建军.高校学生网络思想政治教育理论与方法[M].

还包括高校的广大教职员工和全体从事学生教育、管理和服务的人员。微时代信息资源、人际交往等的特殊性使高校教育者在教育活动中的主体地位和权威性、支配性受到严峻挑战。

微博、微信等媒体上的信息资源十分丰富,信息发布和获取方便快捷,信息转发和传播呈现裂变式增殖效应。因此受教育者获取信息和传播信息比大众传媒时代更方便快捷,教育者不再有传统教育中信息资源的绝对优势,从而导致微时代教育者的主体地位一定程度上呈现弱化。

在微博与微信等微资源和信息的接触上,教育者与受教育者在对资源的获取机会上是均等的,教育者不再对道德教育信息和资源拥有绝对的支配权和主导权。传统德育中由教育者对相关信息和资源先行筛选、理解和吸收,通过教育者的加工后,再对受教育者进行传授和教育的方式已经受到颠覆。

在对德育过程的调控上,传统的教育者"传授"和受教育者"接受"模式已经不奏效,即单一的"授—受"模式被瓦解。由于教育者与受教育者对德育资源的获得与信息的获取机会的平等性,传统的教师讲、学生听的"灌输"模式被主动沟通、平等互动和自由交流取代,从而也导致教育者对德育过程的掌控力减弱。

微时代德育双方即教育者和受教育者对新事物的个体敏锐性上,教育者对新事物的敏锐性常常不如年轻人。信息搜集与处理能力以及对新媒体的使用,年长的教育者一般也不如年轻人。这些也使得教育者的主导权即教育者的"权威"和"话语权"发生嬗变,教育者的权威受到挑战。

微时代德育过程中教育者的主体地位弱化还体现在教育者与受教育者的交往方面。教育者与受教育者的交往体现出交往过程的虚拟性与交互性,交往过程的平等性增强。新媒体环境中,教育者与受教育者之间交往过程的虚拟性体现在交往的虚拟化、模糊化,交往不再有固定的场所和特定的人群,受教育者的不确定性增多,导致主客体的泛化明显,相对于传统德育,交往过程的虚拟化削减了教育者的主体地位。

交往过程的平等性主要表现为教育者和受教育者以平等互动的方式共同参与教育活动,在信息的传递与获取方面,教育者与受教育者是平等的。在新媒体环境下,对信息资源平等的获取机会,使得教育者很难再进行"信息过滤",教育者难以再有信息的"先导权"和"支配权"。教育者一方面是信息的发布者,同时又是接收者和学习者。受教育者既是德育信息的接收者,同时又是信息的发布者和反馈者。这种主客体角色的相关性,致使教育者的权威性受到削减,教育者的主体地位呈现弱化。

2. 受教育者"主体强化"明显

微时代高校教育客体有广义和狭义之分,狭义的教育客体主要指微时代的高校新媒体信息的学生享用者。相对于传统教育的教育客体,新媒体视域的教育客体在信息吸收和媒介行为的自主性和能动性方面具有前所未有的优势。面对海量的教育信息,他们完全摆脱了传统教育选择方面的局限性。受教育者可以根据自身的兴趣爱好、个性特征、时空境遇等,对教育内容、教育方式等的选择有更多的主导权和决定权,因此,网络道德教育中受教育者的主体性得到了极大发展。

在微媒体等提供的"假面具"下,在网络道德教育过程中,受教育者在一定程度上可以不受现实中的社会关系与社会角色的限制,他们完全可以按照自己的意愿接受或拒绝乃至有时批评教育者的德育内容,从而不再像现实社会那样必须考虑教育者的感受,照顾教育者的权威和颜面。

新媒体环境下的网络生存方式,受教育者有信息选择的自决权、自主的价值认同权、信息反馈的主动权、参与的自由权等,这些赋予了受教育者在德育过程中更多的自主权与主导权,是对人的主体性的极大扩展。

另一方面,受教育者在对接收到的德育信息等的处置上,也体现出极大的能动性,导致客体角色发生转变。他们会对接收到的德育信息和内容直接转发或进行一定程度的加工,从而传播和影响到其他受教育者,此时受教育者的角色就由客体转变成主体。新媒体环境下,德育信息的丰富和开放,也为受教育者进行自我教育提供了条件,这也有助于他们主体性职能的发挥,即受教育者对他们自身实施教育。

另外,网络德育中受教育者的受制性大大降低,主动和主体性大大增强。微媒体提供的德育环境给受教育者提供了主体性扩展的平台,在整个教育活动中,大大提升了受教育者的主导性地位。新媒体德育环境下的受教育者,即便是接受了施教者给予的信息,但也不是被动的。他们不仅会选择和批判地对待教育者施加的德育信息,也会随时随地可以改变对原有教育内容的选择和批判。在传统教育中,一旦教育过程的主体与客体的对象关系建立起来,主客体的教育和影响就会开始。然而,在网络道德教育过程中,即使建立了教育者与受教育者的主客体对象关系,但作为客体的教育者仍有自由选择权。他们可以选择吸纳并内化教育者的教育影响,也可以选择批评和扬弃。杨立英专家曾研究发现,"网络受众即便是接受了施教者给予的信息,也绝非处于受动、被管制、被支配的地位,而是对主体施与信息有选择和批判权。"①

3. 微时代教育主客体关系重塑

微时代作为新的网络空间,教育者的"主体弱化"与受教育者的"主体强化"同时并存。网络道德教育中的这种新型主客体关系呈现出交互主体性特征。就传统德育活动中的主客体关系特征而言,骆郁廷专家概况为,一般情况而言"思想政治教育主体最根本的特点是具有主体性,而思想政治教育客体的根本特点是具有客体性,但又具有主动性"②。但是在新媒体环境的德育过程中,这种原则与特征与此不完全一致。事实上,在网络空间,"教育主客体

---

① 杨立英.论网络思想政治教育的主客体关系特征与教育创新[M].
② 骆郁廷.论思想政治教育主体、客体及其相互关系[J].

关系的现实存在状况是主客体关系的模糊化和地位的平等化"①。在网络道德教育中,教育者作为网络道德教育的组织者和实施者,社会赋予他们的根本角色没有改变,但具有"主体弱化"趋向。同样在网络道德教育过程中,受教育者的身份没有根本改变,但其相对自由、独立的主体性日益强化,在主客体关系中不断发挥作用,呈现"主体强化"现象。同时,网络道德教育中的主客体呈现出模糊化、相对化和地位平等化特征。网络道德教育中的主客体关系是"主动与被动并存的关系""能动与受动并存的关系",是教育者与受教育者不断建构的动态结构关系。

据此,对于微时代网络道德教育主客体关系的重塑,可以从以下方面着手。一方面,应肯定和高扬教育者的主体性。教育者是网络道德教育活动的策划者、组织者和实施者。教育者主体性的强弱制约着整个德育过程,并决定着德育功能与效率。受教育者主体性主要是在教育过程中才逐渐确立的,虽然网络为教育对象(受教育者——高校学生)提供了获取信息的便捷条件,但高校的教育对象正处于世界观等的形塑期,他们的社会经验和理论修养尚未成熟,他们本身没有具备深刻理解科学和系统理论的条件。他们不能只依靠自己的学习和思考来形成正确的人生观和价值观。换句话说,在网络道德教育过程中,只关心受教育者的主体性,不注意发扬教育者自己的主体性,网络道德教育的效果就不会理想。

另一方面,应重视和尊重受教育者的主体性。在网络和即时通信非常发达的微时代,在网络道德教育过程中,的确存在教育者"主体弱化"和受教育者"主体强化"现象。在网络道德教育实践中,网络道德教育主客体在获取信息、选择信息、发布信息上是均等的。网络道德教育活动过程中,受教育者(高校学生)在教育活动中具有"主体性"。换句话说,在网络环境下,从教育活动的整个过程来看,受教育者(高校学生)无疑成为信息选择和传播的"主体",必须注意和尊重受教育者(高校学生)的主体地位,必须重视、尊重和发扬受教育者的主体性。

再一方面,应促进师生的主体性互动。教育者与受教育者的主体性在网络道德教育中共同发挥作用,形成平等互动关系。这种平等互动体现在主客体地位的平等性、目标的一致性和影响的相互性三个方面。关于地位的平等性,是指在网络道德教育过程中,教育者和受教育者要充分认同和发挥自己的平等主体性(即网络德育过程中的平等身份),不存在教育者的领导和支配,教育者与受教育者在网络空间的地位是完全平等的。关于目标的一致性,是指教育者和受教育者都是围绕网络道德教育目标而发挥作用,都是以增进网络道德教育实效而形成的主体性。关于影响的相互性,是指教育者通过客观地传递教育信息,受教育者通过接收教育影响、内化为自己的信念并外化为行为,受教育者也可以拒斥教育信息,这些反馈到教育者就应该强化或调整新的教育内容或手段,从而实现持续的双向互动影响过程。

① 蔡丽华.网络德育研究[D].

总之,微时代的开放性使得人们在微博、微信等微平台完全接触,平等互动,加强交流,搭建了新平台。这为不同年龄层次和社会阶层的人由信息共享升华为思想共享创造了可能,为拓宽伦理道德教育创造了新契机。首先,辅导员、班主任应该注意学生在网络空间、微媒介或其他通信工具中展现的思想动态状况,及时进行针对性的教育引导。辅导员、班主任也可以利用微博、微信等新媒体实时性传播特点,在学生的节庆或遇到困难时,他们可以通过微博、微信等新媒体及时给予关注和关爱,从而得到事半功倍的教育效果。其次,思想政治理论课和哲学社会科学课教师可以将微博、微信等新媒体作为课堂教学的延伸,让学生充分表达自己的意见,让师生共同探讨交流,有助于形成共识。

二、微时代高校学生网络道德教育主体建设的依据

(一)加强受教者微行为研究与引导的需要

当前高校学生的网上行为,总体情况良好,许多学生能够主动积极地利用新媒体,比如利用新媒体获取信息、交流沟通以及学习和娱乐等。也有不少学生责任意识不强、自律意识缺乏,导致网络沉溺、过度依赖新媒体或违反道德的现象时有发生。这也是人们对新媒介环境中高校中受教育者褒贬不一的主要原因。更为值得注意的是,在我国的网络环境总体趋好的情势下,系统的和有针对性的网络立法还需进一步完善,相关制度和规范仍应加强。在这样的新媒介情境下,高校学生的网络行为主要靠自身的道德自律,这也是一些自律性差、自控力弱的受教育者放纵自己网络行为的主要原因。目前学界,尤其是不同学科领域的专家学者,分别从他们所属的传播学、教育学、心理学等学科视域进行分析和研究,但如何依据新媒体的发展特点和受教育者的兴趣爱好及心理特点与规律,加强受教育者的网络教育和行为引导,仍是值得深入探讨的理论问题,更是紧迫的现实问题。

(二)施教者改革传统道德教育模式的需要

在以微博、微信等新媒体为代表的微时代,微媒体具有较高的文化意蕴和科技进步,其中承载着更多的与时代同步的教育内容,比如科学意识、创新意识、信息意识,等等。微媒体对教育内容的承载方式更生动、形象、新鲜,富有生机与活力,这些更是克服了高校传统道德教育内容的先天不足。教育者作为这种通过微媒体进行道德教育的组织者和策划者,通过有意识的外显和内隐的方式,将生动而有教育意义的材料或内容通过微媒体传达给受教育者,从而达到教育的目的。

在传统的教育方式中,受教育者往往被当成被动的接受者、倾听者,而在新媒体环境中,无论是教育者还是受教育者,在媒介的使用上,机会和权利都是平等的,这也有助于充分调动受教育者学习和参与的积极性和主动性。新媒体在道德教育方面的充分利用,对教育者来说,这是一个良好的机会和渠道,但也是一个全新环境,对教育者的能力和观念等方面都是挑战,必须要求教育者转变教育观念,掌握和利用现代化的教育媒介,充分利用微博、微信

等微媒体进行道德教育,从而构建网络道德教育新模式。

当前,我国高校的网络道德教育实践还有许多不足,网络道德教育的理论研究体系还未形成。目前我国许多高校都有了学校和相关院(系)的微博、微信,但许多内容是学校动态、教学科研等方面的新闻或发展介绍,在为师生服务方面的板块和内容建设也参差不齐,忽视了"官微"的育人功能,忽视了教育的根本,更谈不上网络道德教育。还有的"官微"内容陈旧,形式不新颖,缺乏青春与活力,对受教育者没有吸力。相较于资金、技术和人员等现实问题,高校教育者尤其是管理者在顶层设计方面的理念创新更为关键。

(三)增强高校网络道德教育实效性的需要

加强高校学生网络道德教育,是培养有社会主义理想信念和高尚道德情操的社会主义公民的基本内容。从前述主体性分析,加强网络道德教育主体建设,就是要依据高等教育目标,牢牢把握高校育人为本理念,始终坚持育人为本、德育为先,紧紧围绕高校道德教育的根本,激发受教育者的内在潜能,调动和发挥他们的积极性和能动性,形成正确的道德观、人生观和价值观,成为对国家和社会有用之才。

从主体性发展来看,微时代的公民应是精神、智能、身心等的全面发展,应是完整的人,占有自己全面本质的人。网络道德教育主体建设应促进受教育者的全面发展,增强主体意识,开发主体智能,健全主体人格。增强受教育者的主体意识,作为教育者应注意引导受教育者认识自身在现实社会和网络空间的权利和义务,认识到自身的主体地位和应肩负的责任,从而增强自律意识,促进自觉性。开发主体智能,应开发受教育者获取新知识、掌握新技术的能力,帮助他们正确地获取信息,辩证地利用和处置信息,以及探求与创新的能力,合理调节人际关系的能力等。健全主体人格,主要体现在教育者应帮助受教育者在心智和品德等方面健康发展。而这些教育和引导都必然有助于教育者提高受教育者的道德教育实效性。

三、微时代高校学生网络道德教育主体建设的路径

通过前述不同学科视域对主体的分析,以及对德育主体建设价值的探讨,现拟就微时代高校学生网络道德教育由谁来教,亦即对高校学生网络道德教育主体建设的路径提出管见,权作管中窥豹。

(一)施教者主体观念的创新

思想是行动的先导,理念是行动的灵魂。施教者(教育者)对于网络道德教育的实践是网络道德教育理念的体现。高校教育者的教育观念对受教育者(高校学生)世界观和价值观的形塑起着决定性的作用,发挥着至关重要的指导和引领作用。面对微博、WeChat等微媒体的发展,高校教育工作者应该调整思维、改变观念,重新对微媒体环境下的网络道德教育进行审视。因此施教者(教育者)的网络道德教育理念更新尤为关键。

1. 树立教育双方平等互动的新主体观

在微时代,树立教育双方平等互动的新主体观,即是要求在高校学生网络道德教育过程

中,教育者与受教育者主体性应辩证统一,避免"单主体"的局限性。

在借助以微博、微信等微媒体为手段进行的网络道德教育过程中,教育者要按照社会要求组织实施思想道德教育,受教育者也要通过原有的思想基础和内部活动自主地进行积极的教育内化。也就是说,网络道德教育过程中,受教育者同施教者(教育者)一样,也是作为教育主体在网络道德教育中发挥作用的。受教育者需要施教者的激励和引导,施教者的主体作用主要体现在对受教育者主体性的激发和培育方面。

另一方面,施教者(教育者)的教育只有通过受教育者的主动、积极、能动的反映,教育的影响才能达成,教育的效果才能促成。因此,在微时代,施教者(教育者)有目的、有计划地组织、策划和实施教育的主体性作用仍然存在,起着十分重要的作用。与此同时,受教育者作为客体接受教育与受教育者体现主体性的主动教育是互补和辩证的。

在微媒体的时空境遇下,教育者与受教育者之间必须而且应当形成平等和协作关系,从而取代传统道德教育中教育者讲、受教育者听的现象。为实现网络道德教育目的,教育者与受教育者在合作交流中共同完成受教育者主体性建构。

教育者与受教育者之间丰富的交往关系和良性的互动形式是他们平等互动的表现。高校教育者可利用微博、微信等微媒体提供的自由、开放和民主的交流平台和机会,接纳和承认受教育者通过微媒体反映和表达他们关心或感兴趣的话题或问题,倾听和重视他们表达的心声。这有利于高校教育工作者了解高校学生的内心世界,了解他们的真实情感,以便准确地抓住问题的关键,从而帮助教育工作者进行有针对性的教育。教育者与受教育者的平等互动,能使德育工作更加贴近受教育者、贴近实际,进而取得理想的德育成果。

微媒体大行其道的网络社会为当代教育提供了新的文化境遇。微时代的教育者要在与受教育者平等对话的过程中,引导他们思想和行为的发展,这是对传统德育思想的更新和颠覆。从文化视角分析,"前喻文化"是传统德育的特征,即教育者向受教育者灌输教育内容,教育者是权威,教育者与受教育者之间没有平等的交流。而微时代带有文化反哺的典型特征,"后喻文化"是微时代文化视角的德育应有特性。即在微时代,受教育者走在微媒体使用的前列,是"微"社区的主体力量和文化创造者。在微媒体信息传播的文化场域下,受教育者在某些方面反而成了教育者的知识传授者和信息传播者。

信息社会中"最大的鸿沟将横亘于两代人之间……需要努力学习、迎头赶上的,是成年人"①。因此,高校教育者要充分认识和把握微时代德育的时代特征,在网络德育过程中,必须转变教育观念,树立教育双方平等互动的新主体观,重视平等交流和沟通,引导受教育者发挥自主性和创造性,从而增强德育实效。

2.秉持共性与个性辩证统一的新任务观

教育应促进社会的和谐发展,还应促进个体的个性发展。这是因为,长期以来,我们一

---

① [美]尼葛洛庞帝.数字化生存[M],胡泳,范海燕译.

直遵从并奉行的是集体利益应高于个人利益。但应该明确的是，集体又是由个体组成，个体是集体的一分子，没有个体的积极主动，就不可能有集体的发展和巩固。因而在不影响集体利益的前提下，要重视个人利益，支持个体的个性发展。

我们秉持共性与个性辩证统一的新任务观，必须克服片面的唯共性（社会价值）观，而且要防止片面地追求个性（个人价值）的唯个性观。共性与个性辩证统一的新任务观要求在维护社会共性（即社会价值）的前提下，充分尊重和平衡个人的内在需要，积极促进共性与个性的协调发展，促进共性（社会价值）与个性（个人价值）的辩证统一。

在新媒体环境下的网络道德教育过程中，教育者不仅要按照党和国家的教育目标和要求，朝着主流价值观的方向，开发和创设先进的教学资源。教育者在受教育者学习过程中要提供各种信息资源，促进受教育者个性发展。教育者还要根据新媒体时代媒介传播规律和受教育者的学习和接受规律，为受教育者创设必要的、最佳的学习环境，将它们融于教育活动中。受教育者应按照党和国家的要求，面对网络空间的海量信息，尤其是巨量的教育资源和信息，要进行辩证地判断和自主学习，实现自身主体性和个性的张扬，促进个体的个性发展。

3.坚持教化与激发潜能并存的新教育观

养成教育，即教化，主要是培养受教育者良好的行为习惯等的教育。激发潜能是指通过养成教育，充分调动人的主观能动性，发扬受教育者的自主性，最大限度地发掘人的内在潜质。养成教育是德育的基本目标，激发潜能是养成教育的延伸。

微时代环境下，在人的成长和发展过程中，新媒体的便捷性与受教育者的自主性同时并存。由于受教育者（青年高校学生）的年龄特征与心理发展规律，他们的世界观、人生观和价值观还没完全形成，还处于形塑的阶段。有专家指出，"管理服务学生，既是一个公共产品供给过程，又是一个蕴含理想、信念、价值观的全面育人过程。"[①]因此，面对新媒体传播信息的海量性，尤其是海量信息中正面或正能量的内容与片面或负能量的信息同时存在，作为教育者或管理者，在教育管理和服务受教育者的过程中，应积极倡导和传播主流价值观，同时要注意通过技术等手段规避和控制负能量的信息。另一方面要通过对受教育者进行网络伦理道德教育、网络素养教育、网络法制和安全等教育，使受教育者养成良好的网络文明素养和辩证的逻辑应变与处置能力，达成德育的基本目标。

人的培育和发展的过程，是人不断充实和完善的过程，也是超越原有状态的过程。人的主动性，需要充分激发和引导，才能得以释放和发挥。新媒体环境中的教育工作者，应尽力激发受教育者的兴趣，创设符合道德教育要求和已有道德现状的线索，尽可能地推动受教育者目前学习内容与过去的联系，使之朝着有利于道德教育目的的方向发展。因此，在网络道德教育过程中，施教者（教育者）必须发挥策划和组织的优势，充分发挥好激发和引导的

---

① 申小蓉.运用大数据助力学生管理服务精准化[N].

作用。

(二)施教者主体素养的提升

施教者(教育者)运用微博、微信等微媒体进行道德教育的基本素质和能力是进行高校学生网络道德教育的基础和前提。其中基本的素质是指施教者(教育者)要有过硬的政治素质和高尚的道德素质等。同时,施教者(教育者)要有运用计算机网络与新媒体进行工作的能力等。

宽范围和多途径的学习与培训是提高施教者(教育者)网络道德教育素质和能力的主要方式。就学习与培训的内容而言,首先是科学理论与相关专业知识。社会主义核心价值体系是我们行动的指南,是我们各项事业沿着正确的道路不断前进的根本保证。作为利用新媒体进行道德教育的教育者,必须坚持社会主义方向,弘扬主旋律,传播正能量。经常进行教育者的政治学习和业务进修是基本的理论提升方式。相关专业知识主要是具体经营或操作中要用到的教育学、心理学、传播学和信息科学等相关的理论与知识。教育学和心理学相关知识的学习是帮助教育者明白人的成长规律和知识与技能的接受规律,明白传播心理和接受心理等。传播学相关知识的学习是帮助教育者明白何为正确的传播和合适的传播。就学习与培训的方式而言,坚持集中学习与个别学习相结合,集中培训与分散培训相结合是提高教育者自身思想政治素质和业务能力的重要方式。

勇于实践是提高施教者的素质与能力的基本路径。利用微博、微信等新媒体进行高校学生网络道德教育的组织者和策划者,必须在认真学习相关理论和技能的同时,积极进行相关实践。列宁曾指出,"生活、实践的观点,应该是认识论的首要的和基本的观点。"①因此,施教者(教育者)只有参与实践,积极实践,才能将理论与实践结合,用理论去指导实践,在实践中增强实际能力和本领。

教育者自己要积极参与网上实践。施教者(教育者)只有积极地使用微媒体,主动地通过新媒体实践,对此才能有针对性地开展卓有成效的教育引导活动。同时,要鼓励和支持受教育者大胆和真实地进行网络实践,让受教育者真实地展现他们的思想动态,教育者才能真实地了解他们的所想所感。也只有受教育者的积极主动地实践,他们才可能通过微博微信等新媒体向教育者进行逆向的教育和指导。这也是典型的后喻文化的体现。

教育者要将新媒体虚拟空间的常规实践与创造性实践结合起来。网络道德施教者(教育者)除了经常在微博、微信等新媒体的虚拟空间进行聊天、讨论或心情发布,以及在虚拟空间发布一些有益信息等常规实践活动外,教育者还应善于引导受教育者参与相关讨论或辩论,通过组织或发动受教育者利用新媒体进行网上突发事件的处理等。这既发挥了他们的积极性和主动性,又使他们的认识得到提升;通过发动受教育者利用微博或微信等新媒体开展相关活动,激发受教育者利用新媒体开展活动的积极性和创造性,从而开展网上创造性实

---

① 列宁.列宁选集(第二卷)[M].

践活动。

(三)培育受教育者的主体性

在微时代,受教育者毫无疑问是使用微博、微信等新媒体的主体,也是道德教育过程中"主体化"的客体。如何发挥好受教育者的主体性,是高校学生网络道德教育路径建设的重要方面。

1.尊重受教育者的主体地位

教育的目的是培养人,培养全面发展的人。教育是培养受教育者的主动性、积极性和创造性,激发和引导他们的内在动力,促进他们的自我发展,使他们成为全面发展的人的过程。作为微时代新媒体使用者的"原住民",他们对微媒体有"先天"的自主性和主动性。这要求教育者放弃传统师者观念,应尊重和信任受教育者,在教育者与受教育者相互合作的基础上,组建平等与合作的新型师生关系,激发受教育者(学生)的内在动力,促进他们的全面发展,也实现"教学相长"。在教学内容方面,坚持以马克思主义基本原理为指导,兼具时代特色以体现改革创新,又坚守爱国主义的民族传统,从"国家层面""社会层面"和"个人层面"大力倡导社会主义核心价值观,从而培养既有国际视野又有中国情怀,既体现社会性要求又有自主性发展的人,即培养全面发展的人。有专家指出,中国高校学生工作的传统与使命,最核心的是"立德树人",要"崇德"和"道之以德"。"立德树人就是具有中国特色、符合中国实际的全面发展的人的教育"[①]。在教育方法方面,因微博、微信等新媒体的信息给教育者和受教育者提供的机会是均等的,教育者在利用微媒体对受教育者进行德育工作时,应该给予受教育者(学生)平等相待和自我展现的机会,使他们能够完全自我管理和自我服务,逐渐实现由他律达到自律。在微媒体环境中,教育者应该在平等和互动的观念指导下,积极促进师生的相互理解和合作。这种协作要求教育者既要充当网络道德教育的组织者和实践者,又要充当受教育者主体性建设的促进者、开发者和合作者的角色,从而实现受教育者自我教育、自我完善。简而言之,只有尊重受教育者的主体地位,培养受教育者的主动性和创造性,激发和引导他们的内在动力,才能促进他们的自我完善和自我发展,达成教育的目的。

2.增强受教育者的主体意识

自我意识是个体对自我内在状态或实践活动的感知和评估。受教育者的自我意识程度,在一定程度上决定了他们的自主性和自控力,也制约着他们主体性的发挥。因此,强化受教育者的主体意识,是微媒体环境增强德育有效性的前提之一。

网络道德教育应该提高受教育者的自我意识,引导他们进行自我教育,激发受教育者主观能动性的有效发挥。因而,新媒体环境下德育工作者(即教育者)要引导受教育者认识自我的主体地位,要勇于担责,网络空间仍然是权利与义务并存,网络空间不是法外之地。教育者要引导受教育者充分认识网络空间的个人与社会、自我与他人之间和现实社会的结构

---

① 冯刚.世界眼光与中国情怀:中国学生工作的传统、使命与创新[M].

和伦理道德之间有类似之处,引导受教育者既要充分认识和发挥自身的能动性或主体性,又要认识到他人主体性的存在,尊重和肯定他人的主体性。教育者要引导受教育者认识到有利于增强集体的主体性、推动社会的发展,才能很好地发挥自身的主体性。

3.开发受教育者的主体能力

主体认识世界和改造世界的内在力量和程度,即为主体能力。新媒体环境下,开发受教育者的主体能力是提升受教育者素养的重要内容。新媒体环境下,教育者要开发受教育者获取新知识、掌握最新技术的能力。从信息传播的角度讲,对教育客体进行网络道德教育的方式,应以引导受教育者选择正确信息与灌输信息并重。具体的主体能力可从以下两方面内容入手。

一方面,对微媒体信息的鉴别能力。虚拟空间的信息十分丰富,有益或无益的信息共存,存在价值多元现象,受教育者的信息选择和识别能力就至关重要。在海量信息中,准确高效地识别出积极和有用的信息,需要受教育者具有正确的世界观和敏锐鉴别力。

另一方面,快速正确的信息处置能力。对微媒体信息的鉴别能力是基础,快速正确的处理和利用信息是目的。受教育者对信息的快速和正确的处置能力包括对信息正确而快速地收集、处理和使用能力等。微时代中的受教育者时常置身于快节奏的"信息爆炸"社会,生活节奏的加快,时空的不规则与灵活性等,需要他们利用一切零碎的时间来进行阅读和了解信息,快速阅读和快速反应就非常必要。高校学生掌握必要的网络法制常识往往能指引他们做出正确的信息反应和处置。

4.塑造受教育者的主体人格

受教育者良好的性格特质、行为特征和思想品格对他们主体性的发挥起着重要的导向和激励作用。微媒体活动中,塑造受教育者的主体人格,不仅要培育他们良好的思想道德和性格品行,还应培养受教育者以自律能力为核心的网络道德。微时代,信息可以随时发布,典型的多级传播特性能致信息瞬时被人获悉。因此,受教育者自觉地用道德意志控制自己的行为,即增强道德自律就至关重要。我们要培养受教育者网络空间的自我约束力,增加他们自觉抵制微空间中不良信息的能力。

虚拟社会也有群体,也有人际交往。作为网络人际交往的主体,需要道德规范和准则的调节。塑造受教育者主体人格的重要途径之一,是以道德规范的力量培养受教育者主体的自律。受教育者作为网络人际交往的主体,只有时时"慎独",才不会坠入网络道德迷失的深渊。

在网络道德教育中,教育者要引导受教育者以真诚的心态对待虚拟空间的人和事,坚持网络诚信。教育者既要引导受教育者以认真的态度对待每一个角色,杜绝欺骗;也要引导受教育者以宽厚的品格处理虚拟空间的人际关系,宽以待人;同时还要引导受教育者以审慎的态度和反思的精神来对待自己的网络言行等。教育者要引导受教育者在网络与现实的结合中遵守网络伦理道德规范,提高道德自律性,避免网络虚拟环境下的主体人格迷失。

第三节　微时代高校网络伦理教育内容体系的建构

我国思想政治教育学界泰斗陈秉公专家指出,"思想政治教育目标和内容是思想政治教育本质的载体,是思想政治教育成功的先决条件。"[①]道德作为以人的内心信念、传统习惯和社会舆论维系的价值观念、心理活动、行为规范的总和,只有被主体所认同,并将这些价值观念等内化为主体的信念、意念、信仰,把思想道德化为主体自觉和实际的行动,思想道德教育的目的才得以实现。研究微时代高校学生网络道德教育内容体系构建,对加强微时代高校学生网络道德教育具有重要的意义。针对微时代各种"微媒体"所呈现的新特点、新问题,高校必须在高校学生网络道德教育内容构建方面与时俱进、不断创新,有效地对高校学生的思想和行为进行引导,促进符合社会规范的价值观念等的内化和外化,提高微时代高校学生网络道德教育的针对性和实效性。

一、网络道德教育内容体系建构的主要目的

思想是行为的先导。教育内容是教育思想的载体,是做好教育工作的关键。高校学生网络道德教育内容是高校学生网络道德教育本质的体现,是做好高校学生网络道德教育的根本。因此,建构科学和有效的网络道德教育内容,是高校学生网络道德教育成功的关键。

(一)培养高校学生高尚的网络文明素养

建构高校学生网络道德教育内容体系的首要目的之一是所建构的网络道德教育内容要有助于培养高校学生高尚的网络文明素养。新媒体的迅猛发展已经成为人们必备的生活工具,成为人类新的生存方式,已经完全融入青年学生的生活与学习。网络、微博、微信等新媒体在带给青年学生便捷与欢乐时,由新媒体应用等引发的道德文明悖论亦是不容忽视。网络文明作为一种新文明现象,是人、网络、信息三位一体的产物,是人类新的活动方式、思维方式和生活方式的展现。

吴克明专家曾指出,网络文明是"是人们在社会活动中依赖以文本、网络技术及网络资源为支点的网络活动而创造的物质财富和精神财富的总和"[②]。王中军专家认为,网络文明是"网络主体在网络社会实践中所应遵循的行为规范和伦理准则,以及在网络社会中表现出来的高尚的道德情操和积极的生活态度"[③]。由此可以概括出,网络文明是网络社会的产物,微时代高校学生的网络文明,应是青年高校学生在新媒体的虚拟社会实践中必须遵循的伦理道德准则和规范。网络文明是微时代必须重视的文明现象。

青年高校学生良好的网络文明素养,既指新媒体实践中青年高校学生高尚的伦理道德,

---

① 黄蓉生.当代思想政治教育方法论研究[M].
② 吴克明.网络文明教育论[M].
③ 王中军.网络文明建设中网民自律培育研究[D].

又指新媒体实践中符合规范的网络行为。

新媒体实践中青年高校学生要力争践行高尚的伦理道德,如具有明辨真伪不轻信的辩证思维,具有提高警惕不放任和拒绝诱惑不沉溺的自律意识,努力做到保持真诚不撒谎、履行责任不妄言、遵守协议不侵权等。虚拟的网络空间也是现实社会的延伸,所有公民都应为营造健康向上的网络环境,都应增强自律意识和底线意识,积极传播正能量。

新媒体实践中符合规范的网络文明行为,主要是要培养和教育青年高校学生利用新媒体要做到行为文明,时间、频率合理且有约束;青年学生既能充分发挥个性尽情娱乐,又要体现高校学生较高的文明层次和修养。

(二)培养高校学生健康的网络心理素质

高校学生网络道德教育内容体系要有助于提高高校学生对网络等新媒体的认知,应有助于培养高校学生形成良好的新媒体使用动机,有助于高校学生提升健康的心理素质,促进他们人生发展。

快捷、及时地获取信息和发布信息是新媒体的显著特点,超越时空和地域的变化只在点击操作之际。心理学相关研究表明,个体受到长时间大量碎片化信息的影响,他的感受程度会明显降低,相应的思维活动会受到严重的影响,思维会逐渐变得反应迟钝,甚至会受到抑制。研究还表明,当外界的信息超出正常载荷时,容易让人产生心理压力,逐渐使人们不能专注于正常的思考和工作,严重的将会致人产生认知障碍或产生其他的心理或行为问题。网络或其他新媒体所提供的虚拟空间中,海量的信息中,存在着不同价值观的信息,这些信息价值观念多元化,价值选择自由化,其中相互间时常有着或明或暗的冲突和碰撞,如果分辨力不强的高校学生频繁接触这些信息,如果没有及时引导和干预,没有正面声音的显性或隐形的引导,他们往往会出现价值取向或道德认知上的紊乱。价值多元容易导致青年高校学生是非观念淡薄,面对虚假和过剩的信息无法判断真伪,从而出现认知偏差。因此,高校德育工作者要有意识地通过微博、微信或其他新媒体,时常原创或转发一些有利于学生正确认知的内容,指导学生遵循"有益""健康"的标准,帮助学生增强是非判断力,从而有选择性地获取信息,正确地对相关社会现象或问题做出正确的判断和评论。

(三)培养高校学生自觉的网络安全意识

"没有网络安全就没有国家安全,没有信息化就没有现代化。"[①]可见,网络安全即为国家的安全,其重要性非同一般。青年学生是使用网络等新媒体的主力军,他们高度依赖网络或其他微媒体获取信息。当前,网络、微博、微信和其他微媒体迅猛发展,既为高校学生广泛使用微媒体提供了可能,也在高校学生面前呈现了海量信息。微博、微信等微媒体的开放性为不同意识形态或政治立场的信息传播提供了机会和渠道,不同利益群体的代表也利用微媒体进行其观点和意见等的表达。价值多元的信息,一方面为高校学生的多元价值选择提供

---

① 中央网络安全和信息化领导小组第一次会议召开习近平发表重要讲话.

了可能,另一方面理性选择、正确判断能力还不完全具备的高校学生也极易受到蛊惑和蒙骗。

　　因此,德育工作者应当对广大青年学生强化网络安全教育,利用微媒体加强社会主义意识形态教育,注意培养他们理性选择和正确判断的能力,有意识地引导高校学生增强社会主义认同感。德育工作者"应当借助微媒体图文并茂、生动有趣的形式","以实现对高校学生政治价值认同的引导"[①]。

　　此外,通过互联网特别是微博、微信等社交媒体,网友对社会热点事件或危机事件的意见和情绪的循环传播和累积,容易形成广域性和影响力巨大的网络舆情。网络危机事件的巨大舆情影响力和虚假、暴力等不良信息会严重毒害社会生态、消解社会共识。因而,德育工作者要增强网络安全意识,加强网络安全管理,充分利用微博、微信等微媒体弘扬主旋律,传递正能量,在微媒体等舆论空间激浊扬清,抑恶扬善,引导广大青年学生认识到网络空间不是法外之地,帮助他们透过现象认清本质。

(四)培养高校学生良好的网络伦理意识

　　微媒介空间是虚拟的,但伦理道德不能悬置。微博、微信等微媒体尽管展现的是虚拟的网络空间,但就其本质而言,它依然是人们交流感情、表达情感的场域,是人们互动交流的新平台。恩格斯曾经指出,伦理道德是"人们用来调节人对人的关系的简单原则"[②]。据此,必须承认伦理道德对于整个社会生活的维持和调节人们关系的重要意义,也可以认为,所有的公共空间包括虚拟的网络空间,有人存在或交流的地方就需要有道德规范和道德要求的存在。作为高校德育工作者,就非常有必要让受教育者对此有所认识,要帮助他们形成良好的网络伦理意识,在虚拟空间中也要有社会责任感。

　　教育内容要有助于青年学生(即受教育者)形成正确的是非判断标准,能将社会和谐有序和没有不道德、不文明行为等作为共同追求和珍视的利益与需求。培养他们有主人翁精神,共立规范,身体力行,追求高尚的道德境界。培养他们将正义、善良和维护多数人利益作为首选,避免他们中有人认为符号化交往或者"不在场"的行为就可以不负责任。

　　微媒体等形成的虚拟空间中,无论你是否承认,都确实已构成了一个与现实社会类似的个体间新的社会存在方式,即新的生存方式。微媒体等提供的虚拟空间相对自由,微民可以按照兴趣、爱好,方便地、及时地通过微媒体进行情感与生活的交流与分享。由此也为不同的文化和习俗等的传播、交汇等提供了平台,往往也是海量信息交汇之地。海量性还表现在信息的容量、种类、来源、方式的多样性,以及表现在信息流变、传递和交换的便捷方面等,其中不乏或积极或消极的信息。浩如烟海的信息既为学生发展提供了取之不尽的资源,也给学生造成了一定的信息选择的"窘境"。由于网络社会的特殊性,网络更是成为个人道德修养的"自留地",成为检验人的道德品质的试验场。人们的交流、交往或其他社会生活方式虽

---

①　侯菲菲,陈树文.微媒体环境下高校学生政治认同探析[M].
②　马克思,恩格斯.马克思恩格斯全集(第2卷)[M].

不完全与现实社会相同,但为了维护网络社会的正常运转,就务必会产生出一些新的道德规范和要求来规范大家的行为。在网络或其他虚拟空间中,每个使用者都自觉认同和遵守网络道德,才能维护网络空间的有序运行和良性发展,杜绝网络失范行为。

网络等虚拟空间的伦理道德虽然是与现实伦理道德既有联系又有区别的一种新型道德,但网络伦理道德依然扎根于现实社会之中,因而网络伦理道德教育内容来源于现实社会生活,植根于现实社会,但又应高于现实生活。青年高校学生只有对网络伦理道德及其特点有较深的认识和把握,才能有助于他们自身网络伦理道德的"价值内化",才能促进他们自身的网络伦理道德外化。因此,要教会学生在微时代学会理解和包容,学会选择和抉择,激扬他们对是非、正误、美丑的道德判断力,提高青年高校学生的道德判断能力。

二、网络道德教育的主导性内容概览

网络道德教育的主导性内容构建主要是对通过网络进行道德教育的主要内容进行探讨。专家杜时忠先生认为,"网络德育不能只是要求学生接受几条道德规范,而是要面对日益复杂的信息环境下,培养学生的道德判断能力、选择能力和创新能力。"[①]这就要求网络道德教育的内容必须突出道德理想和道德素养等方面的教育,突显教育的主导性。网络道德教育的主导性内容,要有助于"培养学生的道德判断能力、选择能力和创新能力"。

(一)理想信念教育

网络道德教育内容中的道德理想主要是通过网络或其他微媒介进行高校学生的理想信念教育。理想信念能对个人的成长契合国家与民族发展起着引领和导向的作用。对个人来说,理想信念对人的灵魂、斗志和行动起着直接和决定性的重要影响。良好和积极的理想信念能点燃人们生活和奋斗的激情,激发才智,激励前进。对于国家和民族来说,高尚和积极的理想信念更是国家和民族不断前进的动力。由此,坚定理想信念才能让个人与民族正常发展,理想缺失和信仰迷茫将会产生严重的危害。

我们党和国家长期以来一直重视宣传思想工作,注重加强对传统媒介的管理和使用,但随着网络和新媒体的快速发展,网络空间和舆论管理的难度也大大增强。当今高校的青年学生,他们正处于世界观、人生观和价值观的形塑期,也是从不成熟走向成熟的过渡时期,他们的可塑性极强。高校的受教育者(青年高校学生)喜欢和容易接受新事物、新观点,他们有积极上进的一面。微媒介环境下,网络上意识形态的冲突变得既隐蔽化又复杂化。在虚拟空间,各种思想仍然鱼目混珠,良莠不齐,西方思想更是不遗余力地对我国进行思想和意识形态上的渗透,企图腐蚀青年学生。尤其是随着网络和其他新媒体的高速发展及迅猛普及,尤其是网络空间存在的"鱼龙混杂"和"泥沙俱下"的信息,甚至暴力或敌对信息等的存在,高校学生容易受非无产阶级思想和意识形态的影响,从而动摇其价值信念。

---

① 杜时忠.德育＋论[M].

网络道德教育的核心是要运用网络或其他新媒体对受教育者(青年学生)进行世界观、人生观等教育,着重解决受教育者主观与客观的思想和认识问题,还要着力于培养学生的创新思维和创新能力。

由于网络德育中渗透式教育更容易为受教育者所接受,因而在具体的教育过程中,要注意将高校学生的理想信念教育有机融入高校学生的思想政治、社会实践和高校文化环境中,让学生受到潜移默化的影响。为解决受教育者的"信仰""信念"和"信心"问题,解决青年学生深层次的思想问题,党的基本路线教育、爱国主义教育等都是网络德育内容的重中之重。我们还必须运用新媒体开展相应的马克思理想信念教育,使青年学生成为具有远大理想和爱国情操的社会主义合格建设者和可靠接班人。

必须注意的是,由于微时代的信息碎片化特征十分明显,广大青年学生碎片化学习和碎片化的浅阅读非常普遍。因此,在微环境具体进行理想信念教育时,应注意不要长篇大论,要充分利用微媒体对教育内容进行碎片化的处理。其中要注意教育内容的科学性、引领性和导向性,同时又要注意理想信念教育的趣味性,语言和表达要符合青年高校学生的表达习惯和接受习惯。

(二)爱国主义教育

网络道德教育内容中的道德理想还包括通过网络或其他微媒介进行高校学生的爱国主义教育。当前仍有部分人认为,网络空间是没有民族和国界之分,网上无所谓"国"与"家",不存在"爱国与否"一说。诚然,世界上任何人无论国别与种族等只要连网,只要登录 Twitter、微博或微信等即时通信工具,就可交流与分享。一定程度上导致人们误认为,网络虚拟空间是没有现实社会的国家边疆与边界之分。但我们都知道,网络空间不是法外之地,不是"乌合之众"聚集之所。

网络技术虽能改变人类的交往方式,但无法改变人的本质属性。马克思曾指出,人的本质"在其现实性上,它是一切社会关系的总和。"[①]这里的现实性即指人是生活在一定的阶级社会中,是具有阶级属性的,是阶级社会中一切社会关系的集合体,人不可能脱离一定的社会阶级或阶层而存在。简而言之,人是存在一定的阶级中,归属于一定的民族与国家。网络虽能使人可跨国界去交流,但作为网络使用者的人,即网络主体,不可能游离于国家与民族之间,脱离于某一国家与民族而存在。据此可见,网络不可能是超越国家与阶级的自由天堂,不可能是没有意识形态影响的"世外桃园"。这也说明,有阶级的社会必然要求网络主体自觉维护国家与民族的根本利益。

另一方面,网络的开放性和分散性也应该体现出全球性和去中心化,不应是某国或某种语言的"独霸天下",网络包容性应体现出不同国家或地区的特色。因此,世界各国在大力发展自己的互联网技术和产业的同时,都应注重网络内容和信息建设的本土化,兼顾教育的全

---

① 马克思,恩格斯.马克思恩格斯选集(第 1 卷)[M].

球化和民族化,突出强调网络道德教育中的爱国主义教育。

高校学生是正在接受高等教育且具有较高综合素质的青年。他们是国家的未来和民族的希望,他们的爱国意识和国家情感对整个国家与民族的前途起着决定性的影响。蔡丽华专家指出,"由于互联网具有超国界性",学生过分沉迷于网络,则"可能使学生网民对自己的国家越发陌生"①。因此,整个社会尤其是高校必须通过网络和其他新媒体强化受教育者的爱国主义教育,增强学生的民族自豪感和自信心,增强学生的爱国热情和报国决心。

爱国主义应是高校网络道德教育和网络文化建设的基本内容。在具体的教育内容构建中,必须得到突出与强调,并与民族精神结合。民族精神是一个民族长期以来为大多数成员所具有的内在品质、心理特征和价值追求。经过五千多年的繁衍生息,中华民族的民族精神具有鲜明的爱国情结。如团结一致、爱好和平、勤劳勇敢和自强不息,等等。这都是中华民族永续发展的不竭动力。因此,高校学生的网络道德教育内容中,要注意培养学生的爱国情怀和创新能力,也要注意培养高校学生的全球意识和爱国精神。

主流媒体或高校官方微博、微信等,由于微媒体或版面本身对内容要求的特殊性,以及微媒体信息发布和报道的便捷性等,爱国主义教育应结合具体的大事件或小琐事,只要有助于培养受教育者的爱国情怀,教育形式和表达方式也应随之更新和改进。

(三)人文素养教育

网络道德教育内容中的道德素养教育应包括通过网络或其他微媒介进行高校学生的人文素养教育。中华民族几千年的繁衍生息,五千多年的文明和发展,创造了灿烂辉煌的中华历史和民族文化。历史在发展,时代在进步,优秀的文化传统需要年轻一代继续传承、发扬和挖掘。中华文化瑰宝作为中华民族生生不息的基础和根基,人文科学知识等是文化和历史的积淀,需要教育者和受教育者好好整理、利用和传承。

无论是过去还是当前,西方发达国家经济上的优势比较明显,发达国家往往借助他们强有力的经济财团或专项资金的支持大力发展其网络文化,通过网络或其他新兴媒体向全世界进行西方文化和意识形态的传播与渗透,通过网络和其他媒体向世界各国渗透其主流思想及文化。为维护中国公民尤其是青年高校学生对中国优秀传统文化的认同和传承,教育者必须有意识地通过网络等新媒体,进行中华民族人文传统和科技进步内容的传播、教育和引导,激励当代青年弘扬中华文化,增强他们的民族文化自信心、社会主义道路自信心,增强认同中国特色社会主义理论的自信心,同时也增强他们开拓创新的自信心、自豪感和源动力。

微时代高校网络道德教育的主导内容应注重学生的人文素养教育,其中包括中华传统文化、中华传统美德、自然科学常识、世界先进文化等人文科学知识与活动等。以下人文素养教育方面的内容应是网络德育者重点关注、传播和传承的内容。

---

① 蔡丽华.网络德育研究[D].

首先是我国优秀人文传统经典内容。我国优秀的文学、历史和哲学等经典内容是中华民族生生不息的不竭源泉和动力。五千年的中华优秀文学、历史和哲学等是微时代青年高校学生健康成长的必备精神食粮。几千年的中华优秀文学、历史和哲学等能让当代青年在面对西方文化的冲击时,保持清醒而不过分狂热,保持警醒而不迷失方向,坚守客观而少主观臆断,走向高尚而远离低俗。中华优秀文化传统中的明礼、修身、崇德、向善等内容,"为仁由己""自省""慎独"等修身律己思想,世代激励着中华儿女自强不息、奋勇向前,更应是微时代青年高校学生理应坚守和秉承的传统和美德。"为仁由己"和"慎独"等思想,其本质是提倡道德自律,强调个体有坚定的道德意志和鲜明的道德情感,应坚守自己的道德信念。当然符合中华民族主流价值观的世界上优秀的文化如文学和哲学等,也应以开放、包容和客观的心态去对待和介绍。微时代世界各国文化间交流与融合十分频繁,青年高校学生应当理性接纳外来文化。这些都将有利于我们培养既有中国情怀,又有世界眼光的青年学生。

其次是自然科学方面的内容。当代青年应具有文化内涵和道德底蕴,还应具有科学思维和品质。因此当代德育工作者在网络道德教育活动中,必须注重对高校学生进行自然与人文的教育,注意二者的并重,促成青年学生文理交融,自然与人文兼容。德育工作者在网络德育活动中,要使青年学生明理、明智、启智,提升青年学生的网络人格素养,促成青年学生全面发展。事实上,当代高校学生求新和创新的意识强烈,他们对先进的科学发明和发现非常感兴趣。作为微时代的德育工作者,要有意识地因势利导,在网络德育活动中传承和介绍自然科学成果和成就,增加网络德育的吸引力,提升网络德育的实效性。

再次,作为高校的德育工作者,要有意识地利用微博、微信等微媒体开展网上科技等活动,从而将网上科技活动作为网络德育的主要内容之一。高校德育工作者或新媒体运营者通过微媒体开展网上科技等活动,让受教育者通过参与网络知识、新媒体创意或新媒体设计等微媒体活动,激发青年高校学生的创新精神和求知欲。通过网上科技活动的开展,能极大地将微时代高校学生应有的高尚情操和科学精神内化为青年高校学生的网络人格素养。

(四)诚信敬业教育

诚信,即诚实、守信之意。《周易》中曾提出,"修辞立其诚,所以居业也",即是说君子的议论或行文应诚实、真诚,绝不欺骗,才能有所建树,做出业绩。[①]《四书章句集注》中也提到,"诚者,真实无妄之谓,天理之本然也"[②]。"诚"是指真实、真诚、不欺骗。也有专家简明地指出,诚信就是一个人在言行等方面对他人和社会等的真诚和信任。[③] 诚也有以下之意,"诚",既不自欺,也不欺人。诚,要求人们应认识并且承认自己的真实状态,真诚地面对自己。诚,也要求人们与他人交流沟通时实事求是,不说谎,不掩盖或歪曲事实,不欺骗他人。"信"的本意是人的言语真实可靠,它包括言语真实和说话算数。"诚"和"信"基本含义相通,即"诚

---

① 龙庆华.高校诚信道德建设研究[M].
② 龙庆华.高校诚信道德建设研究[M].
③ 唐凯麟.大学诚信读本[M].

实"和"守信",真实不欺,实事求是,信守承诺。"诚"和"信"的细微差别在于:"诚"更多的是指"内诚于心","信"则侧重于"外信于人"。[①]

随着历史向前,诚信的内涵得到不断深化、充实与完善。出现商业诚信、经济诚信、网络诚信等与特殊行业或载体相关的社会关系的道德需求。作为道德范畴概念,诚信应表里如一,同时要求人们应承担责任、信守诺言、言行一致。

我国儒家思想的代表人物之一孟子认为"人本性善"。他认为,人天生就有"恻隐之心""羞恶之心""辞让之心"和"是非之心",即四个"善端",而道德是在人性基础上产生的。他也是"性善论"的代表。这种观点至今的启示意义在于,教育者只要用恰当的方法,调动起受教育者内在的道德要求,加强道德感的培育,加强诚信教育,就能促进学生优良的诚信道德品质的唤起、激活和提升。因而,教育者尤其是高校的教育管理者,应注意通过微博、微信等微媒体,加强学生的诚信教育。教育者尤其是高校的教育管理者,应注意通过微博、微信等微媒体,促进青年学生对诚信的认知、内化和外化。

敬业,其实质与诚信有相通或共通之处。敬业是职业岗位对从事职业者的要求,应该对职业岗位或从事的工作认真负责,信守承诺,所做与所要求一致。作为未来的职业人,受教育者应在校期间得到敬业奉献的相关教育。高校的教育者应通过微媒体等对他们进行职业理想、工作信仰、责任意识、职业规范和职业道德的教育。通过正面典型案例或榜样的塑造或宣传,让受教育者形成诚信、敬业的意识,形成正确的价值取向。

(五)形势与政策教育

微时代,高校教育者要通过网络、微博、微信等媒介对青年学生进行形势与政策的教育。对青年学生进行形势与政策教育,目的是引导受教育者学会运用马克思主义的立场、观点和方法分析问题,正确认识国内外形势,防止对形势与政策的片面性、表面化和绝对化认识,形成正确的认知和良好的心态,促进受教育者道德心理的平衡,培育良好的道德,从而更好地指导他们的现实和网上行动。

微时代的高校形势与政策教育要注重时效性,体现灵活性,形成全方位、立体性的教育模式。高校形势与政策课是一门政策性、时效性、针对性很强,涉及面很广的思想政治教育课,是对青年学生进行形势与政策教育的主要渠道和主要阵地。高校教育者利用网络、微博、微信等媒体对高校学生进行形势与政策教育,既是对高校形势与政策课的补充和拓展,也是对受教育者进行形势与政策教育的新途径与新手段。既是宣传党和国家的路线、方针、政策,解决深化改革和发展中的热点和难点问题,是消除受教育者思想中的疑点、困惑的有效形式,也是提高受教育者思想素质、道德素质和政治素质,激励他们树立崇高理想信念,勤奋学习,报效祖国的有效方式,是团结广大青年学生,化解矛盾,解决突发事件必不可少的手段。

---

① 唐国战.诚信内涵研究综述[J].

高校教育者利用网络、微博、微信等媒体对高校学生进行形势与政策教育,要利用恰当的形式或栏目传播国内外重大事件,帮助受教育者深刻认识和正确理解党和国家的基本路线、方针和政策,了解前进中的有利条件和不利因素。高校教育者要利用网络、微博、微信等媒体中的恰当板块或栏目传播国家的经济形势与经济工作重点,就业形势与就业政策,反腐倡廉与廉政建设,等等。利用网络、微博、微信等媒体对高校学生进行形势与政策教育,培养受教育者正确认识国际国内的形势,正确认识个人前途与国家命运的关系,形成胜不骄、败不馁的道德情操,激发爱国热情,增进勤奋上进动力和民族自信心。

第四节　微时代高校网络伦理教育创新方法探讨

一、微时代高校学生网络道德教育方法创新的必要性

网络道德教育过程是教育者借助一定的媒介和手段传播网络道德教育内容,受教育者经过内化网络道德教育要求,外化为网络道德行为,达成教育者所期望的网络道德品质的过程。以先进和有益的道德信念和规范塑造人的灵魂,以远大的理想和科学的信念鼓舞人的精神是思想道德教育的目标,亦是网络道德教育的目的。传递或传播教育内容,实现教育目标,都在考量网络道德教育方法的选用。

(一)微媒体的传播特性要求网络道德教育方法创新

微时代的网络道德教育是在微博、微信为代表的微环境下进行,其载体的科技含量高而且特征鲜明,传递或传播的特殊性相对明显。

由于移动互联网和各种移动智能终端的发展,微时代无时与无处不在的网络服务让人们可以在任何时间和地点获得网络与信息服务,促成了网络信息的泛在化实现。微媒体图文并茂、声像结合、动静相应,体现了技术与艺术的结合。传播更加生动、直观,吸引力更强。因微媒体对字数或界面等的限制,微民们的信息分享或传播常以短句、图片或表情等来说明事实或分享感受。分享和传递的内容简短,只言片语、言简意赅、重点突出。微媒体构建了点对面的信息扩散场域,信息扩散具有基于人际网络之上的多级传播属性,形成多级传播系统。信息可以随时发布,瞬时被人获悉。置身快节奏的"信息爆炸"社会,高校学生也喜欢速读和浅阅读,他们普遍以碎片化的时间和阅读习惯获取"碎片化"的信息。

交互平等的传播方式,教育信息的快捷时效,极大地拓宽了高校学生们获取信息的渠道。微媒体上的信息传播已跨越时间和空间的限制,拓展了青年学生的交往范围。微环境不受时空的限制,信息传播快捷,信息获取平等,人人可以共享网上信息,使网络道德教育的形态从平面走向立体、从静态变为动态、从现时空变为超时空。浩如烟海的微信息同时也为教育者开展网络道德教育工作提供了充足的资源。可选择性、无权威性和非强迫性的微媒体承载的网络道德教育内容和资源,可以使得网络道德教育过程更具亲和力、人情味,从而

对受教育者也更具吸引力。

要占领新的思想道德教育渠道和阵地,网络道德教育内容就要遵循"微"传播规律,生动有趣、富有内涵,还应具有吸引力和感染力。这些要求网络道德教育方法必须创新。

(二)微受众的生存方式要求网络道德教育方法创新

微受众,又叫微民,即微媒体受众的简称。此处的微受众主要指微媒体环境里的青年高校学生。如今的高校已经无人不"微",无处不"微"。

微博、微信等微媒体为人们创造了新的环境或空间,提供了新的生存或交往方式。微博、微信等微媒体环境里,微受众或微民,可以采用实名,也可使用匿名,现实社会人际交往的角色或身份可以淡化、虚化或被掩盖。青年学生可以按照自己的喜好在微博、微信等微媒体上驰骋。微媒介提供的虚拟空间可以说是新奇无常,异彩纷呈,对猎奇求异的微受众(青年学生)极具吸引力和诱惑力。微时代的青年高校学生更加独立、自主,信息获取渠道更广,了解的信息内容更多。微博、微信等微媒体有助于他们拓宽视野、更新观念、拓展想象力、张扬个性和提升主体意识。微博、微信等微媒体为他们提供了主动参与、积极实现自我的广阔平台,青年学生的主体性得以生成和体现。但也存在部分微受众(青年学生)由于自控力较弱或自律性较差,易于对微媒体过度迷恋。过度沉溺就会对他们的交往方式产生深刻影响,还可能导致部分人出现行为冷漠和偏差。比如部分微受众遇到挫折或困难时,倾向于去微空间中寻求慰藉,严重的甚而出现主体冷漠、人际淡漠,逃避现实,产生人际障碍或者出现心理疾患。另一方面,大学校园的受教育者们正处于价值观形成期,他们的世界观和人生观尚未形成,极易受到他人的影响。

微时代的道德教育过程是一个相互作用,相互影响的互动过程。微受众的生存或存在方式的新特点或新问题应引起高校教育者的足够重视,时常关注,及时引导。这些都要求高校的教育者应充分发挥微博、微信等微媒体的优势,既要正确回应,合理引导,也要改进教育方法,巧妙有效地对微受众(青年学生)进行网络道德教育。

(三)传统道德教育滞后要求网络道德教育方法创新

社会微博、微信等媒体上信息众多,良莠杂陈,由于受一些不良信息潜移默化的影响,部分青年学生很容易产生思想上的动荡和价值取向上的偏离,价值重心倾斜。许多高校建设的微博、微信等平台的道德教育内容少,力度不够,没有吸引力,没有形成特色鲜明、影响较大的活动阵地。许多高校学生认为目前大部分高校微博、微信的道德教育效果较差。青年学生更关心乐趣、时尚和个性化的内容,他们对说教化的深邃思想、价值不感兴趣。多数高校的微博、微信内容刻板、栏目呆板,缺少服务性、亲和力与吸引力。部分高校的官方微博、微信的关注度不高,访问量少。还有许多高校官方微博或微信的栏目道德说教意味太重,道德灌输色彩过于浓厚,无法引起学生的共鸣,导致关注量少,点击率不高。

部分高校教育者的思想道德教育素质面临挑战。微时代对德育工作者的自身素质和相关专业技能提出了更高的要求,尤其是年长者学习、掌握和运用微博、微信等微媒体技术有较大的难度。在高校既懂思想道德教育理论又能熟练掌握和运用微博、微信等微媒体技术的人才缺乏，往往出现二者不能兼得的现象。

微时代的德育方法若是仍然单一，过于说教化，重单向传授，轻双向交流，必将长期处于德育低效的困境。胡恒钊专家认为，"思想政治教育低效性是长期困扰高校思想政治教育的一个顽疾，关键在于方法滞后，难以走进学生的心灵世界"[①]。

针对微时代的时空境遇和微媒体的传播特点及青年高校学生的生存和接受特点，必须突出网络道德教育方法实现网络道德教育内容的针对性和时效性。教育有法、教无定法、贵在得法，微时代的高校教育者必须"以彼之道，为我所用"。

二、高校学生网络道德教育方法创新的基本原则

道德教育原则是高校德育工作者对受教育者进行思想道德教育所依据的规则和要求。明确微时代的网络道德教育原则，对于实施高校学生网络道德教育，提高微时代德育实效性具有重要意义。

(一)坚持科学灌输与隐性渗透相结合的原则

微时代的高校网络道德教育方法要求具有动态交互性，坚持灌输与渗透相结合，显性教育与隐性教育结合。"主动灌输是我们党做思想政治工作的一大法宝和优势。"[②]德育灌输原则也曾在我国高校学生的道德教育实践中发挥过重要作用，产生过重要影响。

无产阶级思想政治工作者的灌输方法是特殊历史时期的产物，但随着时代的进步和环境的发展，除应与时俱进外，灌输教育的合理和可取之处还需坚持。"灌输并不是不考虑人的接受能力的填鸭式硬灌，而是通过初期的灌输，唤醒人的价值主体的自我教育意识，进而达到价值的实现。"[③]微时代，网络道德教育的灌输，指高校教育者通过微博、微信等媒介，有计划、科学、合理、巧妙地对受教育者进行网络道德教育内容的灌输。杨久华专家认为，"意识形态教育的根本任务是在调动人的积极性、启发人的自觉性、挖掘人的创造性中把我们党的先进思想灌输给他们。"[④]在微时代，仅是传统的说教式的教育会引起学生的反感与抵触。发挥高校官方微博、官方微信的教育功能，是高校教育者开办微博、微信的目的。

高校官方微博、微信要想得到更多受教育者的关注，方法上应充分利用隐性道德教育。隐性道德教育"由于教育目的的隐蔽、教育方法的有趣、教育方式的新颖，所以教学的效果也比较明显"[⑤]。隐性道德教育可以避免单纯道德教育灌输而导致受教育者主体性的缺失，可以弥补正面教育太过正式的影响，可以减少受教育者的逆反心理，增强道德教育的亲和力。

①　胡恒钊.高校网络思想政治教育实施方法研究[D].
②　李炳毅.网络思想政治教育概论[M].
③　李合亮.解析与建构:当代中国思想政治教育的哲学反思[M].
④　杨久华.信息网络化与党的教育方法改进的思考[M].
⑤　胡恒钊.西方思想政治教育方法特点及其借鉴意义[D].

隐性道德教育有"润物细无声"的效果。因此,显性道德教育必须与隐性道德教育相互配合、相互渗透、相互补充。微博、微信等拓展了隐性道德教育的时间和空间,增强了隐性道德教育的吸引力。渗透原则是在道德教育过程中,注重对学生进行潜移默化的影响。"渗透"往往是指将事物或力量逐渐融入其他方面中去。渗透教育往往是指教育影响通过文化、环境等介质而逐渐融入受教育者的身心,使他们在不知不觉中受到教育感染和涵化,达到教育者所期望的教育效果。渗透教育在网络思想道德教育中的运用,必须遵循受教育者思想品德发展规律,突显对高校学生主体地位的尊重,通过多种形式和多种渠道对他们进行熏陶和感染,让受教育者在潜移默化中接受网络道德教育和提升网络道德品质。

因此,高校要坚持把科学灌输与隐性渗透结合起来,充分利用和积极优化网络道德教育环境和条件,加强网络思想道德的宣传教育,传递核心价值观,弘扬社会主旋律,对受教育者进行思想影响和情感渗透。

(二)坚持网上教育与网下引导相结合的原则

在微时代,以微博、微信为代表的新媒体是对高校学生进行网络道德教育的重要平台和手段。通过微博、微信渠道对高校学生进行网络道德教育并不排斥其他教育手段,微博、微信渠道的高校学生网络道德教育也不是万能的。

微时代应充分发挥网上教育与网下教育的合力,发挥新媒体与常规教育手段的互补优势。高校的教育者要重视利用微博、微信等微媒体更快捷、更有吸引力、更形象、更生动、更有感染力的优势,及时和全面进行网络道德教育。高校教育者要重视利用微博、微信等媒体或手段收集道德教育资源,发现学生思想动态,及时对学生的不道德行为进行纠正,对学生的思想进行引导,做好正确舆论导向。同时要加强学生现实中的思想道德教育,做好网下教育。受教育者的许多思想问题最终解决需要在现实中实现,因而网下的德育工作是解决网上道德问题的基础。

由于微时代"人人都有麦克风",很多学生更愿意在微博、微信中表露自己的心声。这就为德育工作者有针对性地进行思想道德教育创造了条件和契机。同时,学生在微博、微信上表露的学习或生活中的实际问题,需要在现实生活中去认真解决。更为重要的是,如果受教育者在微博或微信中反映的现实问题或诉求不能在现实中得到及时有效的解决,只能更加激起受教育者们的反感,乃至产生更大的危机。只有解决他们的实际问题,才能保证网上道德教育效果。

现实中的德育要求或内容,通过微博、微信等进行宣传教育,有助于受教育者对这些要求或内容的认识和了解。现实中重大的热点或难点问题,除在微博、微信进行阐释或说明外,网下面对面的交流能促进他们的理解,增强教育引导的效果。网下德育形式如课堂教学、座谈、报告等,集体讨论与个别沟通结合,仍是开展网络道德教育工作的有效途径和不可或缺的补充。

(三)坚持网络管理与真诚服务相结合的原则

微时代的教育、管理与服务互为补充、相得益彰,管理中也蕴含有教育。申小蓉专家结合工作实践和学术研究非常明确地指出,"管理服务学生,既是一个公共产品供给过程,又是一个蕴含理想、信念、价值观的全面育人过程。"①说明管理服务本身也是育人的手段,科学有效的管理和服务也是全员育人、全方位育人的体现,科学有效的管理服务的实质也是育人。

受教育者正处于成长的关键期,他们思维活跃、积极向上、人生观尚未定型。通过必要的教育与管理,可以帮助他们提高认识,增强自觉,最终成为合格人才。

在微博、微信等媒体提供的虚拟空间,教育对象的隐蔽性弱化了教育的针对性,有时舆论走向的失控更是增加了道德教育的难度。由于我国微博、微信等微媒介起步时间较短,相关管理规范和行业自律还较弱。加之青年学生正处于价值观和人生观的形塑期,他们的判断能力和选择能力还需加强。加强行业管理和相关规范的制定就尤为必要。为维护风清气正的网络空间,营造健康文明的微博、微信环境,加强网上有害信息的控制,依法依规予以约谈、处理或打击并关闭内容问题较大的微博、微信是必要的管理措施。高校教育者应根据网络道德教育的特点和具体情况,大力宣传和普及相关法律法规,同时也应对高校本身和学生实际制订行为守则,使受教育者受到教育和影响。加强监督管理,传播文明规范,营造积极健康的微空间,要加强主导性信息的发布,引领正确的舆论导向。但"防、堵、控、管"的方法只是暂时和局部的,尤其对高校或青年学生的微博或微信等难以取得绝对有效的效果。有时青年的需求和想法相对较单纯,他们通过微博、微信等微媒体表达的合理诉求也很正常。因此,既要加强微媒体的管理和监控,又要密切关注学生思想动态变化,增强服务意识。

高校教育者要对学生的思想问题及时进行合理疏导,做好思想沟通与心理疏导,做好相关服务,做到以理人、以情感人,解决他们的现实问题。德育工作者要树立起服务意识才能增进教育效果。互联网在我国发展的初期,有专家就曾指出,"网上教育功能的实现离不开服务,必须将教育与服务相结合、寓教育于服务之中。"②教育者必须要将微媒介承载的教育功能与服务功能整合,通过快捷、有效的服务,才能增进受教育者对道德教育内容的认同。

通过高校微博、微信服务学生以达到思想道德教育的目的是高校开办微博、微信实现教育功能的首选。高校微博、微信能否被广大受教育者(即高校青年学生)接受、关注和喜爱,是提高教育效果的关键。高校官微或社会主流微博、微信若没有较高的关注度和浏览量,即使内容积极、正确,教育的影响或德育的实效性也难以达到。必须增加服务性、娱乐性的内容,如建设或发布与青年学生需求相关的生活、学习、就业、心理健康等相关的服务性内容。让学生在接受服务的过程中受到积极教育和正面影响,在教育中提高思想认识。只有将高校微博、微信所承载的思想道德教育与真诚服务学生结合起来,才能提高关注度和浏览量,增强网络道德教育的效果。

(四)坚持道德教育目的性与规律性统一原则

微时代的高校网络道德教育活动是教育者有目的、有计划、有组织地通过网络、微博、微

①　申小蓉.运用大数据助力学生管理服务精准化[N].
②　袁贵仁.扎实推进高校思想政治教育进网络工作[J].

信等媒介或手段对受教育者进行思想引导和行为影响,改善和提升高校学生群体网络道德状况的活动。教育者在达成道德教育目的的过程中,要能够使所采用的网络道德教育方法既能达到道德教育的目的,又要能够体现网络、微博、微信等新媒体的媒介特点,以及思想道德形成过程的规律性和受教育者接受教育的主体性规律。

受教育者思想道德形成过程的规律性表现为"人的思想道德形成过程由'知、情、信、意、行几个要素构成'"①。知,即知识或认识。高校教育者只有通过网络、微博、微信等新媒体对受教育者进行网络道德观念的传授或传播,受教育者对思想道德关系及处理这些关系的原则或规范有所认识和了解。受教育者对思想道德关系或原则的了解,才能运用这些认识进行思想道德判断和指导行动。这也是教育微博、微信传播正能量、弘扬主旋律的应有之义。情,即情感、共鸣或体验,受教育者对教育内容或方法的爱憎或好恶。只有教育者的教育影响对受教育者产生情感上的体认,引起他们的共鸣,受教育者良好的情感才能形成,才能对他们的行为产生调节和助推作用。信,即信念或信仰,是受教育者对一定道德认识引起情感的共鸣后产生的较为持久或坚定的信念。意,即意志,是受教育者实现德育目的的内在毅力或力量。行,即行为,是受教育者经过一定的道德认知,产生道德情感,形成道德信念,实现道德要求或履行道德义务所采取的行动。知为起点,情是关键,信是动力,意是支撑,行是目标。"按照马克思主义的行为观,人的思想政治品德形成过程要解决的基本问题,就是如何使受教育者将获得的思想道德认识转化为相应的行为实践。"②这也说明,微时代的高校学生网络道德教育方法的选取,也要有助于受教育者将网络道德认识转化为道德实践,形成道德行为。

网络道德教育方法的合规律性要求道德教育过程要充分调动和发挥受教育者的能动性和创造性,将青年学生作为道德教育的价值主体,尊重他们的主体地位。微时代的高校学生网络道德教育不是简单的道德准则或伦理规范的传授,不是简单的理想信念要求的发布,而是教育者与受教育者通过互动交流达成的心灵沟通。微时代的高校学生网络道德教育必须尊重、理解和信任受教育者,理解青年学生的需求,理解他们对网络、微博、微信等的好奇和向往,理解他们在现实或网络世界遇到的困惑和迷惘,谅解他们对传统教育引导方法的不配合甚至排斥。如果不能使道德教育对象的尊重和需要得到满足,就难以收到好的网络道德教育效果。

网络道德教育方法的合规律性还要求在网络道德教育过程中要注意把握受教育者的个体差异。微时代的网络道德教育,必须把握网络道德教育对象和矛盾的普遍性与特殊性,具体问题具体分析。教育方法的采用要彰显受教育者的主体性,突出教育过程的交互性,体现对受教育者个体差异的人文关怀。针对青年学生反映的问题或表现出的思想动态,既要做出具体的分析,又要考虑个体差异。网络道德教育过程中应注意把握马克思主义哲学中矛

---

① 黄蓉生.当代思想政治教育方法论研究[M].
② 黄蓉生.当代思想政治教育方法论研究[M].

盾的普遍性与特殊性原理,对受教育者进行网络道德教育时要注意分析学生的年龄、年级、学科等特点,针对不同特点进行有针对性的教育,才能达成教育目标。

三、高校学生网络道德教育的基本方法

微时空环境下的高校学生网络道德教育,应坚持和发展正面灌输等网络道德教育的基本方法。

(一)正面灌输法

灌输法由来已久,在德育工作或思想政治工作中发挥过重要作用,且影响深远。有学者研究发现,灌输法是"我们党做思想政治工作的一大法宝和优势"[①]。灌输法在我国高校学生的德育实践中也发挥过重要作用,产生过重要影响。只要运用恰当,灌输法同样适用于微时代的高校学生网络道德教育,而且正面灌输也是对受教育者进行思想道德教育的必然要求和应有之义。有学者认为,"'灌输'作为思想政治教育的方法,其本身也是思想政治教育学科的研究内容"[②]。列宁关于"灌输"的经典论述成为思想政治教育灌输理论的标志。他认为"工人本来也不可能有社会民主主义的意识,这种意识只能从外面灌输进去"[③]。其实,在马克思主义发展史上,"灌输论"经历了从萌芽到完善的过程,马克思恩格斯等马克思主义者也有相关表述。有学者统计,在马克思恩格斯著作中文版里的"灌输"一词约有 50 处[④]。只是在理论完善和实践运用及扩大社会影响方面则要归功于列宁。

马克思主义经典作家对灌输法的运用和强调,绝不是有的人所理解的生搬硬套和强行硬灌,绝不是不讲方法、不分对象的一味注入。马克思主义"灌输论",侧重"灌输的教育意蕴"[⑤]。他们更多的是注重启发引导和结合实际,反对强迫手段和空洞说教,强调应坚持科学的灌输内容和启发式的灌输方法。由此可见,实现人的精神自由和自主发展,帮助学生进行正确的思考和实践,形成正确的理想信念和道德情操,是教育的目的,也是灌输的意图。我国思想政治教育学界泰斗张耀灿先生也曾强调,"在灌输教育中又要把功夫放在讲清马克思主义的基本原理上,为学生认识世界和改造世界提供科学的世界观和方法论,这是一项打思想基础的教育。它更强调科学性、思想性、理论性,同时又要注意与艺术性、生动性恰当地结合起来。"[⑥]

无产阶级思想政治工作者的灌输方法是特殊历史时期的产物,虽然时代在进步,媒介在发展,灌输方法的合理和可取之处还需坚持。人们为完成政治社会化,由于对"其社会的主

---

①　李炳毅.网络思想政治教育概论[M].

②　余斌.马克思主义经典作家关于"灌输"的论述及其启示[M].

③　列宁.列宁全集(第六卷)[M].

④　陈力丹.精神交往论:马克思恩格斯的传播观[M].

⑤　孙来斌,高岳峰."灌输"的双重视界——马克思主义"灌输论"与当代西方灌输批判理论的话语差异[M].

⑥　朱江,张耀灿.大学德育概论[M].

流思想不甚了解,灌输就成为他们思想政治教育的最好选择"[1]。因人的正确思想不可能自发产生,灌输教育有其合理性。

在网络、微博、微信等微媒体环境下,高校教育者必须坚持主动灌输、科学灌输、正面灌输的方法来占领网络道德教育阵地。微时代信息的传播、知识创新异常迅速,如果网络道德教育在内容、方式、策略上不与时俱进、推陈出新,就会被非道德、其他社会思潮或敌对势力的思想所占领,就会丧失社会主义思想道德等主流价值观的影响力和引领性。

当今世界总体和平,我国改革开放和社会建设也取得了非常喜人的成就。但在取得巨大成就和展现祥和局面的同时,国内外各种社会思潮多样并存。在主流意识形态激扬传播的同时,各类其他社会思潮也激荡不止、喧嚣不歇。"在当今社会的一些关键节点或特殊时期,各类社会思潮更是涌动不停、交锋激烈。"[2]如果我们不弘扬主旋律,不科学灌输主流思想,不主动传播主流价值观,就是放弃了意识形态新领域和新阵地,就会丧失主流思想的影响力和战斗力。如果我们总是主动出击,积极灌输,科学灌输,思想道德教育及其他意识形态工作领先一步,就会取得网络道德教育工作的主动权。

在微时代,发挥高校官方微博、官方微信的教育功能是教育目的也是灌输的手段。"意识形态教育的根本任务是在调动人的积极性、启发人的自觉性、挖掘人的创造性中把我们党的先进思想灌输给他们。"[3]关于灌输的具体内容和方法而言,高校官方微博、微信应大力宣传社会主义核心价值体系及相关内容,大力倡导和弘扬一切有利于培育和践行社会主义核心价值观的思想和精神,大力倡导和弘扬一切有利于改革开放、民族团结、社会进步、人民幸福的思想和精神,用正确、积极、健康的思想文化占领网络、微博、微信空间,向受教育者灌输凝聚人心、积极向上的思想和观念。

微时代的道德教育灌输是科学的灌输,能动的灌输,注重教育的科学性、思想性和艺术性。特别强调的是,微时代的网络道德教育灌输,必须注重微媒体本身对传播内容的版面要求或字数限制,必须注意信息碎片化和受众浅阅读的现实,因此灌输必须合理灌输,有效灌输,科学灌输,注重渗透性的灌输,也要注意互动交流,同时要与解决学生的实际问题结合,循循善诱,让学生在潜移默化中受到教育和影响。

(二)价值澄清法

网络道德教育价值澄清是指教育者在对受教育者进行网络道德教育时,根据不同的教育对象,运用经过特别设计的个别交谈、对话等方式,指导和帮助他们进行价值判断和选择,获得明晰的价值观念,形成受教育者个体积极的价值观的过程。价值澄清网络道德教育方法的主要目的是帮助受教育者形成和提升他们自己的价值观。价值澄清强调价值对行为有着重要影响,教育者在对受教育者进行网络道德教育时,通过给受教育者充分的独立思考、

---

① 李合亮.解析与建构:当代中国思想政治教育的哲学反思[M].
② 刘继强,申小蓉.新媒体环境下社会主义核心价值体系引领社会思潮探析[M].
③ 杨久华.信息网络化与党的教育方法改进的思考[M].

深思熟虑、自由选择、自主决定和自我评价的机会,发展和培养受教育者的网络道德意识,培养价值判断的能力。

网络、微博、微信等虚拟空间是信息的海洋,各种信息充斥其中,价值多元化是客观事实,价值选择的多元和自由化提升了网络道德教育的难度。教育引导受教育者针对虚拟空间的客观事实做出正确的价值判断和价值选择,这对高校德育工作者提出了更高的要求。

德育工作主要是解决思想认识问题,不能用简单的呵斥和批评去解决。有学者指出,网络思想政治教育就是"教育者利用现代网络技术,提高其(青少年)思想认识和道德观念的活动"[①]。实践证明,价值澄清法是培养高校学生选择与判断能力的有效方法之一。在德育过程中,教育者通过分析、判断、评价,帮助受教育者减少价值混乱,通过言之有据和评之有理的疏导,帮助他们获得明晰的价值观念。有专家认为,价值澄清的重点,即教师教育工作的任务是"帮助学生澄清他们自己的价值观而非将教师认可的价值观传授给学生"[②],而且价值澄清"所关注的主题都很贴近学生的现实生活,充分尊重学生的主体性选择与自由,因而受到广泛的好评"[③]。因此,价值澄清法是微时代网络道德教育的基本方法,也是重要的方法,是深受学生喜爱的方法。

(三)情理交融法

情理交融法,即情感陶冶,说理引导,也就是教育者通过网络、微博、微信或其他媒体对受教育者摆事实、讲道理,晓之以理、动之以情,理与情结合,情与理交融,以理服人的教育方法。情理交融法作为一种重要而有效的思想政治工作方法,主要用于解决人们的思想道德和认识问题。要解决人们的思想道德和认识问题,必须采用说服教育,说理引导。认真把握和用好情理引导,做到情理交融是说服教育的关键。情理交融法的运用要求教育者要启迪和引导受教育者自觉实现思想转变,形成正确的道德观念。

首先,教育者要先做深入的调查研究,掌握受教育者的真实状况,准确判断其思想问题根源。全面了解和掌握受教育者的个人情况,受教育者思想问题所产生的根源。微时代的高校学生网络道德教育的重心应放在针对高校学生的思想实际和现实状况的基础上,引导受教育者自觉接受和选择有益信息,实现网络道德教育信息内化到外化的转变。

其次,教育者要端正态度,理顺逻辑。微媒介上的引导不适合讲大道理,不适宜作全面综合的分析,而要一事一议,有理有据。教育工作者应为青年高校学生提供方法和思路来解决问题,帮助他们做出正确的选择。

再次,情理交融就是要求采用说服教育。对人民群众进行工作必须采取民主的说服教育的方法,决不允许采取命令主义态度和强制手段。情理交融法要求教育者要注重情感交流,激发情感共鸣。

---

① 李凡,李德才.关于网络思想政治教育方法创新的思考[J].
② 檀传宝.德育原理[M].
③ 檀传宝.德育原理[M].

最后,引导方式要情、理、法结合,突出正面教育。情理交融法要求教育者应注重情、理、法结合,即在教育引导过程中注意把握法律法规、社会道德规范和受教育者的情感需要之间的联系和区别,以及他们之间的内在统一性,不过分强调规定和要求,多讲情理、个案和案例等。对高校学生的引导要及时,通过正面和及时的教育,用正确的思想进行引导,使受教育者受到启发,提高道德认识和思想觉悟。

另外,情理交融强调的是面对网络、微博、微信或其他新媒体,教育者要充分发挥客观事实和科学理论的力量对受教育者进行正面教育和情感熏陶,应使受教育者在不知不觉中接受熏陶感染和潜移默化的教育。

总之,在进行网络道德教育时,应正确分析受教育者的思想实际,进行有针对性的疏导和引导,真正做到以情感人,以理服人,情理交融,培养受教育者对网络空间或微博、微信上传播的不良或有害信息的防腐意识,同时增强自律意识,遵守网络道德。还应该注意解决受教育者的实际问题,对受教育者通过网络、微博或微信等反映的问题,相关部门要尽快落实和解决。

四、高校学生网络道德教育的主要方法

微环境及其技术的特殊性,对人们的思想和行为的影响非常大,高校德育工作者必须创设和运用一些如微平台建设吸引法等重要的网络德育工作方法。

(一)平台建设吸引法

平台建设吸引法,特指高校教育者通过精心策划和组织高校微博、微信栏目和内容,以健康积极的内容、务实有用的信息、直观新颖的形式,吸引受教育者注意力、关注度和认同感,并通过他们的关注和认同以接受思想道德教育影响的方法。新媒介诸如微博、微信等建构了人们"自由"表达和获取信息的新平台。有学者认为,"在'微传播时代',传播的扁平化趋势更加明显:每一个手持移动终端的个体都是一个传播节点"[①]。也有学者认为,"将思想政治教育内容恰当地植入到思想政治教育主体的博客、微博、微信等个人空间是提升思想政治教育实效性的一个途径"[②]。因此,高校应利用官方微博、微信等让学生获得信息,表达诉求,受到思想道德教育。高校通过官方微博、微信等使教育者的思想道德教育内容等进入受教育者的眼和耳,并达到融入受教育者脑和心的目的和效果。

从传播平台供给来看,因高校"微平台"是信息发布的出色载体、言论表达的开放平台、展示公众形象的良好工具,几乎所有的主流媒体都建立了自己的"三微"平台(微博、微信、微视频),政企院校的"三微"平台日趋完善。然而,高校微平台的真正效用,除信息发布、展示高校形象等之外,还应落实在它是高校育人的手段和媒介。也就是说,高校微平台必须具有教育功能,且教育功能应是高校微平台的主要功能。如何创建和增强高校官方微博、微信或

---

①　姜瑶,伍林生.传播语境中研究生思想政治教育"三微"平台的构建[J].
②　朱小娟.从网民关注点谈网络思想政治教育内容的优化[J].

高校二级机构与部门微博、微信的教育影响力和吸引力是高校微博、微信平台建设的关键，也是平台建设法效果显著与否的关键。对于如何用好平台建设法，如何创建和增强高校官方微博、微信的影响力和吸引力，具体可从运营团队的选建、平台内容的选用与组织，以及增强平台互动效果等方面进行探讨。

第一，强化高校微平台构建意识，打造微平台运营团队。

微时代，高校"微平台"是每位在高校的受教育者及其家长最为关注的高校内涵，也是部分毕业的校友持续关注的母校情结所系。高校教育者要具有新媒体思维，重视新媒体在德育工作中的运用。大力宣传新媒体教育服务的重要性，消除对新媒体运用的疑虑和畏惧。高校要创办高校官方"微平台"，同时也要鼓励各单位各部门开通二级单位或组织的微博、微信，为鼓励工作的积极性和主动性，必须在经费、人员等方面给予支持。高校也应鼓励和提倡教师撰写高质量的博客、微博原创"微文章"，鼓励教师拥有学生"粉丝"。还应注意打造微博名师、微信名家，培养"意见领袖"，让传播内容有趣和富有感染力，使"微内容"具有专业权威又即时真挚，引起受众共鸣。

高校应成立高校"微平台"建设与运营领导小组，组建高校"微平台"运营团队。高校"微平台"运营团队可以教师为主导、学生为主体，充分发挥受教育者的积极性和主动性。选用文化素养较高、富有责任心、具备创新思维、乐于接受新事物的年轻团学干部充实到运营团队中来。运营团队中要形成技术、美工、文字编辑、记者、摄影等协作机制，发挥团队力量，奉献集体智慧，分工合作，多方协作。第二，秉承"内容为王"根本，奉献富有吸引力的"微内容"。王树荫专家指出，"依据思想政治教育形式、内容与效果三者的辩证关系原理，只有当形式和内容适当并且二者关系协调时，思想政治教育才会有实际效果，才谈得上思想政治教育质量的提升。"[①]有研究报告显示，高校微博的内容通常包括活动、信息公告类（如就业、讲座或其他通知等）、新闻宣传类（高校各类重大事件）、动态直播类（以图文并茂实时跟进高校某些事件过程，学生粉丝参与为主）、人文箴言类（以高校发展历史、优秀校友为主，并转发一些感悟励志类内容）。[②]对此，作为高校精心打造的以微博、微信为代表的微平台，应着眼于策划更贴合受教育者需求的板块或子栏目。考虑到用户友好界面，应让受教育者能便捷地使用高校微平台获取信息，对于微平台上的图文信息，应进行类别化处理，分板块发布，让受教育者易于翻阅和找寻。对于高校微平台上的图文信息和板块，大体可分为新闻资讯类、通知公告类、动态展示类、励志美文、民生维权、文明创建类等栏目。

新闻资讯类栏目，可适当选用国内外重要事件或新闻，及时推送国内外重要资讯，以及校内外媒体关于高校各类重要事件报道，让受教育者了解社会动向，不断推动受教育者树立正确的世界观。

通知公告类栏目，以各项活动以及讲座通知、招生信息、就业信息、生活服务类信息等为

---

①　王树荫,石亚玲.论提升思想政治教育质量的着力点[J].

②　王欢中.因高校官方微博研究报告[P].

主。活动类信息,最贴近受教育者需求,最易吸引受教育者关注,可用专门板块发布。也可发布紧扣培育和践行"社会主义核心价值观"方面的宣传教育主题,开展如"奋斗的青春最美丽"等系列活动,不断推动受教育者树立正确的人生观。

动态展示类栏目,主要是用图文并茂的形式实时报道或跟进高校某些活动或事件过程,展示高校形象和受教育者组织或参与活动的真实风采,也可宣传高校发展历史、展示高校优秀校友风采等,以及宣传优秀典型,推动受教育者树立正确的价值观。

励志美文类栏目,主要是原创或转发一些感悟励志类的人文箴言、"心灵鸡汤"、优美短文等。励志美文方面的内容如励志文章、人生哲理、"心灵鸡汤"等,有助于用温暖、贴心的文字传递正能量,弘扬主旋律,陶冶受教育者心灵,培养他们高尚的道德情操,推动受教育者树立正确的道德观。

最为关键的是,在打造高校微平台、构建微内容的过程中,高校教育者应秉持教育服务理念,坚持立德树人根本宗旨,体现以人为本服务意识。高校教育者应认真聆听受教育者心声,切实解决受教育者实际困难,筑牢引导和服务受教育者理念。关于受教育者的生活资讯、就业创业、志愿者服务、提议或讨论等,应及时回复或响应。新颖时尚的服务内容,应着眼于吸引力,立足于实效性,满足受教育者个性需求。高校通过"微平台"上教育资源和生活服务项目的开发,向受教育者展示图文并茂、形象直观的资源,比如"微课堂"和文学经典"掌上阅读"等,用轻松愉悦的互动方式,感染和激发受教育者的求知欲望。

第三,注重互动至上技巧,增强微平台的持续关注活力。

高校要加强与受教育者互动,用受教育者喜爱的微言微语交流,通过主题活动凝聚受教育者,通过传播主旋律引领受教育者,通过真诚服务感化受教育者。

在互动方式方面,可采用"微讨论""微访谈""微提议""微公益"等形式,通过微平台,借助微力量,提升新活力。比如"微讨论",可依托社会热点事件组织受教育者在微平台进行讨论、交流,引领受教育者树立正确的人生观、世界观和价值观,形成正确的道德观。又如"微提议",高校可在第一时间将与受教育者学习、生活相关的信息在微平台进行发布,征求受教育者意见和建议,让受教育者敢于和乐于通过平台表露心声。高校教育者对"微提议"中收集到的信息和意见,对受教育者的心声,应认真对待,言行一致。教育受教育者要诚信,教育者首先要诚实可信,言而有信,践约履诺。

随着以人为本意识的深化落实和落地生根,"微平台"的功能也在由"宣传"向"服务"转变。在真诚服务方面,关于受教育者需求服务方面的内容,如婚恋问题、就业创业、学习实践等,可邀请专家在线答疑解惑,让受教育者获得指导和回复,让受教育者真正从内心感受到高校的温暖。高校微平台首页可适当捆绑官方微博与领导、名师、学生组织的微博,以及官方微信公众号等,形成微平台传播矩阵,发挥教育影响的集群效应。适时地发布祝福、箴言、寄语等,能拉近与受教育者的心理距离。另外,高校教育者还应营造积极、健康、活泼的高校微平台氛围。

(二)虚拟实践训练法

虚拟实践训练法是指高校教育者精心组织和利用网络、微博、微信等媒介构筑特定的模拟空间或场景,模拟某种道德实践活动,让受教育者自主做出道德选择,培养道德意识,形成道德情感,体认道德行为,从而达到对受教育者进行网络道德培育的方法。作为微时代信息技术革命下的新型实践形态,虚拟实践"是指按照一定的目的,通过数字化中介系统在虚拟时空进行的主体与虚拟客体双向对象化的感性活动"①。

虚拟实践训练是受教育者在特殊的模拟场景中进行有目的、有计划和有组织的探索性虚拟实践活动。虚拟实践一般由主体、客体和介体三大要素组成。微时代虚拟道德实践中的虚拟实践主体是受教育者,客体是信息数字化所创构的虚拟情景与特殊项目或活动,介体是微媒介信息技术、虚拟技术、多媒体技术设备或智能终端。

由于独特技术的帮助,人们可以试验各种想到的可能情境。虚拟实践活动是人们现实生活实践的延伸和创造,有其现实基础。虚拟伦理道德实践是对"非现实的真实世界"的建构,是人类道德生活实践"数字化"的延伸,是教育者有目的地对网络道德实践活动的摹写和再创造。教育者可结合中国传统文化和世界文明进步中丰富的伦理道德文化资源,运用图文并茂的信息技术,制作虚拟或仿真的多媒体道德教育内容或项目,从而模拟真实的道德实践环境对受教育者进行伦理道德教育。微博、微信或其他网络空间的热点事件和热点问题可作为虚拟道德实践的选题。由此创设的虚拟情境,让参与虚拟实践的受教育者进行理论分析和价值评判。受教育者通过虚拟情境中的道德现象、道德问题或道德事件进行批判考察与理性分析,达到网络道德教育的目的。

为使虚拟实践教学体系真正发挥其实效,虚拟实践必须坚持以学生为中心、以教师为主导、与课堂理论教学相融合等原则。② 以学生为中心是教育的根本主旨所在。以学生为中心即是要以受教育者的认识水平和思想实际等为根本,只有受教育者理解和接受才能提高虚拟实践的针对性和实效性,实现道德知识的内化和道德意识的外化。虚拟道德实践的设计和组织,教育组织者和策划者的主观能动性是关键。应注意发挥教育者设计、策划、创作、组织和调控虚拟实践的积极性和创造性,才能更好地启发和引导受教育者进行虚拟道德实践。关于虚拟道德实践情境的创设,应注意突出虚拟情境的临场感、多感知性和交互性,让受教育者能身临其境,运用多种感官进行直观而自然的训练。虚拟道德情境的创设还应注意受教育者的身心特点和道德实践内容的正面性。

虚拟道德实践作为超越现实的特殊的创造性道德实践活动,与传统实践相比,具有虚拟实在性、即时交互性、现实超越性和自主创造性。虚拟道德实践作为特殊形式的实在,其实践形态是独特、新颖的虚拟实在。虚拟实践主客体的"虚拟实在关系"处于"在场"中而相互作用,即时反馈和互动,主体的感知和反映能超越现实,具有更大的自主探索性和创造性。

---

① 孙伟平.论虚拟实践的哲学意蕴[M].
② 金伟,韩美群."红色"虚拟实践教学在思想政治理论课中的运用[J].

有专家指出,"通过虚拟实践、虚拟交往这类不断超越现实的创造性活动,极大地提升了人类活动的自主性、目的性,为人的生存发展和价值实现开辟了新的空间"①。因此,虚拟实践训练法的效用非常明显。

虚拟道德实践利用虚拟技术以及虚拟现实技术构建现实的道德情境,使受教育者身临其境地进行虚拟伦理训练,其情境的现场感、形象化和自主性,能充分调动受教育者的积极性和主动性,让他们在虚拟情境中自主地思考和处理道德问题,有助于受教育者熟知道德规范并形成处理道德问题的能力。随着时代的进步,理论的拓展和媒介技术的发展,虚拟道德实践训练的形式还会日益新颖和丰富。

(三)技术处置取舍法

技术处置法,主要是指为防止高校负面舆情在网络空间发酵,产生不确定性的能量冲击波以至导致群体极化,高校管理者和德育工作者等一方面应从物理技术上,依法依规加强包含微媒介在内的网络空间管理和规范控制,另一面是指对高校舆情引导方法要有"技术",即高校要正确对待受教育者的诉求,做好舆情引导,做好教育引导和服务。

从传播学的视角审视高校网络舆情,最著名的是网络舆论的蝴蝶效应。简单的解说即为,在网络空间或新媒体时代,网络或微博、微信上的一则信息经多次转发和评论,最终可能形成极大的舆情乃至严重的危机。而这些奇异因子具有极端性、冲突性、戏剧性和敏感性等特征。

网络空间或微博、微信的媒介生态中,传播的即时性已是事实,大众传播中的"把关人"角色在微时代已经淡化乃至缺失,加之网络空间相关内容容量的倍增,作为意见集散地的网络或微媒介,多元声音以碎片化状态快速重复和细化,由于"孤立恐惧"的存在,"沉默的螺旋"现象产生,其中负面网络舆情很容易产生"群体极化",引发公共危机。

传播学中著名的"沉默的螺旋"理论(The Spiral of Silence),其核心思想是受众为了防止孤立而受到"社会惩罚",他们会倾向于依据"多数"或"优势"意见而积极大胆地表明自己的观点,当处于"少数"或"劣势"意见时则转向"沉默"或附和多数人的意见,从而形成"劣势意见的沉默"和"优势意见的大声疾呼"如此循环的螺旋式扩张。而在微时代,少数网民的意见受到众多网民的支持,有可能使"沉默螺旋"迅速倒戈。这两种情况的产生,都印证了一个不争的事实:在高校部分受教育者由于利益诉求没有得到及时解决或满足,加之自身道德意识差或自律性较弱,很容易在微媒体上发泄不满或煽动,相同利益诉求的群体或不明真相者容易多次转发或评论,舆情形成并不断扩大和升级。如果不能采取有效措施,"沉默的螺旋"现象产生,"噪声"会越来越大,"正确"的声音可能会越来越小,严重的情况就可能产生群体极化,引发群体性事件,产生社会问题。

为防止高校网络舆情的负循环,避免高校网络舆论蝴蝶效应和群体极化,高校管理者和

---

① 孙伟平.论虚拟实践的哲学意蕴[J].

德育工作者等应该多管齐下、有所作为。一方面从物理技术上,依法依规加强管理和规范控制,类似用"眼睛对屏幕"①的方法获取相关信息,及时对敏感信息进行关注和跟踪,对不合规或不合法的帖文备份后删除或请求相关部门处理。另一面是指高校舆情引导方法要有"技术",即高校为避免网络舆论中的蝴蝶效应产生群体极化,必须正确对待受教育者的诉求,打好提前量,做好舆情引导,更重要的是要倾听和有所作为,做好教育引导和真诚服务。

为避免高校网络舆论蝴蝶效应和群体极化现象,从物理技术层面上,高校管理者和德育工作者等在依法依规基础上,"必要时可通过'封''堵''删''禁'等手段,阻断信息源头和传播渠道。"②高校教育者可依法依规对受教育者的敏感信息进行重点关注和跟踪。对敏感信息和特殊个体的关注和跟踪,是在信任与关心受教育者的基础上,其主要目的是更好地帮助和引导受教育者形成正确的思想道德观,成长为遵纪守法的合格人才。就目前的相关技术手段而言,关注或跟踪主要可利用搜索引擎技术和网络信息挖掘技术来进行,如敏感词过滤和智能聚类分类等,而随着社会的发展和技术的进步,新的技术手段的更新,对受教育者的思想预测、技术监控会更为有效。高校教育者在关注和跟踪到受教育者的敏感或过激思想信息,经分析判断后,应及时引导,发布正面事实,澄清各种谣言,通过相关措施删除或屏蔽错误帖文,防止思想混乱和事态恶性发展。

技术处置法虽能解决一定问题,哪怕能做到及时和稳妥,但也只是应急之策。真正做好受教育者的思想引导,加强受教育者的文明素养教育,培育学生的文明和理性,促进受教育者的道德自律才是治本之策。

五、高校学生网络道德教育的特殊方法

"无人不微"与"无时不微"的微环境下,高校德育工作者必须要善用微言微语互动等特殊的网络道德教育方法,突显微时代高校学生网络道德教育实践操作的特殊性。

(一)善用微言微语互动法

善用微言微语互动法是指教育者根据微媒介的特点和微民们的阅读和表达习惯,适时选用受教育者喜闻乐见的方式和微博、微信等的常用语言风格及表达方式,来与他们进行交流、沟通与互动,从而进行教育引导的方法。

符号互动论的观点认为,人际互动的关键是交流的当事双方相互对对方交流时传递的姿态、话语等信息的理解和领会。声音、表情、动作、姿态等信息在面对面的交流中起着重要的作用,而网络或其他新媒介的互动往往以文本、音像等数字化符号承载信息的方式进行,其作用或影响巨大。吴满意专家认为,网络人际互动是"交往双方借助数字化符号化信息中介系统而进行的信息、知识、精神的共生、共享的实践活动"③,"作为人类交往实践新形态……架设

---

①　杨直凡,胡树祥.网络思想政治教育方法的构建与创新[J].

②　高德毅.微时代危应对:高校舆情引导的变革之道[J].

③　吴满意.网络人际互动:网络思想政治教育的基本视域[D].

了网民的多重交往期待视域和体验性交往召唤愿景"①,可见虚拟空间的有效交往才能达成交往双方的认同和理解。有学者研究发现,赛博空间中陌生人在人际互动中表现为以下特征:互动双方的平等性(你我都是 ID)、互动延续的短暂性(关系难以承受持久性)、互动双方的弱义务性(若隐若现的规范与期望)、互动双方反应的单向性(你可以说,但我可以沉默)、互动领域的广泛性(没有禁区的交流空间)、互动频率的复杂性(合意则多,不合意则少)②。网络或其他微媒介等构筑的虚拟空间中,交流双方或多方参与的个体从形式上看似乎都是平等的,即每个个体都可以有网名或昵称,并且一般都以网名或昵称出现(除要求必须实名制的除外)。从交流的方向和频率来看,交流双方或多方中若交流的不合意或不顺畅,就可能会出现交流对象中的一方暂时沉默不语或一直不回应,乃至一方或双方退出交流或会谈,交流就可能中断。若交流顺畅的话,交流双方若没有特别的身份标识或禁忌要求,交流中任何一方则可以对各个领域的话题表达自己的观点或看法。

交流互动的目的一般是传达或传递思想,而互动双方了解情况或思想动态也需要交流,处理问题也往往需要交流。交流需要双方互动,而单向不是交流,有互动才能促进交流。网络或其他微媒介等构筑的虚拟空间中,良好的网络人际关系及共同的交流方式或语言习惯等是互动交流的关键。

高校教育者要加强与受教育者的互动交流,通过交流沟通以探讨思想道德问题和解决思想问题或现实问题,促成教育者与受教育者的互相理解和思想交融,从而帮助受教育者健康成长和幸福生活。在无"微"不至的当今社会即微时代,教育者要"善用微言微语,不断营造师生互动交流的氛围"③,教育者才能将自己的思想、观念和思维通过微博、微信等载体传达给受教育者,从而用他们喜爱的方式去影响、教育和引导他们。教育者要综合文字、图片、视频的优势,创设图文融汇、声情并茂的语境,既能进行教育者的思想分享和情感交流,也能提升教育影响的亲和力和感召力,使得教育影响的吸引力和感染力大大提升。有学者研究发现,角色共鸣、话题牵引、符号互动、角色扮演等是高校学生网民群体生成与发展的基本机制。④ 而角色共鸣、话题牵引等也是引起或持续保持高校受教育者互动交流的基本条件。

教育者应采用受教育者喜闻乐见的方式和他们常用的语言风格来进行交流、沟通与互动。教育者要学习运用当代受教育者所熟悉和惯用的"微言""微语"开展主体间平等、双向的互动交流。

教育者要主动把握微博、微信的特点,既运用幽默的语言和形象的图片、视频和遵循高校受教育者的心理规律和年龄特点,又要注意选用微博、微信的常用语言风格和表达习惯。

高校微信公众平台还要创新信息传播方式和手段,注重占领话语阵地,实现对网络意识

---

① 吴满意.网络人际互动:网络实践的社会视野[M].
② 屈勇去.角色互动:赛博空间中陌生人互动的研究[D].
③ 吴小英.微时代视阈中高校网络德育困境及对策[M].
④ 曹银忠.高校学生网民群体研究[D].

形态话语权生成的根本环节的更好把握。高校教育者要善于运用短小精悍的"微"故事,通过微信公众平台或微博,选好微素材、讲好微故事。教育者还要主动"关注"受教育者的微博、微信,了解他们的思想动态,同时要办好高校微平台,吸引受教育者"关注"教育者的微博、微信。教育者要巧用网言网语、微言微语,通过故事化、通俗化的表达方式和生动形象的"微表达"或微视频,通过"微"故事,促进互动交流,达成思想的沟通与引导。通过高校微博、微信平台的"微传播",使社会主流意识形态及思想道德教育更具吸引力。通过高校微博、微信平台的"微渠道",解答广大受教育者的疑惑与问题,使高校网络道德教育更具感召力。

(二)发挥微事微力服务法

微时代,微博、微信等已经成为人们日常生活与工作的重要部分,主题突出、特色鲜明、方向正确的高校官方微平台也是高校对受教育者进行网络道德教育的重要路径。吴小英专家认为,"网络德育要想赢得教师和学生,就必须强化服务功能,将解决实际困难与解决思想问题相结合。"[①]为促进高校官方微博、微信等微平台教育功能的实现,增强高校微平台的吸引力与感染力,发挥高校微平台育人的实效性,高校还必须注重微博、微信等微平台服务性作用的发挥。微博、微信等"微"服务应以满足受教育者的需要为标准和价值遵循,来开展有效的思想道德教育。高校官方微博、微信等的生命力在于点击,高校应保证官方微博、微信等微平台内容的及时更新,内容上要体现适用性和服务性,形式上要给人以美的享受,才能增强官方微博、微信等微平台的吸引力和关注度。高校德育工作者应有想受教育者所想、急受教育者所急的服务理念和服务意识,在加强高校微平台建设的同时,在实际工作中注重提供优质热心的服务,体现真诚服务和热心服务,同时又注重通过微平台提供便捷全面的信息服务。微时代的高校德育工作者应树立高校微博、微信等微平台的思想道德教育服务意识,要"把握好权威和服务意识之间的天平"[②]。高校官方微平台在内容上要贴近学生实际生活,形式上应提供全方位、立体式服务,通过微平台为受教育者服务,为受教育者提供帮助、为受教育者解决困难,形成集科学性、思想性、灵活性、服务性为一体的高校微博、微信等思想道德教育阵地。

高校德育工作者应充分利用高校微博、微信等微平台盖面广、关注度高等特点,及时发布与受教育者息息相关的国际国内大事、要事,通过议程设置的方式,引导受教育者通过微博、微信及时了解国际国内重要资讯和时事,促进他们正确世界观、价值观和道德观的形成。在高校真诚地为师生服务,是推进教育改革、激发创新活力、营造优秀校园文化的根基所在。[③]高校德育工作者应利用高校微博、微信等微平台服务系统一体化优势,建立健全高校微博、微信等微渠道的受教育者帮扶机制,及时解决受教育者学习、生活中的热点、难点问

---

① 吴小英.微时代视阈中高校网络德育困境及对策[J].
② 王庆量,刘兰花等.新时期高校学生思想政治教育研究[M].
③ 郑吉春.大学要真诚服务师生[N].

题。高校可以开设通过微博、微信服务受教育者的"微"办事大厅,快捷有效地解决受教育者的实际问题,如勤工俭学"微"受理、学生奖学金或助学金"微"申请和"微"领取、学生课业"微"辅导、就业招聘"微"指导、心理健康"微"咨询等。

尊重每个学生,关爱每个学生,平等地对待每个学生,这是以人为本教育理念的基本要求。高校德育工作者或高校管理者应利用微博、微信等微媒体,更加主动地贴近受教育者,客观、公正、及时地发布评优、评奖、资助、就业等与受教育者密切相关的信息。要注意直面受教育者的质疑和求助,为受教育者提供帮助、为受教育者解决困难。高校教育者可通过高校微平台提供受教育者需要的最新就业信息和创新创业信息,发布学生公寓管理与服务信息、学校后勤服务信息、学校图书馆服务信息、学生课程查询与考试安排等教务信息,等等。高校微平台还要注重建设能让受教育者与教育者尤其是高校领导、学术专家等的"在线交流"和"微答疑"等,高校教育管理与服务的职能部门被好似被推到了微媒体一线,这些举措确实能够提高高校教育管理与服务工作的针对性,同时也有助于高校通过微平台加强对受教育者的服务,从而更好地做好受教育者的思想教育和引导。

高校德育工作者或高校管理者应利用微博、微信服务响应即时化优势,促进教育、管理与服务监督透明化。高校教育者可利用高校微博、微信等微平台服务和响应及时性和互动性优势,了解受教育者的实际困难和需求,通过受教育者对相应栏目的点击率或评论的快速反馈,了解高校相关职能部门在日常教育管理与服务中相关工作的针对性和实效性。针对受教育者对评优评先、奖学助贷、日常服务工作的认可度和反馈,了解高校日常教育管理与服务中工作的效果,针对问题进行及时调控和改进,发挥优点,改进不足,促进高校教育管理与服务工作的公开化、透明化,提升高校教育管理和服务工作水平。总之,微媒体环境下,校园服务工作要体现服务职能转变、深入基层、"去行政化""去中心化"的特点。

(三)培养微技微能工作法

高校教育者要充分认识和把握微时代德育的时代特征和高校微文化的育人功能,提高微时代的网络道德教育工作能力。在网络德育过程中,教育者应树立与受教育者平等互动的观念,重视与受教育者在德育实践中的平等交流和沟通,还要充分发挥高校微博、微信的服务育人功能,增强高校教育者利用微博、微信等微媒介进行网络道德教育的工作能力。

从传统德育与微时代德育工作的文化视角分析,传统德育是典型的"前喻文化",即教育者是权威,受教育者处于被动接收的从属地位。微时代德育则是"后喻文化"的体现,即在微时代,受教育者走在微媒体使用的前列,是"微"社区的主体力量和文化创造者,而受教育者在某些方面反而成了教育者"微技能"的知识传授者和信息传播者。

培养高校教育者的微技微能,是跨越教育者自身的转型跟不上微媒介发展速度的鸿沟和应对运用微博、微信等新媒体技术增强网络德育吸引力和感染力挑战的关键。然而,相关研究表明,"目前网络德育缺乏吸引力和感染力的根本原因,在于宣传者自身的转型跟不上微博、微信等发展的速度,导致无法应对微博、微信等层出不穷的挑战。"①因此,高校教育者必须转变传统观念,通过相关培训,提升微技微能,顺应和把握好微时代微博、信息等带来的机遇,主动迎接由此带来的新挑战。

转变观念是根本。微媒介环境下,高校德育工作者尤其是思想道德教育者除具有自身的过硬思想道德素质和良好的教育教学能力外,利用微博、微信等微媒介进行网络道德教育、促进新媒介环境下德育实效性的提升是关键。相对于传统媒体,微媒体也使得教育时空更加开放,更加不受传统教育时间、地点或空间的限制。因此,教育者必须要跟上时代的步伐,从教育理念、教育内容、教育方式和教育平台等方面入手,注重"微技微能"的提升。注重通过微媒体与受教育者交流互动,既要注重利用微媒体对受教育者进行思想道德教育,也让高校微博、微信等微媒体成为受教育者自觉接受网络道德教育的新平台。高校德育工作者应转变教育观念,充分认识微博、微信等微媒介和微环境给高校思想道德教育带来的机遇和挑战,充分认识微环境下受教育者可能走在教育者前面的现实,教育者若要迎头赶上,并且利用微博、微信等微媒介去影响和教育青年一代,就必须充分利用新媒体进行教育和切实提高使用新媒体的能力。

加强培训是关键。高校德育工作者应提高微媒介素养,学习使用微媒体进行网络道德教育,运用微媒体服务于教育教学。"受教育者将要生活的社会是一定程度上微媒体化了的社会,必须要满足传播需求、优化传播供给、实现教育目标。"②教育者只有不断提高媒介素养,才能从根本上改变微时代受教育者思想道德教育的困境,才能改变单向性的传统思想政治中教育环境和教育手段的限制。高校除应对加强新媒体运营团队成员的培训外,还应加强广大教师使用新媒体的培训。对高校新媒体运营团队的培训,重点应在团队的思想引导和新媒体运营的技巧方面。对运营团队思想引导的目的是要突出高校微博、微信在运营过程中,微博、微信内容能很好地坚持社会主义办学方向,突出高校"立德树人"的根本目的。对运营团队新媒体运营技巧的培训,重点应在团队成员采编、美工、编辑等的技巧或技术培训,以及专门人员在互动交流或回应问题时的技巧等。对广大教师使用新媒体的培训,主要应在使用技巧与方法的培训,同时包括及时回应学生的疑问等沟通技巧的培训。高校可设立专门机构负责培训事宜。至于培训的方式,可以采用集中培训或个别指导相结合,也可以采用"请进来"和"送出去"相结合的方式进行。另外,高校官方微平台要重视网络德育工作者的培养和培训,培养既有技术性又懂艺术性的网络德育队伍,承担起沟通、教育、引导与管理的重任。也要做好教育者与受教育者微博、微信的"双向关注"工作,即,教育者主动关注受教育者的微博、微信,也要发动和吸引受教育者关注教育者的微博和微信等。

(四)把握微时微刻处突法

当前我国正处于改革的攻坚期和发展的黄金期,同时也是矛盾易发和突显期。微时代,

① 吴小英.微时代视阈中高校网络德育困境及对策[M].
② 叶樂.微媒体视角下高校思想政治教育新常态与模式重塑[M].

在多元文化影响下,不同领域的偶发、多发或突发事件需要及时处置,如果处置不及时或处置不当,危机事件的"微"传播极易出现符号紊乱、扭曲和异化。高校危机事件中的广大受众或利益相关者的思想容易通过传播符号扭曲的暗示和相互传染而进入情绪化的集体无意识状态,这种危机传播中的符号紊乱、扭曲和异化的"危机迷情"现象,严重者往往容易使广大受教育者特别是分辨力较弱的高校受教育者进入情绪化的集体无意识状态的"集合行为",引发群体事件。微博、微信等微媒体在危机传播中又往往会因"沉默的螺旋"效应,造成"劣势意见的沉默"和"优势意见的大声疾呼",形成优势意见在短时间内急剧增大,进一步助长情绪化的集体无意识状态,意见表达的螺旋现象造成危机舆情"一边倒",导致压倒优势的舆情产生。

对于微时代的高校,为维护高校形象和培养高校公信力,及时、有效地掌握舆情动态和引导舆论走向,就成为高校必须高度重视的重大问题。高校应建立常规性的突发事件应对机制。当发生突发事件时能准确快速地反应,积极主动地回应。为有效控制危机舆情的发展。高校应在危机发生的第一时间利用微博、微信等新媒体及时发布正面声音。高校在发布正面声音时,应注重"微"信息的传播规律和受众的接受特性,一定要坚持"快报事实,慎报原因"的规则,及时发布正面的、正确的信息,主导舆情走向,突出舆情引导。高校应第一时间利用微博、微信或其他新媒体发布信息,此时发布的信息可以不求全但求快速和真实,让高校受教育者或社会大众能快速地接收到正面和正确信息,体现高校对危机事件公开、坦诚的形象和态度。

高校在危机事件处理中,除了官方微博、微信等发布正面的信息之外,还应发挥"意见领袖"的作用。传播视阈的高校"意见领袖",对高校大众传播效果影响巨大。危机传播中,作为利益相关者的高校学生群体因个体认知、信源信度等原因,以及信赖感、影响力、共通的符号系统等因素,更愿意从意见领袖那里获得信息。因此,合适和有效的积极意见领袖,便能影响舆情走向良好的一面。

马克思主义哲学强调"量变引起质变",高校突发事件或危机舆情也基本都是矛盾累积和激化之后引发的。高校应重视危机爆发前通过微媒介的舆情收集,建立舆论引导的长效机制,做好危机舆情调控预案,让危机舆情引导前移。高校教育者应注意加强对受教育者微博、微信等传递信息的甄别,做好舆情的及早发现、及时沟通、疏堵结合,把握微时微刻,提高处理危机或突发事件的能力。

总之,微时代的高校德育工作者应抓住微时代特征,充分发挥微媒介的优势,坚守立德树人中心任务,坚持网络道德教育方法的科学灌输与隐性渗透相结合、网上教育与网下引导相结合、管理与服务相结合等原则,突出教育方法的针对性和时效性。教育有法、教无定法、贵在得法,与时俱进仍是微时代网络道德教育方法的发展主题。

参考文献

[1]王英姿,周达疆.新媒体时代下高校思想政治教育研究[M].北京:九州出版社,2021.06.

[2]谈娅.新时代高校思想政治教育创新研究[M].重庆:西南师范大学出版社,2021.04.

[3]钟家全.互联网与新时代高校思想政治教育队伍建设[M].成都:西南交通大学出版社,
2021.05.

[4]徐金平.社会主义核心价值观与高校思想政治教育研究[M].长春:吉林出版集团股份有
限公司,2021.03.

[5]李春晖.高校思想政治教育的心理理论模式研究[M].北京:九州出版社,2021.03.

[6]韩振峰.新时代高校思想政治教育及思想政治理论课教学研究[M].北京:中央编译出版
社,2021.04.

[7]陆启越.新时代高校思想政治教育评价范式转换研究[M].长沙:湖南师范大学出版社,
2021.04.

[8]冯刚,高山.新时代高校思想政治教育治理论[M].北京:中国社会科学出版社,2021.07.

[9]陈建成,朱晓艳.高校思想政治教育理论与实践研究[M].北京:光明日报出版社,
2020.05.

[10]张翼.高校思想政治教育话语传播研究[M].长春:吉林大学出版社,2020.08.

[11]王利平.网络环境下高校思想政治教育方法研究[M].武汉:武汉大学出版社,2020.06.

[12]陈莉.新时代高校思想政治教育教学改革与实践研究[M].西安:西北大学出版社,
2020.09.

[13]陈金平.多媒体时代高校的思政教育研究[M].北京:北京工业大学出版社,2020.04.

[14]严莹.新媒体时代高校思想政治教育研究[M].上海:上海交通大学出版社,2020.

[15]代黎明.高校思想政治教育实效性研究[M].北京:北京理工大学出版社,2018.07.

[16]周利生,汤舒俊.红色资源与高校思想政治教育[M].北京:九州出版社,2018.01.

[17]沈光.新时代高校思想政治教育亲和力研究[M].徐州:中国矿业大学出版社,2020.05.

[18]陈艳芳,宁岩鹏.高校思想政治教育生态论研究[M].燕山大学出版社有限公司,
2019.06.

[19]王东,陈先.新时期高校思想政治教育理论与实践[M].北京:九州出版社,2019.05.

[20]邢国忠.高校思想政治教育创新发展基本问题研究[M].北京:知识产权出版社,
2019.02.

[21]徐原,陆颖,韩晓欧."互联网＋"时代高校思想政治教育创新研究[M].燕山大学出版社,2019.07.

[22]侯宪春.地方文化在高校思想政治教育中的应用研究[M].延吉:延边大学出版社,2019.05.

[23]齐艳.中国传统文化与高校思想政治教育的融合性研究[M].中国广播影视出版社,2019.01.

[24]肖国香.新媒体时代高校思想政治教育十论[M].长春:吉林文史出版社,2019.05.

[25]孙琪.媒体融合背景下高校思想政治教育的解构与重塑[M].长春:吉林文史出版社,2019.02.

[26]尹婷婷,张静,杨素祯.新媒体时代高校思想政治教育创新探究[M].北京:研究出版社,2019.08.

[27]吕开东.新时代高校思想政治教育工作探索[M].北京:光明日报出版社,2019.11.

[28]石新宇,孙慧婷.当代大学生网络舆情分析及对策研究[M].沈阳:辽宁大学出版社,2018.12.

[29]王绪成.生态观视阈下思想政治教育研究[M].石家庄:河北人民出版社,2018.01.

[30]袁芳.思想政治教育话语创新论的马克思主义审视[M].北京:中央编译出版社,2018.09.

[31]向仲敏,沈如泉.以文化人:人文通识教育与教学改革探究[M].成都:西南交通大学出版社,2018.04.

[32]王渊.基于科技伦理视角的大学生网络道德教育研究[M].武汉:中国地质大学出版社,2017.03.

[33]彭光明,季聪聪.纵向贯通:思政教育与法律职业伦理教育融合建设[J].河北科技大学学报(社会科学版),2022(02):70−75＋86.

[34]陈文华.责任伦理视域下大学生网络伦理的现状、成因及纠偏策略[J].中国成人教育,2022(08):37−41.

[35]陈柯蓓,周开发.基于混合学习的工程伦理教育模式研究[J].科技风,2022(03):13−15.

[36]项赠.后真相时代网络空间的伦理失范与秩序重建[J].社会科学,2022(02):70−76.

[37]杨露.移动互联网时代大学生网络安全教育研究[D].西安理工大学,2021.

[38]杜星.大学生网络行为的问题及教育引导策略研究[D].西南大学,2021.

[39]李国庆.大学生网络道德失范及其教育引导研究[D].东北林业大学,2021.

[40]张丽丽.论如何加强大学生网络思想政治教育[J].品位·经典,2021(14):66−67＋70.

[8]刘雯.自媒体时代大学生网络伦理的缺失与纠偏[J].中国新通信,2021(15):143−144.

[41]付馨瑶.新时代大学生网络思想政治教育存在的问题及对策研究[D].长春工业大

学,2021.

[42]程则琳.大学生圈群类型特征及形成机制研究[D].贵州师范大学,2021.

[43]李潇.新时代大学生网络公德教育研究[D].兰州财经大学,2021.

[44]李明德,邝岩.大数据与人工智能背景下的网络舆情治理:作用、风险和路径[J].北京工业大学学报(社会科学版),2021(06):1－10.

[45]赵磊磊,吴小凡,赵可云.责任伦理:教育人工智能风险治理的时代诉求[J].电化教育研究,2022(06):32－38.

[46]胡小勇,黄婕,林梓柔.教育人工智能伦理:内涵框架、认知现状与风险规避[J].现代远程教育研究,2022(02):21－28＋36.

[47]毛旭,张涛.人工智能与职业教育深度融合的促动因素、目标型态及路径[J].教育与职业,2019(24):5－11.

[48]任安波,叶斌.我国人工智能伦理教育的缺失及对策[J].科学与社会,2020(03):14－21.

[49]杨霞.人工智能背景下教师专业伦理规范的构建研究[D].西南大学,2021.

[50]潘恩荣,曹先瑞.面向未来工程教育的人工智能伦理谱系[J].高等工程教育研究,2021(06):38－43＋67.

[51]赵磊磊,张黎,代蕊华.教育人工智能伦理:基本向度与风险消解[J].现代远距离教育,2021(05):73－80.